Fundamentos de
A origem das espécies

FUNDAÇÃO EDITORA DA UNESP

Presidente do Conselho Curador
Mário Sérgio Vasconcelos

Diretor-Presidente / Publisher
Jézio Hernani Bomfim Gutierre

Superintendente Administrativo e Financeiro
William de Souza Agostinho

Conselho Editorial Acadêmico
Danilo Rothberg
Luis Fernando Ayerbe
Marcelo Takeshi Yamashita
Maria Cristina Pereira Lima
Milton Terumitsu Sogabe
Newton La Scala Júnior
Pedro Angelo Pagni
Renata Junqueira de Souza
Sandra Aparecida Ferreira
Valéria dos Santos Guimarães

Editores-Adjuntos
Anderson Nobara
Leandro Rodrigues

CHARLES DARWIN

Fundamentos de
A origem das espécies

Comentários e edição
Francis Darwin

Tradução
Lara Pimentel Anastacio

editora
unesp

© 2022 Editora Unesp

Título original: *The Foundation of the Origin of Species*

Direitos de publicação reservados à:

Fundação Editora da Unesp (FEU)
Praça da Sé, 108
01001-900 – São Paulo – SP
Tel.: (0xx11) 3242-7171
Fax: (0xx11) 3242-7172
www.editoraunesp.com.br
www.livrariaunesp.com.br
atendimento.editora@unesp.br

Dados Internacionais de Catalogação na Publicação (CIP) de acordo com ISBD
Elaborado por Vagner Rodolfo da Silva – CRB-8/9410

D228f
   Darwin, Charles
      Fundamentos de *A origem das espécies* / Charles Darwin; traduzido por Lara Pimentel Anastacio. – São Paulo: Editora Unesp, 2022.

      Tradução de: *The Foundation of the Origin of Species*
      Inclui bibliografia.
      ISBN: 978-65-5711-091-1

      1. Biologia. 2. Origem. 3. Evolução. 4. Espécies. 5. Charles Darwin. I. Anastacio, Lara Pimentel. II. Título.

2021-3258   CDD 575
                                                   CDU 575.8

Editora afiliada:

Asociación de Editoriales Universitarias
de América Latina y el Caribe

Associação Brasileira de
Editoras Universitárias

Os astrônomos podem ter dito antes que Deus ordenou que cada planeta se mova de acordo com seu destino particular. Do mesmo modo, Deus ordena que cada animal seja criado em determinado lugar e que apresente determinadas formas. Mas quão mais simples e sublime poder — deixar que a atração aja de acordo com certa lei, estas são suas inevitáveis consequências —, que animais sejam criados pelas leis fixas da geração, serão estes seus sucessores.

Anotações de Charles Darwin, 1837, p.101.

Sumário

Informações gerais . *13*

Apresentação: A gênese de *A origem das espécies* . *15*

Ensaio de 1842 . *33*

Parte I . *35*

§ I. <Da variação sob domesticação e
dos princípios de seleção> . *35*

§ II. <Da variação no estado de natureza e
dos meios naturais de seleção> . *39*

§ III. <Da variação nos instintos e
em outros atributos mentais> . *56*

Parte II . *63*

§§ IV & V. <Da evidência da geologia> . *63*

§ VI. <Distribuição geográfica> . *72*

Charles Darwin

§ VII. <Afinidades e classificação> . *80*

§ VIII. Unidade [ou similaridade] de tipo
nas grandes classes . *85*

§ IX. <Órgãos abortivos> . *94*

§ X. Recapitulação e conclusão . *98*
Conclusão . *101*

Ensaio de 1844 . *107*

Parte I . *109*

Capítulo I – Da variação dos seres orgânicos sob
domesticação e dos princípios de seleção . *109*
Da tendência hereditária . *112*
Causas da variação . *114*
Da seleção . *117*
Cruzamento de linhagens . *122*
Se nossas raças domésticas descendem de uma ou mais
de uma matrizes selvagens . *126*
Limites à variação em grau e tipo . *129*
Em que consiste a domesticação . *132*
Resumo do primeiro capítulo . *136*

Capítulo II – Da variação dos seres orgânicos em estado
selvagem; dos meios naturais de seleção;
e da comparação entre as raças domésticas
e as espécies selvagens . *137*
Meios naturais de seleção . *144*
Diferenças entre "raças" e "espécies":
primeiro, em sua autenticidade ou variabilidade . *151*

Fundamentos de A origem das espécies

Diferença entre "raças" e "espécies" quanto à fertilidade
quando há cruzamento . *154*
Causas de esterilidade em híbridos . *156*
Infertilidade por causas distintas da hibridização . *157*
Pontos de semelhança entre "raças" e "espécies" . *164*
Caracteres externos de híbridos e mestiços . *166*
Resumo do segundo capítulo . *168*
Limites de variação . *169*

Capítulo III – Da variação de instintos e outros atributos
mentais sob domesticação e no estado de natureza; das
dificuldades nesse tema e das dificuldades análogas em
relação às estruturas corporais . *171*
Variação de atributos mentais sob domesticação . *171*
Hábitos hereditários comparados com instintos . *177*
Variação nos atributos mentais de animais selvagens . *180*
Princípios de seleção aplicáveis aos instintos . *181*
Dificuldades na aquisição de instintos complexos
por seleção . *182*
Dificuldades na aquisição de estruturas corporais
complexas por seleção . *190*

Parte II – Da evidência favorável e oposta à opinião
de que espécies são raças naturalmente formadas,
descendentes de linhagens comuns . *197*

Capítulo IV – Do número de formas intermediárias
exigidas na teoria da descendência comum e de sua
ausência em estado fóssil . *197*

Capítulo V – Aparecimento e desaparecimento gradual
de espécies . *209*
Extinção de espécies . *212*

Charles Darwin

Capítulo VI – Da distribuição geográfica de seres
orgânicos no passado e no presente . *216*

Primeira Seção
Distribuição dos habitantes
nos diferentes continentes . *217*
Relação de disseminação nos gêneros e nas espécies . *221*
Distribuição dos habitantes no mesmo continente . *222*
Faunas insulares . *225*
Floras alpinas . *229*
Causa da similaridade entre as floras de algumas
montanhas distantes . *232*
Se uma mesma espécie foi criada mais de uma vez . *235*
Do número de espécies e das classes às quais elas
pertencem em diferentes regiões . *239*

Segunda Seção
Distribuição geográfica
de organismos extintos . *242*
Mudanças na distribuição geográfica . *245*
Resumo da distribuição dos seres orgânicos vivos
e extintos . *248*

Terceira seção
Uma tentativa de explicar as mencionadas leis de
distribuição geográfica e uma teoria das espécies
aparentadas com descendência comum . *251*
Improbabilidade de encontrar formas fósseis
intermediárias entre as espécies existentes . *264*

Capítulo VII – Da natureza das afinidades
e da classificação dos seres orgânicos . *268*
Aparecimento e desaparecimento gradual de grupos . *268*

Fundamentos de A origem das espécies

O que é o sistema natural? . 269
Do tipo de relação entre grupos distintos . 273
Classificação de raças ou variedades . 275
Classificação de "raças" e espécies similares . 279
Origem dos gêneros e famílias . 280

Capítulo VIII – Unidade do tipo nas grandes classes e
estruturas morfológicas . 285
Unidade do tipo . 285
Morfologia . 286
Embriologia . 290
Tentativa de explicação dos fatos da embriologia . 292
Da complexidade graduada em toda grande classe . 301
Modificação por seleção das formas de animais
imaturos . 302
Importância da embriologia na classificação . 303
Ordem no tempo em que as grandes classes apareceram
pela primeira vez . 304

Capítulo IX – Órgãos abortivos ou rudimentares . 305
Os órgãos abortivos dos naturalistas . 305
Os órgãos abortivos dos fisiologistas . 308
Aborto por desuso gradual . 310

Capítulo X – Recapitulação e conclusão . 314
Recapitulação . 314
Por que desejamos rejeitar a teoria da descendência
comum? . 324
Conclusão . 329

Informações gerais

[] Termos foram apagados no manuscrito original.

< > Acréscimo de Francis Darwin.

DARWIN, Charles. *The Origin of Species*. 1.ed. London: John Murray, 1859.

DARWIN, Charles. *The Origin of Species*. 6.ed. rev. e ampl. Londres: John Murray, 1872. (Refere-se à última edição revisada por Charles Darwin, e a que mais se popularizou.)

Apresentação
A gênese de A origem das espécies

Importante registro dos percursos que conduziram Charles Darwin até a versão definitiva de sua teoria da formação das espécies por meio da seleção natural, o Ensaio de 1844, assim como sua primeira versão, de 1842, encontram-se integralmente traduzidos nesta edição oferecida pela Editora Unesp, que inclui os comentários de seu filho, o também cientista Francis Darwin, em detido cotejo com *A origem das espécies*. Esses ensaios permaneceram, durante a vida de seu autor, como manuscritos não publicados, e possuem uma história peculiar. Na introdução da *Origem*, Darwin relata que, em 1844 – portanto, quinze anos antes da publicação de sua obra mais importante –, preparou a versão final de um ensaio que organizava as conclusões teóricas que resultaram principalmente da paciente observação do material colhido ao longo de sua viagem a bordo do *HMS Beagle*, embarcação que percorreu o mundo de 1831 até 1836. O manuscrito, que apresentava os fundamentos da teoria da seleção natural a partir da luta dos seres vivos pela vida, não foi publicado pelo autor, que preferiu, à época, apenas compartilhá-lo com seu amigo, o botânico Joseph Hooker, em

Charles Darwin

um gesto de confiança que posteriormente adquiriu importância jamais imaginada por ambos: alguns anos depois, em 1858, o naturalista Alfred Russel Wallace, com quem Darwin trocara correspondência sobre o tema geral da "transmutação das espécies", envia-lhe um ensaio, resultado de seus estudos pelos arquipélagos malaios, descrevendo os mesmos princípios da teoria da seleção natural presentes no manuscrito de 1844, o que colocava em risco a originalidade da descoberta que até então permanecia inédita. Darwin percebe que era preciso agir rapidamente, e, após conselho do geólogo *Sir* Charles Lyell e de Joseph Hooker, testemunha da prioridade de Darwin sobre a teoria, decidiu-se que a apresentação da mais importante tese científica do século XIX seria celebrada conjuntamente com a leitura de textos de ambos os autores perante a Linnean Society, ocasião em que a seção "Meios naturais de seleção", do Ensaio de 1844, foi escolhida para leitura pública, precedendo a apresentação do referido ensaio de Wallace.[1]

O desenlace da trama é bastante conhecido: no ano seguinte, em 1859, com repercussão praticamente imediata, Darwin finalmente publica, seguindo o gosto vitoriano por títulos detalhados, *A origem das espécies por meio de seleção natural ou a preservação das raças favorecidas na luta pela vida*, incluindo número ainda maior de pesquisas e desenvolvimentos teóricos do que aqueles

---

1 Os artigos de Darwin e Wallace, além de uma carta de Darwin a Asa Gray, datada de 1857, foram lidos perante a Linnean Society em 1º de julho de 1858 e publicados em 20 de agosto. Uma tradução integral de todos os textos pode ser encontrada em "Da tendência das espécies a formar variedades; e Da perpetuação das variedades e das espécies por meios naturais de seleção", em: *A origem das espécies*, p.639-65.

Fundamentos de A origem das espécies

pensados nos manuscritos do início da década de 1840. Como cientista com prática para o exame apurado dos objetos e para o pensamento crítico, Darwin parecia nunca se satisfazer com uma versão definitiva de seu livro, que sofreu uma série de modificações em suas seis edições posteriores; porém, como revelam seus manuscritos e sua correspondência, o cerne da teoria que o tornou famoso já estava presente no Ensaio de 1842, não tendo sido alterada em sua essência desde então.[2]

O debate em torno de como e quando Darwin finalmente alcançou os contornos definitivos da teoria da seleção natural é amplo e polêmico, e não nos cabe reconstruí-lo aqui. Por ora, basta-nos somente destacar que, não por acaso, logo nas primeiras linhas da seção do Ensaio de 1844 selecionado para leitura na Linnean Society, há uma referência a Thomas Malthus, cuja obra *Essay on the Principle of Population* (1798), bastante discutida à época e lida por Darwin em 1838, tornou possível que os princípios da seleção por domesticação (ou seleção artificial) também fossem aplicáveis aos seres na natureza por meio do conceito de luta pela vida que, de acordo com o autor, constrói-se "com força dez vezes maior"[3] na natureza do que na economia da população humana malthusiana. Portanto, ambos os ensaios aqui traduzidos são também reflexo do gran-

---

2 Quanto à presença da tese da seleção natural no Ensaio de 1842, menciono, por exemplo, carta enviada a Lyell ao tomar ciência de que Wallace havia chegado às mesmas teses sobre seleção natural: "Wallace não poderia ter feito um resumo melhor do meu manuscrito de 1842 se tivesse tido acesso a ele!". Carta a Charles Lyell, 18 de junho de 1858. Disponível em: <https://www.darwinproject.ac.uk/letter/DCP-LETT-2285.xml>.

3 Ensaio de 1844, p.145.

de impacto que a leitura do clérigo economista exerceu sobre o pensamento de Darwin:[4] já ciente do poder da variedade na transformação entre os seres e do papel que as mudanças geológicas exercem nesse processo, o desequilíbrio entre força reprodutiva e capacidade de produção de alimentos presente no modelo social de Malthus era a peça que restava para que o naturalista elaborasse a hipótese de que na natureza existe uma seleção entre as variedades dos seres vivos, sobrevivendo apenas os mais bem adaptados ao meio em que se encontram.

O caminho que conduz à conclusão seminal dos manuscritos encontra-se já no Ensaio de 1842, que se inicia com a descrição do funcionamento da seleção artificial com posterior analogia em relação à seleção natural, em uma estrutura argumentativa e uma estratégia expositiva que permaneceria até *A origem das espécies*. Assim, o primeiro capítulo dos ensaios analisa a variação sob domesticação, descrevendo um poder de seleção do homem – ainda que limitado, uma vez que muitas variações não são perceptíveis à observação –, capaz não só de diferenciar as formas vivas que ocasionalmente surgem ao longo dos processos de reprodução, mas de direcioná-las ao encontro de seu interesse por meio de cruzamentos que resultam em determinadas variedades que podem ser transmitidas a proles futuras, condição igualmente fundamental para a existência da seleção. Além disso, a rapidez com que o homem consegue

---

4 Além de reconhecer a influência de Malthus na introdução da *Origem*, Darwin também destaca o impacto dessa leitura na organização de seu pensamento em sua autobiografia. Cf. *The Life and Letters of Charles Darwin*, v.I, p.83.

Fundamentos de A origem das espécies

produzir uma variedade que lhe seja útil também forneceu a Darwin uma espécie de laboratório experimental capaz de tornar visível certas peculiaridades de um processo que na natureza pode durar centenas ou milhares de anos, podendo, ainda, estender-se pela imensidão dos continentes, o que dificulta muito seu exame:[5] a seleção artificial revela uma "organização plástica" dos seres vivos que se origina nos cruzamentos e na transmissão das variações aos descendentes, desvinculando, portanto, qualquer relação imediata de demanda entre estrutura e seu meio, como no modelo de um de seus grandes antecessores, o naturalista francês Lamarck. De fato, nos ensaios não há muito espaço para especulações sobre caracteres adquiridos; pelo contrário, nota-se o peso que Darwin atribuiu, principalmente no plano da botânica (sua grande paixão), aos tipos "exóticos" (*sports*), algo que hoje denominamos "mutações". Ainda que as causas dessa plasticidade sejam obscuras quando Darwin as notou (os primeiros passos da genética seriam dados por Mendel pouco depois, ainda na década de 1860), o que se reflete em certa ambiguidade quanto aos efeitos do meio sobre o sistema reprodutivo, os manuscritos expõem suas hipóteses sobre como os passos para a domesticação de animais e plantas, principalmente a alimentação em "excesso"[6] — o que nos remete a Malthus — e o cuidado necessário para que certa variedade seja

---

5 Nesse sentido, tanto a seleção artificial quanto os ecossistemas de espaços geográficos peculiares, como ilhas e montanhas, por se assemelharem a pequenos laboratórios, tornaram possível a observação da seleção atuando nas relações entre os seres vivos.

6 Ensaio de 1844, p.132-3.

Charles Darwin

preservada ao longo dos cruzamentos, de algum modo afetaria a reprodução dos organismos, provocando o aumento da diversidade das formas que ele observa nos seres domesticados. No entanto, se a existência da seleção artificial depende da satisfação dos interesses humanos e, portanto, de criação de finalidades que não correspondem à realidade de uma natureza que não se confunde com um sistema de fins, como é possível a analogia entre os dois processos?[7] De fato, trata-se de uma passagem complexa e meticulosa, cujos principais contornos encontram-se de forma originária nos dois ensaios. A resposta à questão envolve os fundamentos da teoria da seleção natural de Darwin, que, durante a preparação dos manuscritos, também começou a questionar sua própria visão baseada na existência de um "sistema harmônico da natureza"[8] em favor de um modo histórico, dinâmico e contingente de se pensar a relação entre os seres vivos, com conclusões importantes que podem ser encontradas principalmente no Capítulo II do Ensaio de 1844, cujos temas posteriormente ganhariam amplitude e seriam desenvolvidos nos capítulos II, III, IV e V da *Origem*. Nesse capítulo podemos acompanhar que Darwin pensava que a variação na natureza ocorria de forma muito menos frequente

---

7 Sobre o uso da seleção artificial por Darwin e sua diferença em relação ao uso da analogia técnica pela tradição da história natural, cf. Pimenta, "Seleção natural e analogia técnica", em: *A trama da natureza*, p.423-40; sobre o tema, ver ainda Largent, "Darwin's Analogy between Artificial and Natural Selection in the *Origin of Species*", em: Ruse (ed.), *The Cambridge Companion to the "Origin of Species"*, p.15-29.

8 Remetemo-nos aqui ao ponto de vista de Ospovat, *The Development of Darwin's Theory*, p.67.

Fundamentos de A origem das espécies

do que na seleção artificial (posição relativizada por ele ao longo dos anos), porém, estava convencido de que a variação não era somente um fato — são muitos os exemplos de espécies com indivíduos tão diversos que, se observadas atentamente, assemelhavam-se mais, em sua funcionalidade, a "raças" domésticas, como o caso da prímula e da primavera —, como era essencial para que "o mistério dos mistérios"[9] não se mostrasse mais de modo tão distante à razão humana.

Se a mudança das "condições de existência" externas aos seres vivos durante o processo de domesticação era apontada nos ensaios como principal fonte das variedades, Darwin explica como essas mudanças ocorrem na natureza, igualmente causando modificações na prole, que não são apenas físicas, mas aparecem também em seus atributos mentais, como exposto no Capítulo III do Ensaio de 1844. Para fundamentar sua tese, recorre tanto à geologia, tema que lhe interessava profundamente e ao qual dedicou três livros baseados nas observações reunidas durante a viagem no *Beagle*,[10] quanto ao modelo malthusiano da competição entre seres vivos pelos recursos para sobrevivência. Portanto, a ideia de escassez foi fundamental para encontrar na natureza uma "função" relativamente análoga àquela ocupada pelo homem na seleção artificial, ressaltando a

---

9 O termo é mencionado na introdução de *A origem das espécies* e refere-se à expressão utilizada pelo físico inglês John Herschel ao comentar os avanços que os *Princípios de geologia* (1830-1833), de Charles Lyell, oferecem para a resolução do problema da "substituição de certas espécies por outras", o "mistério dos mistérios".

10 *Geological Observations on the Volcanic Islands* (1844); *Geological Observations on South America* (1846); *Geology from a Manual of Scientific Enquiry* (1849).

evidente diferença entre as duas: apesar da inexistência de uma "intenção" na modalidade natural de seleção, o mecanismo de variação torna possível que, nos períodos de escassez, assim como em qualquer outra mudança relevante no ambiente onde os seres vivos se encontram, as características mais vantajosas sejam selecionadas ao longo da luta pela vida, sobrevivendo as formas mais bem adaptadas. Como o leitor observará, os indivíduos menos adaptados são seres que, em algum grau, são menos ajustados nas relações formadas em seu entorno, e referem-se essencialmente às formas progenitoras, que, diante da propagação de descendentes com caracteres mais vantajosos, tendem a desaparecer. Logo, na natureza as adaptações são diferenciáveis, apresentam diferentes graus, e, no processo de seleção natural, as modificações formam-se de maneira contingente, pois "algumas espécies talvez tenham maior acesso à alimentação". Por fim, outra peculiaridade dos ensaios, a variação na natureza ainda não era totalmente compreendida por Darwin como fenômeno espontâneo e independente das mudanças nas condições externas, como viria a ser na *Origem*, quando a possibilidade de existência de uma estabilidade na natureza é finalmente abolida mesmo em condições inalteradas. Daí a particularidade da seguinte conclusão nos manuscritos, que bem sintetiza a história das formas dos seres vivos que nos é apresentada no modelo da natureza de Darwin presente nesses textos: "Não preciso sequer observar que o aparecimento lento e gradual de novas formas decorre de nossa teoria, pois, para que uma nova espécie se forme, uma antiga não deve apenas ser plástica em sua organização, tornando-se suscetível às mudanças nas condições de sua existência, mas também é preciso que exista um lugar na economia natural do distrito para que

Fundamentos de A origem das espécies

ocorra a seleção de alguma nova modificação de sua estrutura, que ficaria mais adequada às condições do entorno do que é para outros indivíduos da mesma ou de outra espécie".[11]

"Condições de existência", termo que fundamenta os fenômenos orgânicos internos e suas relações complexas com o mundo exterior, imbuindo à vida significado histórico por meio da atuação, no campo das populações, do surgimento de variedades que, por menores que sejam, podem tornar esses novos seres mais aptos do que seus predecessores a sobreviver em meio à escassez de recursos (e à disputa gerada pela seleção sexual, já notada por Darwin nos ensaios). Distanciando-se de uma disciplina que até então dedicava-se principalmente à descrição e à taxonomia, a biologia adquire, nas mãos de um investigador preocupado com as razões de ser da estrutura e dos comportamentos dos seres vivos, outra finalidade teórica ao olhar "para seres orgânicos como se olha para uma produção que possui uma história que podemos pesquisar". Afinal, como explicar que pica-paus e pererecas, com suas estruturas típicas de animais que escalam árvores, habitem a planície de La Plata, onde árvores praticamente não existem? Da mesma maneira que o processo de seleção exclui as formas menos aptas, se a economia da natureza na qual determinada forma está inserida lhe for indiferente, é possível que uma estrutura que descenda de seres que um dia possuíram formas úteis para ambientes com árvores sobreviva, permanecendo como um vestígio de um parentesco pouco evidente para aquele que observa o presente como manifestação de um mundo estático. É o problema da história dos seres vivos e sua relação com a lógica da economia geral da nature-

---

11 Ensaio de 1844, p.210.

Charles Darwin

za que marca, nos ensaios, a passagem da primeira parte para a segunda, divisão dispensada na *Origem*, possivelmente para não suscitar dúvidas de que, no limite, trata-se de um único e longo argumento. Darwin, então, discute até que ponto a seleção a partir da luta pela sobrevivência justifica ou se contrapõe à crença de que espécies e gêneros relacionados descendem de linhagens comuns (ou mesmo de uma só linhagem, como proposto por ele), relacionando o processo de seleção natural com as alterações produzidas pelos movimentos geológicos e a história da extinção e do nascimento das espécies. A atenção dada tanto aos fósseis quanto a diferenças entre organismos que habitam estruturas geológicas peculiares, como as ilhas e as montanhas, permite que uma possível história da ramificação das espécies e de uma origem comum a todos os organismos fundamente a sua teoria da descendência.

A Parte II dos ensaios ocupa um espaço relativamente menor na *Origem*, iniciando-se, numa correspondência parcial, apenas no capítulo XI do livro. Mas isso não implica que a teoria da descendência tenha adquirido menor importância ao longo dos anos, pois, provavelmente, trata-se de um acaso das circunstâncias: se a carta de Wallace não tivesse interrompido Darwin no meio da escrita de seu grande livro, é possível que temas como classificação, morfologia, embriologia e órgãos abortivos tivessem recebido tratamento mais detalhado. Nos manuscritos, porém, os temas que envolvem o problema da descendência comum apresentam-se de forma bem desenvolvida, configurando também uma tentativa do autor de mostrar como sua teoria explica outras teses de naturalistas que circulavam no círculo científico de seu tempo, em um movimento bem representativo de seu espírito pouco disposto a conflitos e polêmicas.

Fundamentos de A origem das espécies

Assim, os capítulos protagonizados pela geologia (IV, V e VI) e seus efeitos na distribuição dos organismos pelo mundo e na consequente extinção de formas não mais adaptadas ilustram como a vida no nosso planeta possui uma quantidade até então impensada de anos de existência, em uma história que, devido à sua magnitude, pode ser apenas parcialmente reconstruída por nós, mas é percebida nos detalhes das estruturas e comportamentos dos organismos que se encontram no tempo presente. Entre as muitas explicações engenhosas que Darwin relata, figura o caso de cumes de montanhas que, apesar de separados por enormes distâncias, são revestidos por espécies idênticas ou bastante aparentadas de plantas, enquanto as espécies das regiões de planícies ao redor são totalmente diferentes. Para Darwin, por se tratar de um espaço geográfico isolado e por isso muito semelhante às ilhas, os picos de montanhas revelam com exatidão os efeitos das mudanças das condições externas ao longo do tempo: nesse caso, as espécies são próximas ou idênticas pois nesses lugares as temperaturas ainda se assemelham ao clima frio que imperava em um passado distante, preservando ali resquícios de um ambiente que, nas terras baixas ao redor, após as mudanças climáticas típicas das grandes transformações geológicas, encontrava-se já totalmente alterado. A dificuldade de outros seres alcançarem local um tanto inóspito fortalece sua manutenção, em conclusão que pode ser extraída de uma lei essencial para a compreensão da dinâmica das relações entre os seres orgânicos: "o grau de relacionamento entre os habitantes de dois pontos depende da integridade e da natureza das barreiras entre esses pontos".[12]

---

12 Ensaio de 1844, p.230.

Charles Darwin

Consequentes às considerações sobre a geologia, os capítulos finais dos ensaios buscam provar como a seleção explica a existência de concepções teóricas, por exemplo, a classificação dos seres vivos em um "sistema natural" simetricamente ordenado e baseado nas afinidades entre as partes, e o conceito de unidade de tipo, que áreas como a morfologia e a embriologia utilizavam para explicar a constância de arranjos estruturais presente nos organismos, vistas por Darwin como efeitos de "fatos inteligíveis" que "expressões metafóricas" tentavam conceitualizar. Portanto, antes de serem erros de outros naturalistas, tais modelos teóricos devem ser entendidos como expressões de perspectivas ainda incompletas da natureza, em uma paciente construção de um novo ponto de vista: da mutabilidade das formas não necessariamente se segue uma multiplicidade desagregada de seres vivos, mas uma coerência histórica que apenas uma classificação genealógica, que considere a ramificação das relações de descendência entre os seres, pode representar. De forma análoga, a noção de unidade de tipo é explicada por uma lei de seleção natural que revela como a diversidade das formas procede de uma unidade inicial, juntando ambos os pontos de vista, o da linearidade e o da descontinuidade, em um só esquema. Uma vez que os organismos são relacionados uns aos outros, suas formas embrionárias, como suas formas adultas, podem ser interpretadas como um registro dessas relações e, se os embriões de vertebrados em um estado inicial são todos semelhantes, conclui-se que a própria seleção torna possível que eles permaneçam inalterados mesmo com as mudanças no animal maduro.

Por fim, os leitores da *Origem* perceberão que o princípio da divergência também é uma ausência dos ensaios, pois é provável que sua concepção ocorrera apenas na segunda metade da

Fundamentos de A origem das espécies

década de 1850. Resumido na carta a Asa Gray datada de 1857 e lida na Linnean Society, o princípio da divergência dispõe que "um mesmo lugar poderá sustentar uma quantidade maior de vida se for ocupado por formas bastante diversificadas. É o que se vê, por exemplo, quando se examinam as múltiplas formas genéricas encontradas em um quadrado de relva."[13] Possivelmente a carta a Gray fora incluída na sessão por ser o único documento sobre o tema que poderia ser mencionado de forma apropriada no momento, ressaltando a importância atribuída por Darwin à ideia de divergência e sua ausência nos ensaios. Alguns dos comentários nas notas de Francis Darwin, porém, indicam trechos, inclusive no Ensaio de 1842, em que supostamente haveria uma abertura para o reconhecimento desse princípio, pois mencionariam a existência de uma tendência dos seres orgânicos descendentes da mesma linhagem a divergirem à medida que sofrem modificações ao longo do tempo. Apesar de não explicitada, para Francis certos momentos dos ensaios indicariam a necessidade de pressuposição do princípio de divergência, pois, como os seres compartilham uma descendência comum, o funcionamento da seleção depende da existência de uma vantagem que apenas vem à tona após o surgimento de diferença entre os seres vivos. Importa-nos aqui somente ressaltar que comentadores apresentam diferente ponto de vista em relação a tal precocidade do princípio da divergência,[14] que só faria sentido no modelo finalizado da *Origem*, onde a diver-

---

13 Darwin, "Carta a Asa Grey", em: *A origem das espécies*, p.650-1.

14 Por exemplo, cf. Kohn, "Darwin's Keystone, the Principle of Divergence." em: Ruse; Richards (eds.), *The Cambridge Companion to the "Origin of Species"*, p.91-2.

Charles Darwin

sidade é tão central que, no limite, a natureza não é composta sequer por espécies, mas por indivíduos em constante variação que eventualmente se agregam em populações.

Assim dispostas, poder-se-ia afirmar que as diferenças entre o Ensaio de 1844 e a *Origem* justificam a ressalva de Darwin em não publicar seu manuscrito, o que quase lhe custou a originalidade de sua teoria? É pouco provável que uma resposta definitiva seja dada à questão, e, nesse caso, as anotações e correspondências de Darwin pouco ajudam.[15] Como mostra o estilo de seus textos, inclusive os manuscritos, é evidente que o naturalista inglês era um pesquisador dos detalhes, não por ser obsessivo ou um perfeccionista banal, mas por ter a consciência de que o fundamento de suas teses encontrava-se no significado potencial de cada detalhe desapercebido ou desprezado por outros naturalistas. Desse modo, talvez ele tivesse a impressão de que os fatos apresentados no Ensaio de 1844, mesmo que abundantes, ainda não eram suficientes para provar de forma robusta suas teorias. Quanto a esse ponto, o leitor decidirá se as teses apresentadas nos manuscritos são suficientemente convincentes. Outra perspectiva dessa questão lança luz aos possíveis efeitos das teses de Darwin sobre debates morais e religiosos, e também em relação a outros modelos científicos de sua época; até que ponto seu caráter polêmico, mesmo tendo sido apresentado de forma discreta, também pode ter contribuído para essa demora, ainda mais se nos lembrarmos do quanto o naturalista evitava embates e disputas, preferindo,

---

15 Uma reconstrução detalhada do debate encontra-se em Van Wyhe, "Mind the Gap: Did Darwin avoid Publishing his Theory for many Years?", *Notes and Records of The Royal Society*, v.61, n.2, p.177-205, 2007.

Fundamentos de A origem das espécies

após a viagem no *Beagle*, manter-se em seus jardins, estufas, viveiros, apiários e coleções de fósseis, entremeando-os entre o convívio familiar e conversas com amigos. Embora nesses textos ele tenha tido o cuidado de pouco falar sobre a evolução humana, as consequências da sua teoria eram evidentes já nos ensaios da década de 1840: mesmo apresentadas com toda a delicadeza e prudência, tanto a seleção natural quanto a descendência comum mostravam que a ideia de que os seres foram gerados por "atos de criação" era incoerente com os fatos que a análise da natureza revelava. Se essa foi mesmo uma das causas do atraso de sua publicação, é preciso admitir que seu receio se confirmou: os efeitos polêmicos de sua descoberta são percebidos até hoje, muitas vezes ofuscando a grande beleza de suas ideias, a de que pertencemos a uma natureza que nos revela simultaneamente um tempo contínuo e imprevisível, com leis que não nos fixam em certezas, mas nos convidam a olhar para a vida a partir de sua inevitável abertura ao acaso.

※ ※ ※

Ambos os ensaios são acompanhados por intervenções do editor Francis Darwin, que foram mantidas nesta edição brasileira como dispostas no original por serem fundamentais para que se apresentem de forma coesa. É o caso principalmente do manuscrito de 1842, que foi encontrado por Francis apenas após a morte dos pais, guardado em um armário sob uma escada junto de papéis "sem qualquer valor",[16] quase se desfazendo. Nota-se rapidamente que são muitos os trechos nesse

---

16 Introdução de Francis Darwin, em: Darwin, *The Foundations of the Origin of Species*, p.17.

Charles Darwin

ensaio que contêm apenas anotações de ideias, com partes ilegíveis ou desconexas, várias delas com caráter de memorando para tratamento posterior. Estabelecidas as ressalvas, a publicação de um manuscrito preparatório como o Ensaio de 1842 justifica-se por sua relevância histórica; como mencionamos, Darwin considerava que sua tese principal já estava provada nele, dando-lhe valor de documento necessário para que os caminhos de seu complexo raciocínio possam ser reconstruídos por seus intérpretes.

Francis Darwin buscou, na medida do possível, reestabelecer os textos integralmente, mantendo inclusive, se pertinentes, palavras ou frases que foram apagadas ou rasuradas e reescritas pelo pai, principalmente no Ensaio de 1842, mais fragmentado e pouco legível. Os textos entre colchetes informam sobre essas passagens apagadas e repensadas por Darwin, dando-nos acesso às suas escolhas na exposição das ideias e à elaboração mais detalhada de seu pensamento. As notas de rodapé também contêm anotações e textos escritos em outras partes das folhas pelo autor, além dos comentários do editor, entre eles o cotejamento do conteúdo de ambos os ensaios com o da *Origem*. Outros trechos, para serem compreendidos, demandaram maior intervenção de Francis e são identificados com um "< >" a demarcar o conteúdo acrescentado, assim como fragmentos obscuros e incompreensíveis foram identificados por um <ilegível>, ou totalmente apagados. Finalmente, frases reconstruídas pelo editor, mas que ainda preservaram alguma dúvida quanto à sua correta adequação, estão dispostas da seguinte maneira: <?>.

As seções do Ensaio de 1842 foram indicadas ou por lacunas ou por linhas desenhadas nas páginas do manuscrito. Seus

Fundamentos de A origem das espécies

títulos, portanto, são sugestões do editor, com exceção do Capítulo VIII, único denominado pelo autor. Francis intencionou mostrar como os temas dos dez capítulos do Ensaio de 1844 já estavam presentes em sua versão anterior, preservando a identidade e a continuidade entre os dois textos, assim como o fez em relação aos ensaios e a *Origem*. Todos esses detalhes são informados nos cuidadosos comentários do editor nas notas de rodapé, mantidos nesta edição como presentes no original. Também intencionamos que a tradução reproduzisse os manuscritos enquanto fase de uma longa pesquisa científica, conservando seu estilo e sintaxe mesmo nos trechos em que autor demonstra incerteza ou ambiguidade. A edição preserva, assim, não somente os passos dados até a ulterior conclusão da *Origem*, mas também o processo de elaboração de uma nova linguagem para a biologia, elemento fundamental para o pleno desenvolvimento da ciência que então despontava. A tradução dos ensaios de 1842 e 1844 recebeu o apoio de Pedro Paulo Pimenta, a quem gostaria de registrar meu agradecimento.

Lara Pimentel Anastacio

Bibliografia

Darwin, Charles. *A origem das espécies*. Tradução de Pedro Paulo Pimenta. São Paulo: Ubu, 2018.

_____. *The Life and Letters of Charles Darwin, Including an Autobiographical Chapter*. Edição de Francis Darwin. v.I. Londres: John Murray, 1887.

_____. *The Foundations of the Origin of Species*. Edição de Francis Darwin. Cambridge: Cambridge University Press, 2009.

Kohn, David. "Darwin's Keystone, the Principle of Divergence." In: Ruse, Michael; Richards, Robert J. (eds.). *The Cambridge Companion to the "Origin of Species"*. Cambridge: Cambridge University Press, 2009. p.87-108.

Largent, Mark. "Darwin's Analogy between Artificial and Natural Selection in the *Origin of Species*". In: Ruse, Michael (ed.). *The Cambridge Companion to the "Origin of Species"*. Cambridge: Cambridge University Press, 2008. p.15-29.

Ospovat, Dov. *The Development of Darwin's Theory*: Natural History, Natural Theology, and Natural Selection, 1838-1859. Cambridge: Cambridge University Press, 1981.

Pimenta, Pedro. "Seleção natural e analogia técnica". In: *A trama da natureza*: organismo e finalidade na época da ilustração. São Paulo: Editora Unesp, 2018. p.423-40.

Van Wyhe, John. "Mind the Gap: Did Darwin avoid Publishing his Theory for Many Years?". *Notes and Records of The Royal Society*, v.61, n.2, p.177-205, 2007.

Ensaio de 1842

Parte I

§ I. <Da variação sob domesticação e dos princípios de seleção>

Um organismo individual disposto sob novas condições que [frequentemente] às vezes varia em pequeno grau e em aspectos muito insignificantes, como estatura, gordura, às vezes cor, saúde, hábitos no caso dos animais, e, provavelmente, disposição. Hábitos de vida também desenvolvem certas partes. O desuso atrofia. [A maioria dessas pequenas variações tende a se tornar hereditária.]

Quando o indivíduo é multiplicado por meio de brotos por longos períodos, a variação ainda é pequena, embora aumente e, ocasionalmente, um único broto ou indivíduo distancie-se muito de seu tipo (exemplo),[1] e esse novo tipo continue a se propagar regularmente por meio de brotos.

---

1 Evidentemente, trata-se de um lembrete para depois mencionar um exemplo.

Charles Darwin

Quando o organismo se reproduz por várias gerações sob novas ou variadas condições, a variação é maior em quantidade e infinita quanto ao tipo [algo especialmente[2] válido se os indivíduos foram expostos a novas condições por um longo período]. A natureza das condições externas tende a efetuar alguma mudança definitiva em toda a prole ou em grande parte dela – pouca comida, tamanho menor –, certos alimentos que não fazem mal etc., órgãos afetados e doenças – extensão desconhecida. Certo grau de variação (gêmeos de Müller)[3] parece ser efeito inevitável do processo de reprodução. No entanto, mais importante é a geração simples <?>, especialmente sob novas condições [quando não há cruzamento] <causas> de variação infinita e sem efeito direto de condições externas, mas apenas na medida em que afeta as funções reprodutivas.[4] Parece não haver nenhuma parte (*beau idéal* do fígado)[5] do corpo,

---

2 A importância da exposição a novas condições por várias gerações é ressaltada em *The Origin of Species* (1.ed., p.7, 131). Na última passagem, o autor se protege contra a suposição de que as variações são "devidas ao acaso" e aborda "nossa ignorância sobre a causa de cada variação particular". Essas afirmações nem sempre são lembradas por seus críticos.

3 "Germinações a partir de um mesmo fruto e filhotes de um mesmo leito podem apresentar diferenças significativas por mais que a prole e os progenitores, como observa Müller, tenham sido expostos às mesmas condições de vida" (cf. *The Origin of Species*, 1.ed., p.10; 6.ed., p.9).

4 Há um paralelo com a conclusão em *The Origin of Species* (1.ed., p.8): "a causa mais frequente de variabilidade deve ser atribuída à afecção dos elementos masculino e feminino antes do ato de concepção".

5 Parece haver alguma variabilidade no fígado, pois, caso contrário, os anatomistas não falariam de um *beau idéal* do órgão.

Fundamentos de A origem das espécies

interna ou externa, na mente, nos hábitos ou nos instintos que não variam em pequeno grau e alguns [frequentemente] <?> em grande quantidade.

[Todas essas] variações [congênitas] ou aquelas adquiridas muito lentamente por todos os tipos [evidenciam, decididamente, uma tendência para se tornarem hereditárias], quando não se tornam simples variedades, mas quando criam uma raça. Cada[6] progenitor transmite suas peculiaridades, e, se essas variedades se cruzam livremente, exceto pela *chance* de que um casal caracterizado pela mesma peculiaridade se una, elas serão constantemente eliminadas.[7] Todos os animais bissexuais devem se cruzar, plantas hermafroditas se cruzam, e parece ser bastante possível que animais hermafroditas se cruzem — reforçar conclusão: efeitos patológicos da reprodução de uma mesma linhagem entre si, bons efeitos do cruzamento

---

6 O autor acrescenta a seguinte passagem, cuja posição no texto é incerta: "Se indivíduos de duas variedades muito diferentes puderem se cruzar, uma terceira raça será formada — fonte mais fértil da variação em animais domesticados. <Em *The Origin of Species* (1.ed., p.20), o autor afirma que 'a possibilidade de produzir raças distintas a partir de cruzamento foi bastante exagerada'>. Se livres para o cruzamento, os caracteres de progenitores puros serão perdidos, e o número de raças, portanto, <ilegível>, mas diferenças <?> além de <ilegível>. Mas, se permitido o cruzamento de variedades que diferem em aspectos muito sutis, essa pequena variação será eliminada, pelo menos até onde alcançam os nossos sentidos — uma variação que [claramente] é distinguida apenas por suas pernas longas terá uma prole que não terá essa distinção. O cruzamento livre é ótimo agente para a produção de uniformidade em qualquer raça. Introduzir a tendência de reverter para a forma parental".

7 O efeito de inundação (*swamping*) do intercruzamento é mencionado em *The Origin of Species* (1.ed., p.103; 6.ed., p.126).

Charles Darwin

possivelmente são análogos aos bons efeitos da mudança de condição <?>.[8]

Portanto, se em qualquer país ou distrito todos os animais de uma espécie puderem cruzar livremente, qualquer pequena tendência de variação enfrentará constante reação. Em segundo lugar, a reversão para a forma parental – análogo de *vis medicatrix*.[9] Mas, se há seleção pelo homem, então novas raças rapidamente se formam – como seguido sistematicamente nos últimos anos –, algo praticado com frequência desde as mais remotas épocas.[10] Por meio dessa seleção, criaram-se cavalos de corrida e de tração; uma vaca boa para produção de sebo, outra para se alimentar etc.; uma boa planta encontra-se <ilegível> nas folhas, outra nas frutas etc., a mesma planta pode suprir as necessidades em diferentes épocas do ano. Por antigos meios, os animais tornam-se adaptados a condições externas, efeito direto de uma causa, como é o caso da relação entre tamanho do corpo e quantidade de alimento. Quanto a esses animais, significa não só que podem ser adaptados, mas adaptados a fins e propósitos que de forma alguma afetam o crescimento, pois a existência de mercadores de sebo não pode criar tendência

---

8 Uma discussão sobre o intercruzamento de hermafroditas relacionando-se aos pontos de vista de Knight está em *The Origin of Species* (1.ed., p.96; 6.ed., p.119). O paralelismo entre o cruzamento e a mudança nas condições é brevemente mencionado em *The Origin* (1.ed., p.267; 6.ed., p.391), para ser finalmente investigado em *The Effects of Cross and Self-Fertilisation in the Vegetable Kingdom* (1876).

9 Existe um artigo sobre *vis medicatrix* na obra *Dissertations on Subjects os Science Connected with Natural Theology* (1839), de Henry Brougham, e um exemplar encontra-se na biblioteca do autor.

10 Esta é a classificação da seleção em metódica e inconsciente de *The Origin of Species* (1.ed., p.33; 6.ed., p.38).

Fundamentos de A origem das espécies

para a produção de gordura. Quanto a essas raças selecionadas, se não houver mudanças para novas condições, e, <se> preservadas de todos os cruzamentos, elas tornam-se bastante autênticas após várias gerações, semelhantes umas às outras e sem variação. Mas o homem[11] seleciona apenas <?> o que é útil e curioso – tem juízos ruins, é cheio de caprichos –, e resiste em eliminar aqueles que não correspondem ao seu padrão – não tem [conhecimento] poder de selecionar de acordo com variações internas –, dificilmente é capaz de manter condições uniformes – [não pode] não seleciona aqueles que melhor se adaptam às condições sob as quais <a> forma <?> vive, mas aqueles mais úteis para ele. Tudo isso poderia ser de outra forma.

§ II. <Da variação no estado de natureza
e dos meios naturais de seleção>

Vejamos até que ponto os princípios de variação descritos anteriormente são aplicáveis aos animais selvagens. Esses animais variam muito pouco, ainda que sejam distinguíveis como indivíduos.[12] Plantas britânicas, em seus muitos gêneros, possuem número incerto de variedades e espécies; nas conchas, principalmente condições externas.[13] Prímula e primaveras. Animais selvagens de diferentes [países podem ser reconhecidos]. O caráter específico dá variedade a alguns órgãos.

---

11 Esta passagem e uma discussão semelhante sobre o poder do Criador (p.42-3) correspondem à comparação entre as capacidades seletivas do homem e da natureza em *The Origin* (1.ed., p.83; 6.ed., p.102).

12 Ou seja, apesar de pertencerem a uma mesma espécie, é possível diferenciá-los em sua individualidade.

13 Cf. ibid., 1.ed., p.133; 6.ed., p.165.

39

Variações análogas quanto ao tipo, mas em grau menor, nos animais domesticados – principalmente partes externas e menos importantes.

Nossa experiência nos conduz à expectativa de que todo e qualquer um desses organismos variaria se <o organismo> fosse retirado <?> e colocado sob novas condições. A geologia proclama um ciclo constante de mudanças, colocando em jogo, a cada mudança possível <?> de clima e morte de habitantes preexistentes, variações infinitas de novas condições. Estes <?> geralmente muito lentos, incerto embora <ilegível> até que ponto a lentidão <?> produziria tendência para variar. Mas os geólogos mostram mudanças de configuração que devem ocasionalmente levar, repentina e juntamente aos acidentes do ar e da água e aos meios de transporte de cada ser, o organismo a novas condições e <?> expô-lo por várias gerações.

Portanto <?> devemos esperar que, de vez em quando, uma forma selvagem varie,[14] o que possivelmente é a causa da maior variação que algumas espécies apresentam em relação a outras.

De acordo com a natureza das novas condições, podemos esperar que todos ou que a maioria dos organismos que nascem sob essas condições variem de alguma maneira definida. Além disso, podemos esperar que o molde em que são fundidos também varie em pequeno grau. Existem, porém, meios de selecionar os descendentes que variam da mesma maneira, cruzando-os e mantendo seus descendentes separados de modo que raças

---

14 Quando escreveu este esboço, Darwin parecia não estar tão convencido da ocorrência geral de variação na natureza, como demonstrado por ele depois. A passagem sugere que nessa época possivelmente deu mais ênfase aos tipos *exóticos* ou às *mutações*.

Fundamentos de A origem das espécies

selecionadas sejam produzidas; caso contrário, como os animais selvagens se cruzam livremente, essas pequenas variedades heterogêneas serão constantemente neutralizadas e perdidas, e apenas uma uniformidade de caráter será [mantida] preservada. A primeira variação como efeito direto e necessário das causas que podemos ver e então agir sobre elas: o tamanho do corpo por causa da quantidade de comida, o efeito de certos tipos de comida em certas partes do corpo etc.; essas novas variedades podem, então, adaptar-se às agências externas [naturais] que atuam sobre elas. Mas variedades podem ser produzidas e adaptadas a um fim, algo que possivelmente não possui a capacidade de influenciar sua estrutura e que seria absurdo se fosse observada como efeito do acaso. Como alguns animais domesticados e como quase todas as espécies selvagens, variedades podem ser produzidas por meios refinados, adaptando-se para atacar um animal ou escapar de outro – ou melhor ainda, se ignorarmos os efeitos da inteligência e dos hábitos, uma planta pode se adaptar aos animais, como é o caso de uma que não consegue ser fecundada sem a intervenção de um inseto, ou de sementes em forma de gancho que dependem da existência de um animal: os animais cobertos de lã não podem ter nenhum efeito direto sobre as sementes das plantas. Neste ponto, no qual todas as teorias adaptam o hábito do pica-pau[15] de rastejar <?>, subir em árvores, <ilegível> visco, <sentença incompleta>. No entanto, se

---

15 Possivelmente o autor pensava no exemplo do pica-pau de Buffon, *Histoire naturelle des oiseaux* (1780, v.VII, p.3), mas tratando o caso de modo diferente do autor francês. O exemplo é utilizado mais de uma vez, cf., por exemplo, *The Origin of Species* (1.ed., p.3, 60, 184; 6.ed., p.3, 76, 220). A passagem no texto corresponde a uma discussão sobre o pica-pau e o visco (ibid., 1.ed., p.3; 6.ed., p.3).

todas as partes de uma planta ou animal variassem <ilegível>, e se um ser infinitamente mais sagaz do que o homem (não um criador onisciente) selecionasse, durante milhares e milhares de anos, todas as variações que tendiam para certos fins [(ou produzisse causas <?> que tendessem para o mesmo fim)], por exemplo, estando em um país que produz mais lebres, esse ser iria prever que um animal canino estaria em melhor situação se tivesse pernas mais longas e visão mais aguçada, e produziria um greyhound.[16] No caso de um animal aquático, <o animal precisaria> de dedos sem cobertura. Se, por alguma causa desconhecida, ele descobrisse que seria vantajoso para uma planta que, <?> como a maioria das plantas é ocasionalmente visitada por abelhas etc.; se pássaros ocasionalmente comessem a semente dessa planta e a carregassem até árvores podres, poder-se-ia selecionar árvores com frutas mais agradáveis para essas aves, garantindo que as sementes sejam carregadas quando as aves se empoleirarem; se esse ser sagaz ainda percebesse que esses pássaros soltam as sementes com mais frequência, ele poderia muito bem ter selecionado um pássaro que <ilegível> árvores podres ou [gradualmente selecionado plantas que <ele> provou viver em árvores cada vez menos podres]. Quem, observou como as plantas variam no jardim – algo que o homem cego e tolo realizou[17] em poucos anos –, vai negar o que um ser que tudo vê ao longo de milhares de anos poderia realizar (se assim o Criador escolheu que seria), seja por sua própria previsão direta ou por meios intermediários – o que

---

16 Esse exemplo está em *The Origin of Species* (1.ed., p.90-1; 6.ed., p.110-1).

17 Cf. ibid., (1.ed., p.83; 6.ed., p.102), em que a palavra *Criador* é substituída por *Natureza*.

Fundamentos de A origem das espécies

representará <?> o criador deste universo. Os meios parecem ser usuais. Lembre-se de que não tenho nada a dizer sobre a relação entre vida, mente e *todas* as formas descendendo de um tipo comum.[18] Eu falo sobre a variação das grandes divisões existentes no reino organizado, sobre quão longe eu iria, sobre o que deve ser observado daqui em diante.

Antes de considerar <a existência de> algum meio natural de seleção, e, em segundo lugar (que constitui a segunda parte deste esboço), ponto muito mais importante, se os caracteres e relações de <coisas> animadas favorecem a ideia de espécies selvagens como raças <?> descendentes de uma matriz comum, como ocorre com as variedades de batata, de dália ou de bovinos que assim descendem, devemos considerar a probabilidade de variação de caracteres [raças selecionadas] selvagens.

Seleção natural. A guerra da natureza de De Candolle — observando a face satisfeita da natureza — primeiramente pode ser posta em questão; nós a observamos nas fronteiras do frio perpétuo.[19] Considerando, porém, o enorme poder geométrico de aumento de cada organismo e como <?> cada país, os casos comuns <países> devem ser abastecidos por toda extensão, a reflexão irá mostrar que esse é o caso. Malthus sobre o homem; em animais não há restrição moral [checar] <?>; eles se reproduzem na época do ano em que a oferta é mais abundante, ou na estação do ano mais favorável, e cada país tem suas es-

---

18 Nota no original: "Bom lugar para introduzir e afirmar as razões a serem dadas adiante quanto ao alcance da teoria até, digamos, todos os mamíferos — razões cada vez mais fracas".

19 Cf. *The Origin of Species* (1.ed., p.62-3; 6.ed., p.77), em que é feita referência semelhante a De Candolle; para Malthus, cf. *The Origin* (p.5).

tações; calcular o caso dos tordos, que oscilam entre anos de destruição.[20] Se uma prova fosse necessária, imaginemos que, se uma mudança singular de clima <ocorresse> aqui <?>, quão espantosamente algumas tribos <?> aumentariam, além da introdução de animais,[21] a pressão está sempre pronta; capacidade das plantas alpinas de suportar outros climas; pensem em sementes infinitas espalhadas no exterior; florestas recuperando seu percentual;[22] milhares de cunhas[23] forçadas a entrar na economia da natureza. Isso requer muita reflexão, estude Malthus e calcule as taxas de aumento e lembre-se da resistência – apenas periódica.

O efeito inevitável disso <é> que muitos exemplares de todas as espécies são eliminados ainda nos ovos ou [jovens ou maduros (o primeiro estado é mais comum)]. No decorrer

---

20 A referência pode estar relacionada à quantidade de destruição em andamento. Cf. *The Origin of Species* (1.ed., p.68; 6.ed., p.84), em que há uma estimativa de data posterior sobre taxa de mortalidade de pássaros no inverno. "Calcular tordo" provavelmente se refere a um cálculo da taxa de aumento de pássaros em condições favoráveis.

21 Em *The Origin of Species* (1.ed., p.64-5; 6.ed., p.80), Darwin dá como exemplos bovinos, equinos, certas plantas na América do Sul e espécies americanas de plantas na Índia. Mais adiante (1.ed., p.74; 6.ed., p.91), como efeitos inesperados da mudança de condições, ele menciona o entorno de uma charneca e a relação entre a fertilização dos trevos e a presença de gatos.

22 "[...] como foi observado, as árvores que atualmente crescem nas ruínas indígenas, no sul dos Estados Unidos, exibem a mesma bela diversidade e proporção de tipos que havia nas florestas virgens" (*The Origin of Species*, 1.ed., p.74; 6.ed., p.91).

23 A comparação da cunha está em *The Origin of Species* (1.ed., p.67), mas foi excluída na cópia da edição que Darwin possuía. A comparação não está presente na sexta edição.

Fundamentos de A origem das espécies

de mil gerações, diferenças infinitesimalmente pequenas irão inevitavelmente aparecer,[24] e, quando vier o inverno excepcionalmente rigoroso ou o verão muito quente ou seco, então, considerando o corpo de indivíduos de qualquer espécie em seu todo e as menores diferenças em sua estrutura, hábitos, instintos [sentidos], saúde etc., <isso> irá formar uma média; conforme as condições mudam, uma proporção bem maior será preservada: então, se o principal controle para aumentar recair sobre as sementes ou os ovos, o mesmo acontecerá, no decorrer de mil ou 10 mil gerações, naquelas sementes (como aquelas que caem para voar)[25] que voam mais longe e se dispersam na maioria das vezes, além de reproduzirem a maioria das plantas; essas pequenas diferenças tendem a ser hereditárias, assim como tons de expressão no semblante humano. Portanto, se um dos progenitores <?> o peixe deposita seu ovo em circunstâncias infinitesimalmente diferentes, como em águas mais rasas ou mais profundas etc., então isso será <?> dito.

Imaginemos que a quantidade de lebres[26] aumente muito lentamente com a mudança de clima que afeta as plantas peculiares e que alguns coelhos <ilegíveis> diminuam na mesma proporção [deixemos essa organização instável]; um animal canino, que antigamente obtinha seu principal sustento caçando coelhos ou utilizando o faro para correr até eles, também deve diminuir, e facilmente poderá ser exterminado. Mas, se essas

---

24 *Grosso modo*, os seguintes termos aparecem em um resumo no final do Ensaio: "Toda criatura vive em uma luta e, no cálculo do equilíbrio, até o menor grão deve ser levado em consideração".

25 Cf. ibid., 1.ed., p.77; 6.ed., p.94.

26 Repetição do que já foi mencionado na p.42.

45

formas variarem muito pouco, os grupos de pernas longas, selecionados durante mil anos, assim como os grupos que menos foram rigidamente eliminados, devem alterar suas formas se nenhuma lei da natureza se opor a isso.

Lembre-se de como rapidamente Bakewell, segundo o mesmo princípio, alterou os bovinos e Western alterou as ovelhas – evitando cuidadosamente o cruzamento (pombos) com outra raça. Não podemos supor que a variação de certas plantas tende a ocorrer em frutas e outras variações nas flores ou na folhagem – algumas selecionaram frutas e flores; que um animal varie sua penugem e outro não, outro varie seu leite. Tome qualquer organismo, pergunte qual a sua utilidade e, nesse ponto, descobrirá que ele varia: o repolho e suas folhas; milho no tamanho <e> na qualidade do grão, ambos em épocas do ano; vagem de feijão-vermelho para vagem jovem; algodão para casulos de semente etc.; cães variam quanto ao intelecto, coragem, agilidade e olfato <?>; pombos apresentam variações nas peculiaridades que se aproximam de monstruosidades. Isso requer consideração – se for o caso, deve ser apresentado no primeiro capítulo –, eu creio que sim. No melhor dos cenários, é hipotético.[27]

A variação na natureza é muito menor, mas é uma seleção muito mais rígida e minuciosa. As raças do homem [mesmo tão bem] só não são mais bem adaptadas às condições do que

---

27 Comparar com *The Origin of Species* (1.ed., p.41; 6.ed., p.47): "Um naturalista me disse, com toda a seriedade, que por sorte os morangos começaram a variar justamente quando os horticultores passaram a dar atenção a eles. Sem dúvida, o morango varia desde que começou a ser cultivado, mas as variações menores eram negligenciadas".

Fundamentos de A origem das espécies

outras raças, mas frequentemente não <?> uma raça adaptada às suas condições, por exemplo, no caso do homem que mantém e propaga algumas plantas alpinas no jardim. A natureza permite que <um> animal viva até ele não ser mais capaz de realizar o trabalho necessário para determinado fim, enquanto o homem julga somente através olhos, e não é capaz de saber se nervos, músculos ou artérias são desenvolvidos em uma proporção que esteja de acordo com a mudança externa.

Além da seleção pela morte, nos animais bissexuados <ilegível> há a seleção no período de pleno vigor, ou seja, na luta entre os machos, mesmo em animais cujo par parece ser um excedente <?> e uma batalha, possivelmente, assim como no homem, há mais machos produzidos do que fêmeas, e uma luta de guerra ou de charmes.[28] Consequentemente, aquele macho que em determinado momento está em pleno vigor, ou mais bem equipado com as armas ou ornamentos de sua espécie, obterá, dali a centenas de gerações, alguma pequena vantagem e transmitirá esses caracteres para sua prole. Assim, na criação da fêmea em relação a seus filhotes, os mais vigorosos, habilidosos e aplicados, <cujos> instintos <são> mais bem desenvolvidos, criarão uma prole maior, que provavelmente irão possuir suas boas qualidades, e maior número <estará> preparado para a luta da natureza. Comparar ao homem, que seleciona apenas um macho de boa raça. Esta última seção possui aplicação somente limitada se usada na variação de caracteres sexuais [específicos]. Apresente aqui o contraste com Lamarck;

---

28 Temos aqui os dois tipos de seleção sexual discutidos em *The Origin of Species* (1.ed., p.88 *ss*; 6.ed., p.108 *ss*).

Charles Darwin

o absurdo do hábito, ou acaso <?>, ou condições externas, que tornam um pica-pau adaptado à árvore.[29] Antes de levarmos em conta as dificuldades da teoria da seleção, consideremos o caráter das raças produzidas pela natureza, como explicado há pouco. As condições têm variado lentamente e os organismos mais bem adaptados ao longo de todo seu curso de vida às condições alteradas sempre foram selecionados – o homem seleciona o cão pequeno e depois lhe dá uma profusão de comida, seleciona uma raça de dorso longo e pernas curtas e não lhe fornece nenhum exercício específico para que ele se adeque a essa função etc. Em casos comuns, a natureza não permite que uma raça se contamine após o cruzamento com outra, e os agricultores sabem quanto é difícil evitar essa contaminação – o efeito pode ser a autenticidade. Quando caractere e esterilidade se cruzam, e geralmente se trata de uma grande quantidade de diferenças, são duas características principais que distinguem as raças domésticas das espécies.

[A esterilidade não universal é admitida por todos.[30] *Gladiolus, Crinum* e *Calceolaria*[31] devem ser espécies, se é que algo assim

---

29 Não são evidentes as razões pelas quais o autor se opõe ao "acaso" ou às "condições externas que adaptam um pica-pau". Ele permite que a variação seja, em última análise, relacionada a condições e que a natureza da conexão seja desconhecida, ou seja, que o resultado seja fortuito. Não está claro no original a qual passagem o (?) se refere.

30 Significa que "Todos admitem que a esterilidade não é universal".

31 Cf. *Variation under Domestication* (2.ed., v.I., p.388), em que Darwin afirma que as formas de jardim de *Gladiolus* e *Calceolaria* são derivadas de cruzamentos entre espécies distintas. Os *Crinums*, híbridos de Herbert, são debatidos em *The Origin of Species* (1.ed., p.250; 6.ed., p.370). É sabido que o autor acreditava na origem múltipla dos cães domésticos.

Fundamentos de A origem das espécies

existe. Raças de cães e bois, mas certamente muito gerais; na verdade, uma gradação de esterilidade mais perfeita[32] muito geral. Algumas espécies mais próximas não se cruzam (açafrão, algumas charnecas <?>), alguns gêneros se cruzam prontamente (galinhas[33] e perdizes, pavões etc.). Os híbridos não são monstruosos e bastante perfeitos, exceto as secreções,[34] portanto, até mesmo a mula se reproduziu – o caractere da esterilidade, especialmente alguns anos atrás <?> pensado de modo muito mais universal do que é agora, foi considerado o caractere distintivo; na verdade, é óbvio que, se todas as formas se cruzassem livremente, a natureza seria um caos. Mas a própria gradação do caráter, mesmo que sempre tenha existido em algum grau, torna-o impossível enquanto marcas <?> daquelas <?> supostamente distintas enquanto espécies].[35]

---

32 O argumento da gradação em esterilidade é mencionado em *The Origin of Species* (1.ed., p.248, 255; 6.ed., p.368, 375). No entanto, não encontrei os casos mencionados, a saber, açafrão e charneca ou perdiz, galinha e pavão. Para esterilidade entre espécies estreitamente relacionadas, cf. *The Origin* (1.ed., p.257; 6.ed., p.377). No presente ensaio, o autor não faz distinção entre a fertilidade entre as espécies e a fertilidade da prole híbrida, ponto importante em *The Origin* (1.ed., p.245; 6.ed., p.365).

33 Ackermann (*Bericht des Vereins für Naturkunde zu Kassel*, 1898, p.23) cita Gloger ao mencionar um cruzamento entre uma galinha doméstica e um *Tetrao tetrix*; a prole morreu após três dias do nascimento.

34 Sem dúvida são as células sexuais. Não sei qual prova baseia a afirmação sobre a procriação da mula.

35 Essa frase é quase ilegível. Creio que o autor se refira a formas geralmente classificadas como variedades, mas que foram tratadas como espécies quando se descobriu que juntas elas eram estéreis. Cf. *The Origin of Species* (1.ed., p.247; 6.ed., p.368) sobre o caso do *Anagallis* vermelho e azul mencionado por Gärtner.

Charles Darwin

A analogia lançará alguma luz sobre o fato da esterilidade de supostas raças da natureza, embora não seja o caso das domésticas. O sr. Herbert <e> Kölreuter mostraram que diferenças externas não são guias para a fertilidade dos híbridos, pois a principal circunstância são as diferenças constitucionais,[36] como a adaptação a diferentes climas ou solos, que provavelmente [devem] afetam o corpo inteiro do organismo e não apenas uma das partes. Os animais selvagens, quando tirados de suas condições naturais, raramente se reproduzem. Não me refiro a apresentações ou a sociedades zoológicas, onde muitos animais se unem, mas <não?> se reproduzem, e outros que nunca sequer se unem, mas a animais selvagens capturados e mantidos *domesticados*, soltos e bem alimentados em casas, vivendo por muitos anos. Híbridos produzidos quase tão prontamente quanto as raças puras. Em Saint-Hilaire, há grande distinção entre domesticados e domésticos; elefantes, furões.[37] Órgãos reprodutores não estão sujeitos a doenças no jardim zoológico. A dissecação e o microscópio mostram que o híbrido possui exatamente as mesmas condições que qualquer outro animal nos intervalos entre os períodos de reprodução, ou que animais selvagens *não criados* na domesticidade e que permanecem sem procriar por toda a vida. Deve-se observar que a domesticidade está longe de ser desfavorável em si mesma, pois

---

36 Em *The Origin of Species* (1.ed., p.258), o autor fala de diferenças constitucionais nessa conexão, especificando que elas se limitam ao aparelho reprodutor.

37 A sensibilidade do sistema reprodutivo a alterações nas condições é enfatizada em *The Origin of Species* (1.ed., p.8; 6.ed., p.10). O furão é mencionado como animal prolífico em cativeiro em *Variation under Domestication* (2.ed., v.II, p.90).

Fundamentos de A origem das espécies

<ela> torna o animal mais fértil: [quando o animal é domesticado e procria, o poder produtivo aumenta com maior quantidade de alimentação e seleção de raças férteis]. Pode-se pensar até onde os animais podem alcançar a partir de <um> efeito em sua mente e em casos especiais. Se nos voltarmos para as plantas, encontraremos a mesma classe de fatos. Não me refiro a sementes que não amadurecem – talvez a causa mais comum –, mas a plantas que não dão frutos, algo que pode ser causado por alguma imperfeição do óvulo ou do pólen. Lindley diz que a esterilidade é a desgraça [maldição] de todos os propagadores; Lineu fala sobre as plantas alpinas. Plantas pantanosas americanas; pólen exatamente no mesmo estado dos híbridos, assim como nos gerânios. O lilás persa e o chinês[38] não serão semeados na Itália e na Inglaterra. Provavelmente as flores duplas, assim como todas as frutas, devem o desenvolvimento de suas partes principalmente <?> à esterilidade e à alimentação extra assim <?> realizada.[39] Há aqui gradação <de> esterilidade e as partes, assim como doenças, são transmitidas hereditariamente. Não podemos atribuir

---

38 Lindley é mencionado em *The Origin of Species* (1.ed., p.9). Já Lineu é mencionado para argumentar que as plantas alpinas tendem a ser estéreis sob cultivo (cf. *Variation under Domestication*, 2.ed., v.II, p.147), momento em que o autor também relata sobre a esterilidade de plantas que consomem turfa em nossos jardins – sem dúvida, as plantas pantanosas americanas mencionadas acima. Na página seguinte (p.148), a esterilidade do lilás (*Syringa persica* e *chinensis*) é mencionada.

39 O autor provavelmente intenciona afirmar que o aumento das pétalas se deve ao maior suprimento de alimento disponível devido à esterilidade. Veja a discussão em *Variation under Domestication* (2.ed., v.II, p.151). Deve-se notar que pode haver duplicidade da flor sem esterilidade perceptível.

51

Charles Darwin

nenhuma causa que explique por que a azaleia amarela produz muito pólen, enquanto a americana não,[40] ou por que as sementes da lilás comum se espalham e as persas não, pois não vemos diferença em relação à saúde nesses casos. Não sabemos se essas diferenças dependem de alguma circunstância, por exemplo, por que furões se reproduzem na Índia, mas chitas,[41] elefantes e porcos não.

É certo que toda peculiaridade na forma e na constituição é transmitida no cruzamento: uma planta alpina transmite sua tendência alpina para sua prole; uma planta americana, sua constituição de pântano; quanto aos animais, as peculiaridades determinam a incapacidade de reprodução em condições não naturais, além disso, todas as partes de sua constituição são transmitidas, sua respiração, seu pulso, seu instinto, todos modificados repentinamente; é de se admirar que sejam incapazes de procriar? Acho que podemos dizer que seria mais maravilhoso se assim o fizessem. Pode-se perguntar, porém, por que variedades reconhecidas, supostamente produzidas por meios humanos, [não se recusaram a se reproduzir] reproduziram-se.[42] A variação depende de mudanças de condição e de seleção[43] na medida em que se dá a seleção sistemática ou assistemática do homem; ele interfere na forma externa, pois, por ignorar as diferenças

---

40 Não encontrei o caso nas obras do autor.

41 Para o caso um tanto duvidoso da chita (*Felis jubata*), cf. *Variation under Domestication* (2.ed., v.II, p.133).

42 A frase termina de forma confusa: claramente ela deveria encerrar com as palavras "se recusou a se reproduzir" em vez do colchete e da frase de conclusão.

43 Sem dúvida o autor refere-se à mudança produzida pela *soma* de variação por meio da seleção.

Fundamentos de A origem das espécies

constitucionais invisíveis internas, possui pouco poder nesse aspecto. As raças domesticadas há muito tempo e muito variadas são exatamente aquelas que foram capazes de suportar grandes mudanças, e cujas constituições foram adaptadas a uma diversidade de climas. A natureza muda lenta e gradualmente. Segundo muitos autores, provavelmente linhagens de cães são outro caso de cruzamento livre de espécies modificadas. Não há variedade que <ilegível> tenha sido <ilegível> adaptada a um solo ou a uma situação peculiar por mil anos e outra rigorosamente adaptada a outra; até que algo assim possa ser reproduzido, o problema não foi devidamente testado.[44] Em épocas passadas, o homem poderia se transportar para diferentes climas, e animais e plantas propagar-se-iam livremente por novos climas. A natureza realizaria lentamente essas mudanças por meio da seleção, e, desse modo, exatamente os animais que estão adaptados para se submeter a grandes mudanças deram origem a diversas raças – de fato, há grande dúvida sobre este assunto.[45]

---

44 O significado desta frase é esclarecido por uma passagem do Ensaio de 1844: "Até que o homem selecione duas variedades que possuam a mesma origem, adaptadas a dois climas ou a outras condições externas, e confine cada uma rigidamente em tais condições por um ou vários milhares de anos, sempre selecionando os indivíduos mais adaptados a elas, não se pode dizer que ele tenha nem mesmo começado o experimento". Ou seja, trata-se de uma tentativa de produzir linhagens domésticas mutuamente estéreis.

45 Esta passagem é, até certo ponto, repetição do trecho anterior e pode ter a intenção de substituir uma frase. Achei melhor manter as duas. Em *The Origin of Species* (1.ed., p.141; 6.ed., p.176), Darwin afirma que o poder de resistir às diversas condições, observado no homem e em seus animais domésticos, é exemplo "de uma flexibilidade constitucional muito comum".

Antes de deixarmos este tema, é preciso observar que certa quantidade de variação é consequência do mero ato de reprodução, tanto por brotos quanto pela reprodução sexual, e que a variação cresce amplamente quando os progenitores são expostos por algumas gerações a novas condições.[46] Descobrimos, então, que diversos animais, quando expostos pela primeira vez a condições muito recentes, são incapazes de se reproduzir como híbridos. Isso [provavelmente] também se refere ao suposto fato de que animais cruzados, quando não são inférteis, como é o caso dos mestiços, tendem a variar muito, o que parece ser o caso dos híbridos autênticos, que possuem fertilidade suficiente para se propagar por meio do cruzamento com linhagens parentais e *inter se* por algumas gerações. Essa é a posição de Köelreuter. Esses fatos iluminam-se e sustentam a verdade um do outro, e percebemos isso ao longo de uma conexão entre as faculdades reprodutivas e a exposição a mudanças nas condições de vida, seja por cruzamento ou pela exposição dos indivíduos.[47]

Dificuldades na teoria da seleção.[48] Pode-se objetar que órgãos perfeitos, como olhos e ouvidos, nunca poderiam ser formados; quanto menor a dificuldade das gradações, mais perfeitos

---

46 Em *The Origin of Species* (1.ed., cap.I, V), o autor não admite que a reprodução, para além do meio ambiente, seja causa de variação. Em relação ao efeito cumulativo de novas condições, há muitas passagens no livro por exemplo (1.ed., p.7, 12; 6.ed., p.8, 14).

47 Como já indicado, esse é o princípio mais importante do livro *The Effects of Cross and Self-Fertilisation in the Vegetable Kingdom*. O professor Bateson sugeriu-me que os experimentos deveriam ser repetidos com indivíduos gameticamente puros.

48 Em *The Origin of Species*, há um capítulo sobre as "dificuldades teóricas" que remete a essa discussão, ainda que o espaço dedicado ao problema aqui seja pequeno. Quanto à tíbia etc., cf. p.98-9.

Fundamentos de A origem das espécies

os órgãos: a princípio parece ser monstruoso, e a dificuldade aparece no fim. Mas, quanto às gradações, mesmo agora manifestas (tíbia e fíbula). Se todo fóssil fosse preservado, a gradação seria infinitamente mais perfeita; a seleção só é possível com gradação <?> perfeita. Diferentes grupos de estrutura, leves gradações em cada grupo – toda analogia torna provável que formas intermediárias tenham existido. É preciso se lembrar de metamorfoses estranhas: uma parte do olho que não está diretamente conectada com a visão pode vir a ser [assim usada] gradualmente trabalhada para assumir esse fim; admite-se, por gradação, que a estrutura da bexiga nadadora pertence ao sistema do ouvido; cascavéis. [O pica-pau está mais bem adaptado para subir.] Em alguns casos, a gradação não é possível: como as vértebras; de fato, há variação em animais domésticos; menor dificuldade se houver crescimento. Olhando para animais em sua totalidade, a formação do morcego não é para o voo.[49] Suponhamos que tivéssemos peixes-voadores e que nenhum deles tenha sido preservado, quem poderia adivinhar os hábitos intermediários. Pica-paus e rãs-arborícolas vivem em países onde não há árvores.[50]

As gradações de cada órgão individual até alcançar seu estado atual e do agregado de órgãos de cada animal individual provavelmente nunca poderão ser conhecidas; todas apresentam grandes dificuldades. Eu desejo apenas mostrar que a proposição não é tão monstruosa quanto parece ser à primeira

---

49 A passagem pode ser interpretada como "a estrutura geral de um morcego é a mesma dos mamíferos não voadores".

50 O pica-pau terrestre da América do Sul foi tema de um artigo de Darwin, "Proceedings of the Zoological Society of London" (1870). Cf. tb. *The Life and Letters of Charles Darwin* (v.III, p.153).

Charles Darwin

vista, e se podemos desenvolver uma boa razão para crer que as espécies descendem de progenitores comuns; a dificuldade de imaginar formas intermediárias de estrutura não é suficiente para rejeitar a teoria.

§ III. <Da variação nos instintos e em outros atributos mentais>

As faculdades mentais de diferentes animais em estado selvagem e domesticados [apresentam dificuldades ainda maiores] requerem uma seção separada. É preciso se lembrar de que não se trata da origem da memória, da atenção e das diferentes faculdades da mente,[51] mas somente das diferenças entre cada uma das grandes divisões da natureza. Disposição, coragem, perseverança <?>, suspeita, inquietação, temperamento difícil, sagacidade e <seu> reverso, variam inquestionavelmente nos animais e são herdados (cães selvagens de Cuba, coelhos, medo de determinado objeto, como o homem de Galápagos).[52] Hábitos puramente corpóreos, períodos de reprodução etc., época de descanso etc., variam e são hereditários, assim como os hábitos análogos de plantas que variam. Hábitos corporais como modos de movimento X e Y. Hábitos, como apontar e definir em cer-

---

51 A mesma ressalva está em *The Origin of Species* (1.ed., p.207; 6.ed., p.319).

52 Os pássaros mansos de Galápagos são descritos no *Journal of Researches* (1860, p.398). Cães e coelhos provavelmente são mencionados como casos em que o animal perdeu o medo hereditário que tinha do homem. No Manuscrito de 1844, o autor menciona que o cão selvagem cubano apresenta grande selvageria natural, mesmo quando capturado muito jovem.

Fundamentos de A origem das espécies

tas ocasiões X. O gosto por caçar certos objetos e a maneira de fazê-lo — o cão pastor. Isso é exposto por meio de cruzamentos e analogia com o instinto autêntico — retriever. Não se sabe quais são seus objetivos. Definição de *Lord* Brougham.[53] A origem está em parte no hábito — mas há quantidade necessariamente desconhecida —, em parte na seleção. Jovens cães perdigueiros apontando para pedras e ovelhas; pombos dando cambalhota; ovelhas[54] voltando ao lugar onde nasceram. O instinto é auxiliado pela razão, como no pássaro-alfaiate.[55] Ensinado pelos progenitores, vacas que escolhem alimentação, pássaros cantando. Os instintos que variam no estado selvagem (os pássaros ficam mais selvagens) são perdidos frequentemente;[56] mais perfeito, ninho sem cobertura. Esses fatos [apenas de forma clara] mostram como o cérebro incompreensivelmente tem o poder de transmitir operações intelectuais.

Faculdades[57] são distintas dos autênticos instintos — encontrando [caminho]. Devo admitir que hábitos, sejam congênitos ou adquiridos pela prática, [às vezes] muitas vezes se

---

53 Em *The Origin of Species* (1.ed., p.207; 6.ed., p.319), Darwin recusa-se a definir o que é instinto. Para a definição de *Lord* Brougham, cf. *Dissertations on Subjects of Science Connected with Natural Theology* (1839, p.27).

54 Cf. James Hogg, *The Works of the Ettrick Shepherd* [pseud.]: *Tales and Sketches* (1865, p.403).

55 O pássaro-alfaiate faz uso de linhas manufaturadas que lhe são fornecidas em vez de linhas trançadas por si mesma.

56 "Perdidos frequentemente" refere-se a *instinto*: "os pássaros ficam mais selvagens", que está entre parênteses porque aparentemente foi adicionado depois. "Ninho sem cobertura" refere-se ao melro-d'água, que omite a abóbada de seu ninho quando o constrói sob proteção.

57 No Ensaio de 1844 há uma discussão sobre a distinção entre *faculdade* e *instinto*.

tornam hereditários;[58] instintos, influência e estrutura, a preservação dos animais; portanto, com a mudança das condições, a seleção deve tender a modificar os hábitos que os animais herdam. Se admitirmos isso, será *possível* que muitos dos mais estranhos instintos possam ser adquiridos. Posso observar, sem tentar definir, que um hábito ou uma habilidade herdada (habilidade porque pode nascer) cumpre de perto o que entendemos por instinto. Um hábito frequentemente é inconsciente, os hábitos mais estranhos associam-se, X habilidades, na direção de certos pontos etc., mesmo contra a vontade, é estimulado por agências externas e não vislumbra o fim – uma pessoa que toca piano. Se esse hábito fosse transmitido, seria um instinto maravilhoso. É preciso considerar alguns dos casos mais difíceis de instintos e questionar se eles *poderiam* ser adquiridos. Não digo *provavelmente*, pois isso pertence à terceira parte[59] deste trabalho; peço para que se lembrem disso, mas não pretendo tentar mostrar o método exato. Desejo apenas mostrar que essa teoria, em sua totalidade, não deve ser rejeitada por completo.

De acordo com minha teoria, cada instinto deve ter sido adquirido gradualmente após pequenas mudanças <ilegíveis> no instinto anterior, considerando que toda mudança será útil para a espécie. A princípio, o animal que se finge de morto me pareceu uma objeção notável. Não encontrei nenhuma gradação em morte simulada;[60] e ninguém duvida que aqueles inse-

---

58 No momento em que Darwin escrevia, assumia-se a existência da herança de caracteres adquiridos.

59 Na verdade, Darwin refere-se à segunda parte.

60 Ou seja, a atitude que o fingimento pretende assumir não é exatamente a da morte.

Fundamentos de A origem das espécies

tos que se comportam desse modo, seja com maior ou menor intensidade, fazem-no para obter algum bem; e, se assim for, então espécies foram levadas a agir assim com mais frequência e então <?> escapou etc. Considere os instintos migratórios, faculdades distintas do instinto, os animais têm noção do tempo, assim como os selvagens. É comum encontrar o caminho pela memória, mas como o selvagem encontra o caminho atravessando o país? Os animais são tão incompreensíveis para nós quanto para eles; mudanças geológicas; peixes no rio; caso das ovelhas na Espanha.[61] Instintos arquitetônicos: funcionário de uma fábrica de manufatura com habilidade extraordinária para fazer artigos únicos – muitas vezes dizem que parecem fazer isso quase <ilegível>; criança que já nasce com uma noção de brincadeira;[62] podemos imaginar uma técnica de costura adquirida com a mesma perfeição; mistura de razão; melro d'agua; pássaro-alfaiate; gradação do ninho simples ao mais complicado.

Abelhas novamente, distinção entre faculdades; como abelhas criam um hexágono; teoria de Waterhouse;[63] impulso de usar qualquer faculdade que possuam; pássaro-alfaiate possui a faculdade de costurar com bico, o instinto o impele a fazê-lo.

---

61 Refere-se às ovelhas *transandantes* mencionadas no Ensaio de 1844, animais que adquirem instinto migratório.

62 Em *The Origin of Species* (1.ed., p.209; 6.ed., p.321), Darwin menciona a habilidade pseudoinstintiva de Mozart ao tocar piano. Cf. tb. *Philosophical Transactions* (1770, p.54).

63 Em *The Origin of Species* (1.ed., p.225; 6.ed., p.343) o autor reconhece que sua teoria sobre as células das abelhas tem origem nas observações de Waterhouse.

Charles Darwin

O último caso de progenitores alimentando os filhotes com algo diverso do que costumam comer (no caso dos pássaros de Galápagos, gradação de bico-grossudo para *Sylvia*), a seleção e o hábito podem levar pássaros mais velhos a variar o gosto <?> e a forma, abandonando seu instinto de alimentar seus filhotes com o mesmo alimento[64] – também não vejo dificuldade em pensar que progenitores são forçados ou induzidos a variar a comida trazida, e a seleção adapta os filhotes à alimentação, e assim, gradualmente, aumenta a quantidade de diversidade que pode ser alcançada. Embora não seja possível esperar que iremos observar o curso que revela quais instintos foram adquiridos, pois temos apenas os animais do presente (não muito conhecidos) para julgar o curso da gradação, uma vez garantido o princípio dos hábitos, sejam congênitos ou adquiridos por experiência, e a hereditariedade, não alcanço nenhum limite para a extraordinária [quantidade de variação] <?> dos hábitos assim adquiridos.

Resumo desta seção. Não há dificuldade em se admitir que a variação ocorre ocasionalmente em alguns animais selvagens se observarmos que [todos] os milhares <de> organismos variam quando são domesticados e utilizados pelo homem. Não há dificuldade em se admitir que as variações tendem a ser hereditárias se nos <lembrarmos> das semelhanças de caracteres e de caráter – doenças e monstruosidades herdadas, produção de infinitas raças (1.200 repolhos). Não há dificuldade em se

---

64 Os tipos do pintassilgo e do *Sylvia* estão descritos no *Journal of Researches* (p.379). A discussão da mudança de forma em relação à mudança de instinto não é clara e parece ser impossível sugerir uma paráfrase.

Fundamentos de A origem das espécies

admitir que a ação da seleção é constante se considerarmos que a quantidade de comida é uma média fixa e que as potências reprodutivas atuam em proporção geométrica. Se admitirmos que as condições externas variam, como a geologia proclama, as condições têm variado e assim o fazem neste momento — e, se nenhuma lei da natureza se opõe, ocasionalmente devem surgir raças que [levemente] se diferem das originais. Assim, apesar de nenhuma dessas leis ser conhecida,[65] em todas as obras assume-se que a quantidade de variação possível é logo adquirida, em <?> total contradição com todos os fatos conhecidos. As espécies domesticadas há mais tempo não são as que mais variam: quem pensaria que cavalos ou milho pudessem ser produzidos? Quanto à dália e à batata, quem irá afirmar que em 5 mil anos[66] <grandes mudanças podem não ocorrer>, perfeitamente adaptadas às condições e postas novamente em condições de variação? Pense no que foi realizado nos últimos anos, observe os pombos e o gado. Considerando a quantidade de comida que o homem é capaz de oferecer aos animais, o limite de gordura, tamanho ou espessura da lã <?> pode já ter sido alcançado; esses pontos são os mais triviais, mas mesmo quanto a eles concluo que é impossível afirmar que

---

65 Interpreto essa sentença obscura como segue: "Nenhuma lei que se oponha à variação é conhecida, mas em todas as obras sobre o assunto, assume-se que há uma lei (em total contradição com todos os fatos conhecidos) para limitar a quantidade possível de variação". Em *The Origin*, até onde eu sei, o autor nunca limita o poder de variação.

66 Em *Variation under Domestication* (2.ed., v.II, p.263), a sensibilidade às condições da dália é descrita em 1841, e diz-se que todas as variedades da dália surgiram a partir de 1804 (v.I, p.393).

conhecemos o limite de variação. E, portanto, com o poder de seleção [adaptativo] da natureza, infinitamente mais sábio se comparado com os do homem, <concluo> que é impossível afirmar que conhecemos o limite das raças que sejam autênticas em relação <à sua> espécie. Se diferentes constituições provavelmente são inférteis quando cruzam entre si, e se elas podem se adaptar à natureza externa e a outros organismos circundantes da maneira mais singular e admirável conforme suas necessidades, essas raças seriam espécies. Mas não há nenhuma evidência de <que> as espécies <foram> produzidas desse modo, questão totalmente independente de todos os pontos anteriores e que será preciso responder quando examinar <mos> o reino da natureza.

Parte II[67]

§§ IV & V. <Da evidência da geologia>

Posso supor que, de acordo com a visão normalmente aceita, as miríades de organismos que povoam este mundo foram criadas por vários e distintos atos de criação. Como não sabemos nada sobre a vontade <ilegível> de um Criador, não podemos pensar em nenhuma razão para que os organismos criados dessa forma possam ter alguma relação entre si, ou, novamente, como eles podem ter sido criados a partir de um esquema. Mas seria maravilhoso se esse esquema fosse o mesmo que resultasse da descendência de grupos de organismos de progenitores em comum que acabaram se desenvolvendo conforme as circunstâncias.

Com igual probabilidade, os antigos cosmogonistas afirmaram que os fósseis, como atualmente os observamos, foram

---

67 "Parte III" é o título no manuscrito original, mas claramente a intenção do autor era iniciar uma segunda parte. Não é possível definir onde termina o parágrafo IV e começa o parágrafo V.

criados a partir de uma falsa semelhança com os seres vivos.[68] Como um astrônomo responderia à doutrina de que planetas <não> se movem conforme a lei da gravitação, e por que o Criador desejou que cada planeta se movesse em sua órbita particular? Acredito que tal proposição (se dispensados todos os preconceitos) seria tão legítima quanto admitir que certos grupos de organismos vivos e extintos, em sua distribuição, estrutura e nas relações entre si e com as condições externas, concordam com a teoria, mostrando sinais de descendência comum, ainda que tenham sido criados de forma distinta. Enquanto se pensava ser impossível que os organismos variassem, ou que, de alguma forma complexa, se adaptassem a outros organismos, ou que pudessem se separar uns dos outros por uma barreira intransponível de esterilidade,[69] era justificável, mesmo com alguma aparência a favor de uma descendência comum, admitir uma criação distinta a partir da vontade de um Criador Onisciente; ou, conforme Whewell, que o início de todas as coisas ultrapassa a compreensão do homem. Nas seções anteriores, tentei mostrar que tal variação ou especificação não é impossível, ao contrário, de muitos pontos de vista é absolutamente provável. Quais são, então, as evidências a favor e quais são as evidências contrárias à teoria? Com nosso conhecimento imperfeito das eras passadas [mas certamente existente em algum grau], seria estranho se a imperfeição não apresentasse alguma evidência desfavorável.

---

68 Esta passagem corresponde aproximadamente à conclusão de *The Origin of Species* (1.ed., p.482; 6.ed., p.661).

69 Passagem semelhante está na conclusão de *The Origin of Species* (1.ed., p.481; 6.ed., p.659).

Fundamentos de A origem das espécies

Dar um esboço do passado: começando com fatos que parecem hostis ao conhecimento atual, prosseguir para a distribuição geográfica, ordem de aparência, afinidades, morfologia etc. A nossa teoria requer a introdução muito gradual de novas formas[70] e o extermínio das antigas (às quais retornaremos). O extermínio de formas antigas às vezes pode ser veloz, mas a introdução nunca será. Quanto aos grupos que descendem de progenitores comuns, nossa teoria requer uma gradação perfeita de seres que não diferem em suas formas mais do que diferem entre si as linhagens de gado, batata ou repolho. Não quero afirmar que deva ter existido uma série graduada de animais intermediária entre o cavalo, o camundongo, a anta[71] e o elefante [ou a galinha e o pavão], mas sim que eles devam ter um progenitor comum, e entre o cavalo e este <?> progenitor etc., e possivelmente o progenitor comum diferenciava-se mais em relação a eles do que quaisquer desses animais atualmente diferem um do outro. Qual é a evidência disso? Alguns departamentos possuem gradação tão perfeita que alguns naturalistas pensaram que, se fosse possível, em algumas grandes divisões, coletar todas as formas existentes, construir-se-ia algo aproximado da gradação perfeita. Essa noção, porém, é absurda se considerados todos os seres vivos, especialmente os mamíferos. Já outros naturalistas pensaram que a gradação perfeita surgiria se todos os espécimes fossilizados nos estratos fossem

---

70 Cf. *The Origin of Species*, 1.ed., p.312; 6.ed., p.453.
71 Cf. ibid., 1.ed., p.280-1; 6.ed., p.414. O autor usa a sua experiência com pombos como exemplo do que entende por *intermediário*. Os exemplos do cavalo e da anta também são mencionados.

coletados.[72] Imagino que não haja nenhuma probabilidade de as coisas serem assim; no entanto, como observa Buckland, é certo que todas as numerosas formas fósseis *não* se encaixam nas <para> atuais classes, famílias e gêneros, mas se situam entre elas; o mesmo ocorre com as novas descobertas de formas existentes. A maioria dos fósseis antigos, mais distantes entre si <por> ao longo do espaço do tempo, são mais propensos a se situarem entre as classes (mas os organismos de locais espacialmente mais distantes também se enquadram entre as classes <por exemplo> ornitorrinco?). Quanto mais as descobertas geológicas <avançam>, mais elas tendem a essa gradação.[73] Ilustrar com uma rede de relações. Toxodonte, tíbia e fíbula, cão e lontra, mas é tão improvável que, por exemplo, os Pachydermata compusessem séries tão perfeitas como são as dos bovinos, que, se cada uma dessas formações apresentasse uma história consecutiva, como muitos geólogos parecem

---

72 A ausência de formas intermediárias entre os organismos vivos e quanto aos fósseis é discutida em *The Origin of Species* (1.ed., p.279-80; 6.ed., p.413). Nessa discussão, não há evidência de que o autor percebeu que essa dificuldade seria tão relevante, como depois o fez em *The Origin* (1.ed., p.299), em que se lê que esta é "a mais óbvia e mais grave objeção que poderia ser apresentada à minha teoria". Porém, em um precário resumo escrito no verso da penúltima página do manuscrito, Darwin se refere às evidências geológicas: "Até onde ela alcança, a evidência é favorável, extremamente incompleta, a maior dificuldade desta teoria. Estou convencido de que não é insuperável". As observações de Buckland são mencionadas em *The Origin* (1.ed., p.329; 6.ed., p.471).

73 Em *The Origin of Species* (1.ed., p.343-5; 6.ed., p.490-2), Darwin afirma que as evidências da geologia, até onde elas vão, são favoráveis à teoria da descendência. Quanto à "rede", na frase seguinte, consultar a nota 137, deste Ensaio.

Fundamentos de A origem das espécies

inferir, minha teoria deve ser abandonada. Mesmo que as formações fossem consecutivas, os geólogos coletariam séries de um distrito considerando nosso atual estado de conhecimento; porém, qual a probabilidade de que qualquer formação durante o *imenso* período decorrido apresente, *em geral*, uma história consecutiva. [Comparar o número de seres com os fósseis preservados que viveram em um período; observar grandes períodos.] Referindo-se apenas a animais marinhos, cuja preservação é obviamente mais provável, esses animais tem de viver onde <?> sedimento (de tipo favorável à preservação, não areia e cascalho)[74] está se depositando rapidamente em uma grande área e deve ser coberto com espessura, <ilegível> depósitos litorâneos: caso contrário, a denudação <os destruirá> – eles vivem em um espaço raso cujo sedimento tende a preenchê-lo, como o movimento está <em?> progresso, se logo for trazido <?> para cima <?> sujeito a desnudação, [se] como é favorável durante a subsidência, conforme os fatos dos depósitos europeus,[75] mas a subsidência é capaz de destruir agentes que produzem sedimentos.[76]

---

74 Cf. *The Origin of Species* (1.ed., p.288; 6.ed., p.422): "Os vestígios preservados em areia ou saibro costumam ser diluídos quando os leitos são remexidos pela agitação das águas".

75 A posição da seguinte frase não é clara no manuscrito: "Pense nas imensas diferenças da natureza dos depósitos europeus – sem interpor novas causas –, pense na lentidão das mudanças atuais e no tempo requerido para causar, na mesma área, esses depósitos diversos de ferro, calcário, areia, coral, argila!".

76 É difícil interpretar esse parágrafo, mas, apesar da obscuridade, há uma semelhança geral com a discussão sobre a importância da subsidência em *The Origin of Species* (1.ed., p.290 *ss*; 6.ed., p.422 *ss*).

Charles Darwin

Creio que seguramente inferi <que> grupos de fósseis marinhos <?> apenas são preservados para idades futuras onde o sedimento é preservado por muito tempo <e> continua<damente> e com deposição rápida, mas não muito rápida em <uma> área de subsidência. Em quão poucos lugares de uma região como a Europa <?> essas contingências ocorrerão? Portanto, <?> em eras passadas meras [lacunas] páginas preservadas.[77] A doutrina de Lyell levada ao extremo; compreenderemos a dificuldade se nos perguntarmos: qual a chance de existir uma série de gradação entre bovinos por <ilegível> na idade <ilegível> já no Mioceno?[78] Sabemos que os bovinos então existiam. Compare o número de seres vivos; a imensa duração de cada período; poucos fósseis.

Isso se refere somente à consecutividade da história dos organismos de cada formação.

O argumento anterior mostra, primeiramente, que as formações se distinguem entre si apenas pela falta de fósseis <nas camadas intermediárias> e, em segundo lugar, que cada formação está cheia de lacunas e os avanços explicam a *escassez* de organismos *preservados* em comparação com a quantidade de seres que viveram no mundo. Esse exato argumento explica por que nas formações mais antigas os organismos parecem

---

77 Cf. nota 83, deste Ensaio.

78 Comparar *The Origin of Species* (1.ed., p.298; 6.ed., p.437): "Perceberemos talvez com mais clareza que é improvável que consigamos conectar espécies mediante um bom número de elos fósseis tênues e intermediários, se considerarmos que dificilmente os geólogos do futuro conseguiriam provar que nossas raças domesticadas de bovinos, ovinos, equinos e cães descenderam de uma matriz comum ou de diferentes linhagens aborígenes".

Fundamentos de A origem das espécies

surgir e desaparecer repentinamente – no Terciário [mais tardio] não tão repentinamente,[79] de forma gradual – rareando e desaparecendo, alguns desapareceram já no tempo do homem. É óbvio que nossa teoria requer uma introdução aos poucos e quase uniforme, possivelmente com mais extermínios repentinos; subsidência do continente da Austrália etc. Nossa teoria requer que a primeira forma de cada uma das grandes divisões apresente pontos intermediários, mas imensamente diferentes, entre os seres existentes. A maioria dos geólogos acredita que os fósseis silurianos[80] são dos primeiros seres que existiram em todo o mundo, e não fósseis que, por acaso, são os mais antigos que não foram destruídos – ou os primeiros que existiram em mares profundos e em processo de conversão do mar para a terra: se eles forem os primeiros, eles <? nós> desistimos. Não tanto Hutton ou Lyell: se o primeiro réptil[81] dos arenitos avermelhados <?> realmente foi o primeiro que existiu; se o paquiderme[82] de Paris foi o primeiro que existiu; o peixe do devoniano; a libélula de Lias; não podemos supor quais são os progenitores, esses exemplares enquadram-se estreitamente nas divisões existentes. Mas

---

79 O repentino aparecimento de grupos de espécies aparentadas nos estratos com conteúdo fossilífero mais profundos é discutido em *The Origin of Species* (1.ed., p.306; 6.ed., p.446), assim como o aparecimento gradual nos estratos posteriores (1.ed., p.312; 6.ed., p.453).

80 Comparar com *The Origin of Species* (1.ed., p.307; 6.ed., p.448).

81 Interpretei como "arenito" (*sandstone*) um rabisco que havia entendido primeiramente como "mar" (*sea*); acatei a sugestão do professor Judd, que explicou que as "pegadas nas pedras arenosas vermelhas eram conhecidas na época e os geólogos não tinham a particularidade de distinguir entre anfíbios e répteis".

82 Refere-se à descoberta do paleotério por Cuvier em Montmartre.

Charles Darwin

os geólogos consideram que a Europa é <?> uma passagem do mar para a ilha <?> e para o continente (exceto Wealden, ver Lyell). Considero, portanto, que esses animais são apenas uma introdução <?> a continentes há muito submersos. Por fim, se o ponto de vista de alguns geólogos estiver correto, minha teoria deve ser abandonada. [Até onde é capaz de alcançar, o ponto de vista de Lyell é discretamente *favorável* a ela; muito mais seria necessário, o que pode ser interpretado como objeção.] Se a geologia nos apresenta somente algumas páginas dos capítulos, os fatos concordam perfeitamente com a minha teoria[83] se considerarmos que maços de folhas são

---

83 A metáfora é abordada em *The Origin of Species* (1.ed., p.310; 6.ed., p.452): "De minha parte, prefiro adotar a metáfora de Lyell e ver, no registro geológico natural, uma história do mundo preservada imperfeitamente, escrita em dialeto mutável; dessa história, temos apenas algumas partes do volume mais recente, que versam sobre duas ou três regiões; um ou outro capítulo esparso foi preservado e, em cada página, umas poucas linhas estão inteiras. Cada palavra da língua na qual essa história foi escrita se altera em maior ou menor medida na sucessão ininterrupta de capítulos e parece representar a modificação, aparentemente abrupta, de formas de vida sepultadas em formações consecutivas, porém separadas por lapsos consideráveis". O professor Judd indicou que a metáfora de Darwin é baseada na comparação da geologia com a história do primeiro capítulo de *Principles of Geology* (1.ed., v.I, 1830, p.1-4). Professor Judd também chamou minha atenção para outra passagem (*Principles...*, 1.ed., v.III, 1833, p.33), quando Lyell descreve um historiador examinando "duas cidades enterradas aos pés do Vesúvio, sobrepostas uma à outra". Esse historiador descobriria que os habitantes da cidade baixa eram gregos, enquanto os da cidade alta eram italianos, mas erraria ao supor uma mudança repentina do grego para o italiano na Campânia. Creio ser evidente que a metáfora de Darwin é parcialmente tirada dessa passagem. Ver, por exemplo, na passagem

Fundamentos de A origem das espécies

arrancados conforme a história direciona-se a seu fim, e que cada página restante ilustra apenas uma pequena amostra dos organismos da época.

Extermínio. Vimos que nos períodos mais recentes os organismos desapareceram em graus diferentes, e [talvez] provavelmente também assim ocorreu nos períodos mais distantes, e afirmei que nossa teoria assim o exige. Como muitos naturalistas sugerem que o extermínio é uma circunstância muito misteriosa,[84] convocando, então, agências surpreendentes, é bom lembrarmo-nos do que mostramos a respeito da luta da natureza. Há uma agência exterminadora trabalhando em cada organismo e dificilmente a observamos; se a quantidade de tordos aumentasse para milhares de exemplares em dez anos, quão severo deve ter sido o processo. Quão imperceptível é um pequeno aumento; fósseis tornam-se raros; possivelmente houve extermínio súbito como na Austrália, mas, como o tempo presente significa muita lentidão e muitos meios de fuga, devo duvidar de extermínios repentinos. Quem pode explicar por que algumas espécies são mais abundantes, por que o chapim-palustre ou melro-de-peito-branco pouco se modificam atualmente, por que há lesmas-do-mar raras e outras

---

de *The Origin* mencionada anteriormente, frases como "história [...] escrita em dialeto mutável" e "representar a modificação, aparentemente abrupta, de formas de vida". A passagem dentro de [] no parágrafo do Ensaio – "Até onde é capaz de alcançar, o ponto de vista de Lyell [...]" –, refere-se, como expõe professor Judd, a Lyell não ter ido tão longe quanto Darwin na questão da imperfeição do registro geológico.

84 Sobre raridade e extinção, cf. *The Origin of Species* (1.ed., p.109, 319; 6.ed., p.133, 461).

comuns em nossas costas, por que há mais exemplares de uma espécie de rinoceronte do que de outra, por que o <ilegível> tigre da Índia é tão raro? O lugar de um organismo é instantaneamente preenchido, fonte geral e curiosa de erros.

Sabemos que o estado da Terra mudou e, à medida que terremotos e marés continuem ocorrendo, seu estado deve mudar — muitos geólogos acreditam em um resfriamento lento e gradual. Vejamos agora, de acordo com os princípios de [variação] especificação explicados na Seção II, como provavelmente as espécies seriam introduzidas e como esses resultados estão de acordo com o que hoje é conhecido.

O primeiro fato que a geologia proclama é um número imenso de formas extintas e de novas aparições. Os estratos terciários levam à crença de que as formas se tornam gradualmente raras e desaparecem, sendo gradualmente supridas por outras. Vemos algumas formas se tornando raras e desaparecendo e não conhecemos nenhuma criação repentina: em períodos mais antigos, o cenário se modifica e as formas *parecem* surgir repentinamente, mas mesmo aqui, no Devoniano, Permiano etc. [continuar fornecendo novos elos na cadeia], o gênero e as formas superiores surgem e desaparecem, mantendo, portanto, da mesma maneira, uma espécie em um ou mais estágios abaixo daquele em que a forma era abundante.

§ VI. <Distribuição geográfica>

Consideremos o estado absoluto de distribuição dos organismos na Terra.

Referindo-se principalmente, mas não exclusivamente (dificuldade de transporte, escassez e características distintas de

Fundamentos de A origem das espécies

cada grupo), aos Mammalia, e considerando primeiramente as três ou quatro principais [regiões] divisões, América do Norte, Europa e Ásia, esta última incluindo grande parte do arquipélago do leste indiano e a África, intimamente ligados. A África é a região mais diversa, especialmente em certas partes do sul. E as regiões árticas, que unem América do Norte, Ásia e Europa, são separadas somente por um pequeno estreito (se viajarmos pelo estreito de Bering) e, portanto, são intimamente conectadas, formando apenas um grupo restrito. Em seguida, há a América do Sul e depois Austrália, Madagascar (e algumas pequenas ilhas muito distantes da parte terrestre). Observando essas divisões principais separadamente, notamos que os organismos variam de acordo com as mudanças nas condições[85] dessas diferentes partes. Além disso, barreiras de todo tipo nos sugerem que as regiões são separadas entre si em maior grau do que o da proporção entre as diferenças dos climas de cada lado: grandes cadeias de montanhas, espaços de mar entre ilhas e continentes, e até grandes rios e desertos. De fato, a quantidade de diferença nos organismos possui certa — mas não invariável — relação com a quantidade de dificuldades físicas para o trânsito desses seres.[86]

Existem algumas curiosas exceções, como a semelhança entre as faunas das montanhas da Europa e da América do Norte e Lapônia. Outros casos apenas <o> invertem, como as mon-

---

85 Em *The Origin of Species* (1.ed., p.346; 6.ed., p.493), o autor inicia a discussão sobre a distribuição geográfica minimizando o efeito das condições físicas. Ele dá grande ênfase ao efeito das *barreiras*, como neste Ensaio.

86 Observação no manuscrito: "Seria mais impressionante se considerássemos animais, como o rinoceronte, e estudássemos seus hábitats?".

Charles Darwin

tanhas do leste da América do Sul, Altai (?), sul da Índia (?):[87] picos de montanhas de ilhas com frequência possuem evidentes peculiaridades. Em geral, a fauna de algumas ilhas, mesmo quando próximas umas das outras, são muito dissimilares, mas podem ser também bastante semelhantes em outros casos. [Aqui sou levado a observar um ou mais centros de criação.][88] Um simples geólogo pode explicar muitos desses casos de distribuição. Na subsidência de um continente, onde os meios livres de dispersão levam as plantas da planície até as montanhas, posteriormente convertidas em ilhas, essas plantas semialpinas ocupariam o lugar das alpinas, eliminando-as caso essas montanhas não sejam muito altas. Assim, ao longo das mudanças graduais[89] do clima em um continente, é possível ver que a propagação das espécies apresenta variações, adaptando-se a pequenas mudanças e causando muitos extermínios.[90] As montanhas

---

87 Nota do sr. A. R. Wallace: "Darwin refere-se à falta de similaridade entre as montanhas do Brasil e da Guiana e as dos Andes. Também entre as montanhas da península indiana em comparação com as do Himalaia. Em ambos os casos há interseção contínua de terras"; "Sem dúvida, o autor refere-se às ilhas Galápagos pela diferença em relação à América do Sul; nossas próprias ilhas se comparadas com a Europa, e talvez Java, pela similaridade com a Ásia continental".

88 Os argumentos contra a ideia de múltiplos centros de criação são apresentados em *The Origin of Species* (1.ed., p.352; 6.ed., p.499).

89 Em *The Origin of Species* (1.ed., p.366; 6.ed., p.516), o autor não dá sua própria opinião, mas refere-se ao trabalho de Edward Forbes, *Geolog. Survey Memoirs* (1846), ao comentar sobre a distribuição de plantas alpinas. Em sua autobiografia, *Life and Letters* (1.ed., p.88), Darwin menciona: "Preveni-me", diz ele, "apenas quanto a um ponto importante, do qual minha vaidade sempre me fez me arrepender".

90 <O seguinte texto está escrito no verso de uma página do manuscrito:> "Discutir um ou mais centros de criação: aludir enfaticamente

74

Fundamentos de A origem das espécies

da Europa recentemente foram cobertas de gelo, e as planícies provavelmente são parte da fauna e do clima ártico. Durante a

às facilidades de dispersão e quantidade de mudança geológica; aludir a picos de montanhas que serão referidos posteriormente. Como é sabido, a distribuição varia conforme a adaptação; explicar, de Norte a Sul, como chegamos a novos grupos de espécies em uma mesma região geral, mas, a depender da grandeza das barreiras, também encontramos diferença em maior proporção do que a adaptação é capaz de explicar. <Sobre as espécies representativas, cf. *The Origin of Species* (1.ed., p.349; 6.ed., p.496)>. Isso é muito impressionante quando pensamos no gado dos pampas, plantas, <?> etc. Em seguida, vá para a discussão; isso se aplica a três ou quatro divisões principais, assim como às infinitas divisões menores de cada uma dessas quatro grandes divisões: quanto a estas, refiro-me principalmente aos mamíferos etc. A similaridade de tipo, mas não de espécie, no mesmo continente tem sido muito menos enfatizada do que a dissimilaridade entre as diferentes grandes regiões em geral: isso é o que mais chama atenção.

<Omito aqui uma frase incompreensível.> Ilhas Galápagos, Tristão da Cunha, ilhas *vulcânicas* cobertas por crateras que, até onde sabemos, não suportam quaisquer organismos. Quão improvável que essas ilhas possuam a natureza de seus territórios vizinhos. Talvez esses fatos sejam mais impressionantes do que quaisquer outros. [A geologia pode afetar a geografia, portanto, esperamos encontrar o que foi dito acima.] Distribuição geológico-geográfica. Ao olharmos para o passado, igualmente encontramos diferenças em relação à Austrália. A América do Sul era distinta, embora com mais formas em comum. A América do Norte é seu vizinho mais próximo com algo em comum – em alguns aspectos ela é mais, em outros, menos aparentados da Europa. Na Europa nós encontramos <?> igualmente europeia, pois a Europa agora faz parte da Ásia, embora não seja <ilegível>. África desconhecida – exemplos: elefante, rinoceronte, hipopótamo, hiena. Como a geologia destrói a geografia, não podemos nos surpreender, assim que nos voltarmos para o passado, se encontrarmos marsupiais e edentatas na Europa; mas a geologia destrói a geografia.

75

Charles Darwin

mudança de clima, a fauna ártica provavelmente ocupou o lugar do gelo e uma inundação de plantas de diferentes países temperados ocupou as planícies, abandonando as formas árticas das ilhas. Mas se isso tivesse acontecido em uma ilha, de onde as novas formas poderiam ter surgido? Nesse momento o geólogo recorre aos criacionistas. Se essa ilha se constituir, o geólogo irá sugerir <que> muitas das formas podem ter origem na parte terrestre mais próxima, mas, se forem formas peculiares, ele recorre ao criacionista – à medida que a ilha aumenta em altura etc., o recurso à criação ganha força. O criacionista afirma que, em um local <ilegível>, o espírito de criação americano produz *Orpheus* e *Tyrannus* e as pombas americanas conforme formas passadas e extintas, porém sem qualquer continuidade na relação entre área e distribuição, distribuição-geográfica-geológica.

Vejamos o resultado da analogia em relação aos animais domesticados e consideremos o caso do fazendeiro dos pampas, muito próximo do estado de natureza. Ele trabalha com organismos com forte tendência a variar e sabe <que a> única maneira de criar uma linhagem distinta é selecionar e separar. O trabalho de separar os melhores touros e cruzá-los com as melhores vacas seria inútil se a prole fosse criada solta, pois os exemplares acabariam se reproduzindo com outros rebanhos e a tendência à reversão não seria neutralizada; o fazendeiro, portanto, esforçar-se-ia para isolar suas vacas e iniciar seu trabalho de seleção. Se vários fazendeiros, em diferentes *rincóns*,[91] começassem o trabalho de seleção, especialmente se possuírem obje-

---

91 *Rincón*, em espanhol, significa um *escondedouro* ou *canto*, mas aqui provavelmente se refere a uma pequena fazenda [há aqui o desvio da flexão tradicional de plural, "*rincones*". (N. E.)]

Fundamentos de A origem das espécies

tivos diferentes, várias linhagens rapidamente seriam produzidas. O mesmo ocorreria com o horticultor, como mostra a história de cada planta; o número de variedades[92] aumenta proporcionalmente ao cuidado dispensado à seleção e à separação após o cruzamento. De acordo com essa analogia, se o número de indivíduos não for muito numeroso, uma mudança das condições externas e o isolamento, seja por processo casual de transformação <de> uma forma qualquer em uma ilha, ou pela subsidência dividindo um continente, ou por uma grande cadeia de montanhas, favoreceria em seu melhor a variação e a seleção.[93] Sem dúvida, essa mudança poderia ocorrer em um mesmo país sem qualquer barreira por meio da longa e contínua seleção de uma espécie: mesmo uma planta incapaz de cruzar se apossaria e ocuparia exclusivamente uma ilha.[94] De imediato,

---

92 Nesta página está escrito: "Ninguém esperaria que um conjunto de variedades similares fosse produzido em diferentes países; eram, portanto, espécies diferentes".

93 <A passagem a seguir parece ter sido escrita para complementar esta parte.> Quanto aos progenitores de um organismo, podemos supor, em geral, que estão em condições menos favoráveis do que a prole selecionada e, portanto, estão, em geral, em menor número (isso não é confirmado pela horticultura, pois é uma mera hipótese; como um organismo em condições favoráveis pode, por meio da seleção, ser adaptado a condições ainda mais favoráveis). A barreira atuaria de forma mais contundente para evitar que espécies formadas em um local migrem para outro.

94 <As notas a seguir estão no verso da página.> O número de espécies não está relacionado aos recursos de um país: além disso, nem sempre são as mais bem adaptadas, o que criacionistas podem explicar por meio de mudanças e progresso. <Ver nota 97.> Embora os criacionistas possam, com a ajuda da geologia, explicar muitas coisas, como explicam a relação evidente entre passado

Charles Darwin

podemos ver que <se> duas espécies geradas nas duas partes de um continente isolado teriam grande afinidade entre si, assim como ocorreu com os bovinos em condados da Inglaterra: se uma das barreiras for posteriormente destruída, uma espécie pode eliminar a outra ou ambas podem se manter no território. Portanto, se uma ilha é formada perto do continente, muitos dos habitantes dessa terra se deslocariam até a ilha, e novas espécies (assim como a antiga) seriam aparentadas às espécies do continente. Ilhas geralmente possuem solo e clima muito diferentes, além de apresentarem número e ordem de habitantes fornecidos ao acaso, e nada pode ser tão favorável para a geração de novas espécies,[95] especialmente de montanhas. Do mesmo modo, a formação de montanhas isoladas na planície de um país (se é que isso acontece) é como a de uma ilha. À medida que as ilhas se formaram, as espécies antigas se propagaram e expandiram seu território, e a fauna de ilhas distantes finalmente puderam se encontrar, formando um continente entre elas. Ninguém duvida que continentes tenham sido formados por repetidas elevações e depressões.[96] Olhando para o passado, mas não tão longe a ponto de eliminarmos todas as fronteiras geográficas, podemos ver prontamente por que as formas existentes se relacionam tanto com formas extintas quanto com outras

---

e presente em uma mesma área, a relação variável entre passado e presente em outros casos, e a relação entre diferentes partes de uma mesma grande área? Se for uma ilha, sua relação a um continente adjacente; se for um caso diferente, em relação aos cumes das montanhas — o número de indivíduos não se relaciona aos recursos, ou como etc. —, nossa teoria, creio eu, é capaz de iluminar essas questões, e todos esses fatos estão de acordo com ela.

95 Cf. *The Origin of Species* (1.ed., p.390; 6.ed., p.543).
96 Quanto à oscilação, cf. *The Origin of Species* (1.ed., p.291; 6.ed., p.426).

Fundamentos de A origem das espécies

localizadas em alguma parte de algum continente. Eventualmente, poderíamos até ter um ou dois fósseis absolutamente originais.

A detecção de formas de transição é mais difícil em pontos ascendentes do território.

A distribuição, portanto, nos pontos enumerados anteriormente, mesmo os triviais, que em qualquer outra <teoria?> são considerados como muitos fatos definitivos, observa <de> maneira simples, na teoria da ocorrência de espécies, por <ilegível> e, sendo adaptada por seleção a <ilegível>, combinada ao seu poder de dispersão e às constantes mudanças geográfico- -geológicas que agora estão em andamento e que, sem dúvida, ocorreram. Deve declarar a imutabilidade das espécies e a criação como vários atos separados da vontade do Criador.[97]

---

97 <Escrito no verso do manuscrito.> Efeito do clima em ilhas fixas e isoladas e no continente, mas continente que foi ilha. Além disso, oscilações repetidas, nova propagação quando não há união, e depois o isolamento, quando aumentado, novamente impedem a imigração, novos *habitats* formados, novas espécies, há imigração livre quando estão unidas e há, portanto, caracteres uniformes. Portanto, mais formas <na?> ilha. Topo das montanhas. As razões pelas quais não são espécies autênticas. Em primeiro lugar, vamos relembrar, na Parte I, sobre as condições de variação: mudança de condições durante várias gerações e, quanto mais alterações, melhor [talvez pelo excesso de comida]. Em segundo lugar, a seleção contínua [no estado selvagem]. Em terceiro, o isolamento em todo lugar ou em quase todo – se lembrar também das vantagens. [Se nos voltarmos para o animal terrestre no continente, uma mudança longa e contínua pode ocorrer, causando apenas alterações na quantidade numérica <proporções?>: se prolongado por tempo suficiente, em última análise, poderia afetar a todos, embora na maioria dos continentes <haja> chance de imigração. Algumas poucas

Charles Darwin

§ VII. <Afinidades e classificação>

Se nos voltarmos agora para as afinidades dos organismos,
sem os relacionarmos à sua distribuição e considerando todos

---

espécies teriam o corpo todo afetado por longo período, com a seleção funcionando da mesma maneira em sua plenitude. Mas aqui a
ausência de isolamento, sem barreiras, corta essa <ilegível>. Podemos observar a vantagem do isolamento. Mas consideremos o caso
de uma ilha lançada a alguma distância por ação vulcânica, com visitantes ocasionais, em número reduzido e expostos a novas condições
e <ilegíveis> mais importantes: um agrupamento totalmente novo
de seres orgânicos, que encontrariam novas fontes de subsistência
ou <iriam> controlar <?> as antigas. O número seria pouco e os
seres mais velhos poderiam ter a melhor oportunidade. <A conquista
dos indígenas por organismos introduzidos mostra que os indígenas
não estavam perfeitamente adaptados, ver *The Origin of Species* (1.ed.,
p.390).> Além disso, à medida que as mudanças na ilha continuaram – continuaram mudanças lentas, rios, pântanos, lagos, montanhas etc. –, novas raças seriam sucessivamente formadas e haveria
novos visitantes ocasionais.

Se a ilha formar um continente, algumas espécies emergirão e imigra-
rão. Todos admitem os continentes. Podemos ver por que Galápagos
e Cabo Verde diferem <ver *The Origin of Species* (1.ed., p.398)>,]
declinadas e criadas. Podemos ver, por meio dessa ação repetida,
o tempo necessário para formar um continente e as razões pelas
quais há muito mais formas na Nova Zelândia <para comparação
entre Nova Zelândia e Cabo Verde, cf. *The Origin* (1.ed., p.389)>,
sem mamíferos ou outras classes <ver, porém, *The Origin* (1.ed.,
p.393), para o caso do sapo>. Podemos ver de imediato como o
processo ocorre quando existe um antigo canal de migração – cordilheiras –; podemos ver por que a flora asiática indiana – [porque
as espécies], quando possuem amplo alcance, aumentam sua chance
de alguns exemplares alcançarem novos pontos e serem selecionados
e adaptados a novos fins. Nem é preciso comentar a necessidade de
que mudanças ocorram.

80

Fundamentos de A origem das espécies

os fósseis e exemplares existentes, observaremos que os graus de relação são arbitrários e apresentam diferentes graus: subgê-

---

Por fim, como continentes (a maioria das extinções <?> durante a formação do continente) são formados após repetidas elevações e declives, além do intercâmbio entre as espécies, podemos afirmar que há muitas extinções nesse período e que os sobreviventes pertenceriam a um mesmo tipo, assim como os extintos, da mesma maneira que partes diferentes de um mesmo continente que se separaram no espaço assim como estão no tempo <ver *The Origin of Species* (1.ed., p.339, 349)>.

Assim como todos os mamíferos descendem de uma mesma matriz, espera-se que todos os continentes, em algum momento, fossem unidos uns aos outros, e que, portanto, obliteraram-se até alcançarem as extensões atuais. Não quero dizer que os mamíferos fósseis encontrados na América do Sul sejam os sucessores lineares <ancestrais> das atuais formas da América do Sul, pois é bastante improvável que mais de um ou dois fósseis sejam encontrados (quem dirá quantas raças existiram depois dos ossos de La Plata). Creio nisso pelos números daqueles que viveram; mera <?> chance de poucos. Além disso, em todos os casos, começando com a própria existência de gêneros e espécies, apenas alguns deixarão descendentes sob a forma de novas espécies que permanecerão, e quanto mais distante é o tempo, menos progenitores. Uma observação pode ser anexada: a pequena chance de preservação em ilhas nascentes, viveiros de novas espécies, apelo à experiência <ver *A origem das espécies* (1.ed., p.292)>. Essa observação pode ser estendida, em todos os casos, às terras de subsistência, pois, em seus estágios iniciais, elas são menos favoráveis à formação de novas espécies; porém, caso ocorra, elas irão isolá-los e, então, se o território recomeçar a se elevar, as ilhas tornar-se-ão ambientes favoráveis. Assim como a preocupação se restringe à propagação para as espécies, o mesmo aconteceria com uma variedade selecionada. No entanto, se essa variedade fosse mais adequada a algum *habitat* não totalmente ocupado, então, durante a elevação ou a formação de novos *habitats* teríamos o ambiente ideal para o surgimento de novas espécies. No entanto, se a elevação não é um ambiente favorável para a preservação de fósseis (exceto em

Charles Darwin

neros, gêneros, subfamílias, famílias, ordens, classes e reinos. O tipo de classificação que todos consideram mais correto é denominado sistema natural, mas não é possível defini-lo. Se, para falarmos com Whewell, <temos um> instinto indefinido em relação à importância dos órgãos,[98] não temos como identificar, em relação aos animais inferiores, o que é mais importante, e ainda assim todos sentem que um sistema merece ser chamado de natural. A verdadeira relação dos organismos é apresentada considerando as relações de analogia: entre os mamíferos, considera-se um animal parecido com uma lontra e uma lontra entre os marsupiais. Nesses casos, a semelhança externa, o hábito de vida e o *objetivo final da organização em seu todo* são muito evidentes, mas não há nenhuma relação entre eles.[99] Os naturalistas são levados a encontrar uma afinidade nos termos dessa relação, embora seu uso seja metafórico. Se usado com seriedade, o sistema

---

cavernas <?>), em estágios iniciais, a subsidência é altamente favorável para a preservação, pois, quando há subsidência, há menos sedimento. Como regra geral, para que os nossos estratos se tornem túmulos de espécies antigas (sem sofrer qualquer alteração), eles devem estar em elevação. Se houver vestígios, eles geralmente serão preservados até eras futuras, pois os novos não serão enterrados e preservados até que sobrevenha uma nova subsidência. Não teremos nenhum registro nesse longo intervalo: seria maravilhoso se obtivéssemos formas transitórias. Não me refiro a todos os estágios, pois, como mostrado, não podemos esperar por isso até que os geólogos estejam preparados para afirmar que, embora sob condições artificialmente favoráveis, podemos encontrar chifres curtos e a raça bovina Herefordshire em eras futuras <ver nota 78>.

98 Uma aparente reflexão tardia foi incluída após "órgãos": "não, e o caso da metamorfose, posteriormente explicável".

99 Para semelhanças analógicas, cf. *The Origin of Species* (1.ed., p.427; 6.ed., p.582).

Fundamentos de A origem das espécies

natural deve ser um sistema genealógico; e nosso conhecimento dos caracteres mais facilmente afetados na transmissão são sobre os menos valorizados se considerado o sistema natural; e, na prática, quando se descobre que determinado ponto varia, ele é considerado de menor valor.[100] Na classificação das variedades, usa-se a mesma linguagem e o mesmo tipo de divisão: aqui também (nos abacaxis)[101] falamos da classificação natural, ignorando a similaridade entre os frutos porque as plantas diferem em seu todo. É preciso considerar a noção de sucessão genealógica para investigar a origem dos subgêneros, gêneros etc., que está de acordo com o que conhecemos sobre gradações similares de afinidade em organismos domesticados. Na mesma região, os seres orgânicos são <ilegíveis> relacionados entre si, suas diferenças são do mesmo tipo e as condições externas em muitos aspectos físicos são aparentadas.[102] Portanto, quando uma nova espécie é selecionada e obtém lugar na economia da natureza, podemos supor que, em geral, ela tende a estender seu

---

100 "Na prática, em seu trabalho cotidiano, os naturalistas não dão importância ao valor fisiológico dos caracteres quando se trata de definir um grupo ou remeter a ele uma espécie particular [...]. Se encontram um caractere quase uniforme, [comum a um grande número de formas, ainda que não seja compartilhado por outras tantas,] utilizam-no como um de alto valor" (*The Origin of Species*, 1.ed., p.417; 6.ed., p.573).

101 "Alguns autores insistem que é necessário classificar variedades em um sistema natural, e não artificial; recomenda-se, por exemplo, que não se classifiquem juntas duas variedades de abacaxi apenas porque seus frutos (a parte mais importante da planta) são quase idênticos" (*The Origin of Species*, 1.ed., p.423; 6.ed., p.579).

102 O significado da passagem é obscuro, mas a caligrafia está bastante clara, exceto por uma palavra ilegível.

Charles Darwin

alcance durante as mudanças geográficas, alterando-se aos poucos quando isolada e exposta a novas condições. Por meio da seleção, sua estrutura se remodela aos poucos, gerando subgêneros e gêneros — como as variedades de ovelhas merino, variedades de bovinos britânicos e indianos. Novas espécies podem continuar se formando enquanto outras se extinguem, ou todas podem se extinguir e teríamos <um> gênero extinto; este é um caso mencionado anteriormente, e há muitos desses casos na paleontologia. Com mais frequência, as mesmas vantagens que levaram à propagação de novas espécies e à modificação dessas espécies em várias outras favoreceram algumas delas a serem preservadas: se considerarmos que duas espécies consideravelmente diferentes deram origem a um grupo de novas espécies, teríamos dois gêneros, e o mesmo processo se repetiria. Podemos olhar para o caso por uma perspectiva futura. Considerando o mero acaso, toda espécie existente é capaz de gerar outra, porém, se uma espécie qualquer A, ao mudar, obtém uma vantagem, e se essa vantagem (seja ela qual for, intelectual, estrutural ou uma constituição particular) for hereditária,[103] a espécie A será progenitora de vários gêneros, ou mesmo famílias, na árdua luta da natureza. Essa espécie continuará lutando com outras formas e é capaz de eventualmente povoar a Terra — nesse momento, podemos não ter nenhum descendente em nosso globo de uma ou de várias criações originais.[104] Se as condições externas — ar, terra e água —

---

103 <A exata posição da seguinte passagem é incerta:> "assim como não é provável que todas as atuais linhagens de pássaros finos e de bovinos se propaguem, mas apenas alguns dos melhores".

104 O texto sugere que o autor não estava distante do princípio da divergência, posteriormente muito enfatizado. Cf. *The Origin of Species* (1.ed., p.111; 6.ed., p.134); *Life and Letters* (1.ed., p.84).

Fundamentos de A origem das espécies

no globo são as mesmas[105] e a comunicação não é perfeita, organismos de descendências muito diferentes podem se adaptar ao mesmo fim e, portanto, teríamos casos de analogia[106] [eles podem até tender a se tornar numericamente representativos]. Desse acontecimento frequente, cada uma das grandes divisões da natureza teria seu representante eminentemente adaptado à terra, ao <ar>,[107] à água e a essas condições em <ilegível>, e então essas grandes divisões revelariam relações numéricas em sua classificação.

§ VIII. Unidade [ou similaridade] de tipo nas grandes classes

Não há nada mais maravilhoso na História Natural do que olhar para o vasto número de organismos expostos às mais diversas condições, vivendo em diferentes climas, em períodos imensamente distantes, adaptados a múltiplos fins, tanto os recentes quanto os fósseis, e então encontrar grandes grupos unidos por uma estrutura similar. Quando, por exemplo, vemos morcegos, cavalos, barbatanas das toninhas, nossas mãos, todos construídos conforme a mesma estrutura,[108] com ossos[109]

---

105 Ou seja, as mesmas condições em diferentes partes do globo.

106 A posição do seguinte recorte é incerta: "o greyhound e o cavalo de corrida possuem uma analogia um com o outro". A mesma comparação ocorre em *The Origin of Species* (1.ed., p.427; 6.ed., p.583).

107 No manuscrito o termo "água" se repete, mas é evidente a intenção do autor de escrever "ar".

108 Entre as linhas está escrito: "estender a pássaros e outras classes".

109 Entre as linhas está escrito: "muitos ossos são meramente representados".

de mesmo nome, vemos que há algum vínculo profundo de união entre eles,[110] e o sistema natural ilustra essa base comum e seus objetos <?>, fundamento da distinção <?> entre caracteres autênticos e adaptativos.[111] Agora o maravilhoso fato de as mãos, casco, asa, nadadeira e garra possuírem a mesma base é explicável também pelo princípio de algumas formas parentais, que podem ser <ilegíveis> ou de animais andarilhos que vão se transformando por meio de um número infinito de pequenas seleções adaptadas a várias condições. Sabemos que a proporção, o tamanho, o molde dos ossos e as partes moles que os acompanham variam e, portanto, a seleção constante alteraria todas elas para quase qualquer propósito <?> a estrutura de um organismo, mas a similaridade geral permaneceria, sendo ainda mais próxima de sua forma parental.

[Sabemos o número de partes similares, pois as vértebras e as costelas podem variar e, portanto, trata-se de algo que podemos esperar que ocorra.] Além disso, <se> as mudanças alcançarem e ultrapassarem certo limite, sem dúvida o tipo se perderá, como é o caso do Plesiossauro.[112] A unidade de tipo de algumas das grandes divisões, tanto de eras passadas quanto no presente, recebe, sem dúvida, a explicação mais simples.

---

110 Em *The Origin of Species* (1.ed., p.434; 6.ed., p.595), o termo *morfologia* inclui a *unidade de tipo*. A barbatana da toninha e a asa do morcego são usados no manuscrito como exemplos de semelhança morfológica.
111 É difícil decifrar a frase.
112 Em *A origem das espécies* (1.ed., p.436; 6.ed., p.598), o autor menciona um "parâmetro geral" obscurecido nas barbatanas dos "extintos lagartos gigantes do mar".

Fundamentos de A origem das espécies

Há outra classe de fatos relacionados e quase idênticos, admitidos pelos fisiologistas mais sóbrios [a partir do estudo de um determinado conjunto de órgãos em um grupo de organismos] e que se refere <? referindo> a uma unidade de tipo de órgãos diferentes no mesmo indivíduo: uma ciência denominada "Morfologia". O <? isto> foi descoberto por séries belas e regulares, e, no caso de plantas que apresentam mudanças monstruosas, certos órgãos desses indivíduos são outros órgãos metamorfoseados. Assim, todo botânico considera pétalas, nectários, estames, pistilos e germens como folhas metamorfoseadas. Eles explicam, então, da maneira mais lúcida, a posição e o número de todas as partes da flor, e a curiosa conversão de uma parte para outra sob cultivo. O complicado conjunto duplo de mandíbulas e palpos dos crustáceos,[113] e de todos os insetos, são considerados <membros> metamorfoseados, e, ao observar essa série, admite-se essa fraseologia. Os crânios dos vertebrados são, sem dúvida, compostos de três vértebras metamorfoseadas, e, assim, podemos compreender a estranha forma dos ossos separados que compõem a caixa que contém o cérebro do homem. Esses[114] fatos são um pouco diferentes daqueles apresentados na última seção; se a asa, a nadadeira, a mão e o casco dão visibilidade a uma estrutura comum, ou se essas partes são percebidas como uma série de conversões monstruosas ocasionais, com rastros que podem ser descobertos a partir de um todo que os fez existir como instrumentos

---

113 Cf. *The Origin of Species* (1.ed., p.437; 6.ed., p.599).

114 A seguinte passagem parece preceder essa frase: "É evidente que, quando os órgãos de uma espécie individual se metamorfoseiam, uma unidade de tipo se estende".

Charles Darwin

de caminhada ou de nado, esses órgãos seriam considerados metamorfoseados, uma vez que exibem apenas um tipo comum. Essa distinção não é traçada por fisiologistas e só está implícita em alguns autores por causa da maneira geral como escrevem. Esses fatos, embora afetem todos os seres orgânicos na face do globo que existiram ou que ainda existem, só podem ser explicados por um criacionista como fatos finais e inexplicáveis. No entanto, essa unidade de tipo explicada por indivíduos de um grupo, e a metamorfose de um mesmo órgão em outros órgãos, adaptados a usos diversos, necessariamente segue a teoria da descendência.[115] De acordo com a teoria, se considerarmos, por exemplo, o caso dos vertebrados, se[116] eles descenderam de um único progenitor, todos eles sofreram alterações em graus lentos, como observamos nos animais domésticos. Sabemos que as proporções se alteram e que, ocasionalmente, o número de vértebras se modifica, que partes se soldam ou se perdem, como a cauda e os dedos dos pés, também sabemos <que?>, possivelmente, um órgão que serve para que o animal se movimente pode <?> ser convertido em um para nadar, deslizar, voar e assim por diante. Essas mudanças graduais, porém, não alterariam a unidade do tipo dos descendentes, como as vértebras ou como partes perdidas e soldadas. No entanto, se levarmos ao extremo, a unidade se perderá – Plesiossauro. Vimos que o mesmo órgão é formado <?> <para> diferentes propósitos <dez palavras ilegíveis>: se, nas várias ordens de

---

115 Creio ser aqui o primeiro lugar em que o autor usa o termo "teoria da descendência".

116 Provavelmente a frase deveria ser: "tomemos o caso dos vertebrados: se presumirmos que descendem de um único progenitor, então, de acordo com esta teoria, eles sofreram alterações etc.".

Fundamentos de A origem das espécies

vertebrados, pudéssemos rastrear a origem <de> processos espinhosos e monstruosidades etc., deveríamos dizer que, em vez de existir uma unidade de tipo, haveria uma morfologia,[117] como quando rastreamos que a cabeça são vértebras metamorfoseadas. Observe que os naturalistas, por relacionarem afinidades sem atribuir significado real, também aqui são obrigados a usar o termo "metamorfose" sem significar que um progenitor dos crustáceos era realmente um animal com tantas patas quanto a quantidade de mandíbulas do crustáceo. A teoria da descendência explica de uma só vez esses fatos maravilhosos.

Poucos desses fisiologistas que usam essa linguagem realmente supõem que os progenitores do inseto com a mandíbula metamorfoseada eram insetos com [mais] tantas pernas, ou que os progenitores das plantas com flores originalmente não tinham estames, pistilos ou pétalas, mas outros meios de propagação – e assim em outros casos. Agora, de acordo com nossa teoria, ao longo de infinitas mudanças, é possível esperar que um órgão usado para um propósito possa ser usado para outro fim por um descendente, como deve ter sido o caso, conforme nossa teoria, do morcego, da toninha, do cavalo etc., que são descendentes de um único progenitor. Se ocorrer a retenção dos traços de um antigo uso e da estrutura de uma parte, o que é manifestamente possível, se não provável, então deveríamos considerar que os órgãos, nos quais a morfologia se baseia, não devem ser metafóricos, mas claros, e a questão, <em vez de ser> totalmente ininteligível, torna-se um simples fato.[118]

---

117 Ou seja: "deveríamos denominá-lo fato morfológico".

118 Em *The Origin of Species* (1.ed., p.438; 6.ed., p.602), o autor, ao se referir às expressões usadas pelos naturalistas em relação à mor-

Charles Darwin

<*Embriologia.*> Essa unidade geral de tipo em grandes grupos de organismos (incluindo, é claro, esses casos morfológicos) apresenta-se de forma mais notável nos estágios do feto.[119] No estágio inicial, a asa do morcego, o casco, a mão e a barbatana não devem ser distinguidos. Em um <estágio> ainda anterior, não há diferença entre peixes, pássaros etc. e mamíferos. Não se trata da impossibilidade de serem distinguidos, mas as artérias[120] <ilegível>. Não é verdade que no processo eles atravessem a forma de um grupo inferior, embora, sem dúvidas, peixes sejam mais relacionados ao estado fetal.[121] Essa similaridade no estágio inicial está notavelmente presente no curso das artérias, que se alteram bastante à medida que o feto avança em sua vida e assume diferentes percursos e tamanhos que caracterizam os peixes e os mamíferos adultos. Como é maravilhoso que dentro do ovo, seja na água, no ar ou no ventre da mãe, a artéria[122] passe por um mesmo percurso.

Nossa teoria pode iluminar essa questão. A estrutura de cada organismo é adaptada principalmente à sustentação da

---

fologia e à metamorfose, afirma: "a aparência dessa transformação é tão forte que não podem evitar o uso desses termos em sentido quase literal".

119 Cf. *The Origin of Species* (1.ed., p.439; 6.ed., p.605).

120 Em *The Origin of Species* (1.ed., p.440; 6.ed., p.606), o autor argumenta que o "curso em espiral das artérias" no embrião dos vertebrados não tem relação direta com as condições de existência.

121 Ao longo da página encontramos as seguintes passagens: "Elas passam pelas mesmas fases, mas algumas delas, em geral aquelas denominadas grupos superiores, posteriormente sofrem metamorfoses"; "Degradação e complicação? Nenhuma tendência para a perfeição."; "Argumentou justamente contra Lamarck?".

122 Há passagem quase idêntica em *The Origin of Species* (1.ed., p.440; 6.ed., p.606).

Fundamentos de A origem das espécies

vida do ser adulto, momento em que será preciso se alimentar e se propagar.[123] A estrutura de um gato filhote é adaptada em segundo grau aos seus hábitos de alimentação, tanto do leite materno quanto da presa. Consequentemente, a variação na estrutura das espécies adultas determinará *principalmente* a preservação dessa espécie, que, então, ou se tornará inadequada ao seu *habitat* ou encontrará um local aberto a essa mudança na economia da Natureza. Não importa para o gato adulto se, quando filhote, ele era mais ou menos eminentemente felino, como se isso determinasse o processo de crescimento até a fase adulta. Sem dúvida, a maioria das variações (que não dependem dos hábitos de vida do indivíduo) depende de uma mudança na primeira fase da vida,[124] e devemos suspeitar da ideia de que, a qualquer época, a alteração do feto tende a aparecer no mesmo período relativo no processo de crescimento. Quando <observamos que> uma tendência a certa doença na vida adulta é transmitida pelo macho, sabemos que alguns efeitos surgem durante o período da concepção na célula simples do óvulo, que não produzirá seus efeitos até meio século depois, além desse efeito não ser visível.[125] Assim, observamos que no greyhound, no buldogue, no cavalo de corrida e no cavalo de tração, todos

---

123 O trecho: "Mortes de irmãos <quando> na velhice pela mesma doença peculiar", escrito entre as linhas, parece ser um memorando que foi expandido algumas linhas a seguir. Acredito que a referência seja de um caso de irmãos mencionado pelo dr. R. W. Darwin.

124 Cf. *The Origin of Species* (1.ed., p.443-4; 6.ed., p.610), em que o autor distingue entre uma causa que afeta a célula germinativa e a reação que ocorre em um período tardio da vida.

125 Possivelmente o autor pretendia terminar a frase com "não é visível até então".

Charles Darwin

selecionados por sua forma na vida adulta, a diferença é muito menor <?> nos primeiros dias após o nascimento[126] do que na vida adulta; vemos isso claramente nos casos de bovinos que obviamente se diferenciam na forma e no comprimento dos chifres. Se durante 10 mil anos o homem fosse capaz de selecionar animais muito mais diversos, cavalo ou vaca, imagino que as diferenças entre a primeira juventude e o estado fetal seriam muito menores, o que, creio eu, lança luz sobre esse fato maravilhoso. Nas larvas, que têm uma seleção longínqua, talvez – na pupa nem tanto.[127] No feto, não há ganho na variação

---

126 Cf. ibid., 1.ed., p.444-5; 6.ed., p.611. O ponto de interrogação anexado a "muito menor" é justificado pela medição necessária para provar que os filhotes de greyhound e de buldogue quase não tinham adquirido "sua quantidade total de diferenças proporcionais".

127 <A discussão a seguir está ao final da página do manuscrito e é, em sua maior parte, semelhante ao texto.> Acho que podemos iluminar esses fatos. Por serem hereditárias, as seguintes peculiaridades, [sabemos que certas mudanças na vesícula germinativa possuem efeitos que só se revelam anos depois] doenças – bócio, gota, calvície, gordura, tamanho [longevidade <ilegível> período de reprodução, formato de chifres, caso de irmãos mais velhos morrendo da mesma doença]. E sabemos que a vesícula germinativa deve ser afetada, embora nenhum efeito seja aparente ou possa aparecer até anos depois – não mais aparente do que quando essas peculiaridades aparecem por meio da exposição do indivíduo adulto. <Ou seja, "o indivíduo jovem está aparentemente tão livre das mudanças hereditárias que aparecerão mais tarde quanto o jovem está realmente livre das mudanças produzidas pela exposição a certas condições na vida adulta".> De modo que, quando vemos uma variedade nos bovinos, mesmo que essa variedade se deva ao ato de reprodução, não podemos ter certeza da época em que essa mudança apareceu. Ela pode ter ocorrido durante a tenra idade de uma vida livre <ou> da existência fetal, como revelam as monstruosidades. Do cruza-

Fundamentos de A origem das espécies

de formas etc. (além de certas adaptações ao útero da mãe) e, portanto, a seleção não pode agir muito além de criar em seus tecidos mutáveis uma tendência a que algumas partes posteriormente assumam certas formas.

---

mento dos argumentos utilizados anteriormente, podemos, em geral, suspeitar do germe; porém, repito, disso não se segue que a mudança deva aparecer até que a vida se desenvolva completamente, assim como a gordura relativa à hereditariedade não deve aparecer durante a primeira infância, e menos ainda durante a existência fetal. No caso dos chifres dos bovinos, que, quando herdados, dependem da vesícula germinativa, não haverá, obviamente, nenhum efeito até a idade adulta. Na prática, o conjunto dos caracteres das peculiaridades [hereditárias] que caracterizam nossas raças domésticas, resultantes de vesículas, portanto, não aparecem em estados mais jovens, e, assim, embora duas linhagens de vacas tenham bezerros diferentes, elas não são tão diferentes – o greyhound e o buldogue. Esse efeito é mesmo o esperado, pois o homem é indiferente aos caracteres dos animais jovens e, portanto, seleciona os adultos que possuam as características desejáveis a ele, de modo que, por mero acaso, podemos esperar que alguns dos caracteres sejam apenas os que se tornam totalmente aparentes na vida madura. Além disso, suspeitamos que se trata de uma lei determinando que, a qualquer momento, um novo caractere aparece, seja por causa da vesícula ou por efeito das condições externas, esse caractere apareceria no momento correspondente <cf. *The Origin of Species* (1.ed., p.444)>. Assim, doenças que aparecem na velhice produzem crianças com X: maturidade precoce, longevidade, irmãos idosos com a mesma doença; filhos pequenos com X. Afirmei que os homens não selecionam a qualidade dos jovens – bezerros com grandes chifres. Nos bichos-da-seda, as peculiaridades que aparecem no estado de lagarta ou casulo são transmitidas aos estados correspondentes. Como efeito, se alguma peculiaridade nasce em um animal jovem, mas nunca é exercida, ela pode ser uma característica hereditária desse jovem animal; porém, se for exercitada, essa parte da estrutura seria aumentada e poderia se tornar hereditária no tempo de vida correspondente após esse treinamento.

Charles Darwin

Assim, não existe poder que mude o curso das artérias, desde que nutram o feto; é a seleção das pequenas mudanças que sobrevêm a qualquer momento durante a <ilegível> vida.

Quanto menores são as diferenças entre os fetos — trata-se de algo com significado óbvio por esse ponto de vista, caso contrário, quão estranho seria que um [macaco] cavalo, um homem, um morcego, em um momento da vida, possuam artérias que circulam de modo inteligivelmente útil apenas a um peixe! Considerando que o sistema natural, em teoria, é genealógico, podemos ver de imediato por que o feto, ao reter traços de sua forma ancestral, possui grande valor na classificação.

§ IX. <Órgãos abortivos>

Há outra grande classe de fatos relacionados aos denominados órgãos abortivos. Nesse caso, o mesmo poder de raciocínio que nos mostra, em alguns casos, quão belamente esses órgãos são adaptados para determinado fim, declara, em outros, que esses órgãos são absolutamente inúteis. Por exemplo: dentes

---

Afirmei que o homem seleciona durante a idade adulta e assim também seria na Natureza. Na luta pela existência, nada importa para um filhote eminentemente felino a não ser o ato de sugar. Portanto, a seleção natural igualmente atua sobre um caractere que é totalmente <desenvolvido> apenas na idade plena. A seleção não tende a alterar nenhum caractere no feto (exceto em relação à mãe), a alterar algo durante o estado jovem (observe a condição de larva), e a alterar todas as partes na condição de adulto. Olhe para um feto e seu progenitor, e, novamente, após um tempo, olhe para esse feto já adulto e seu <por exemplo, os progenitores mencionados antes> descendentes, e conclua que o progenitor varia mais <?> do que o feto, o que explica tudo.

Fundamentos de A origem das espécies

em rinocerontes,[128] baleias, narvais; osso na tíbia, músculos que não se movem; osso pequeno da asa do *Apteryx*; ossos que representam extremidades em alguma cobra; asas pequenas dentro de <?> cascas conectadas de besouros; homens e touros, mamas; filamentos sem anteras nas plantas, meras escamas que representam pétalas em outras plantas, como a flor de jacinto plumoso em seu todo. Quase infinitamente numeroso.

É impossível refletir sobre o tema sem espanto, pois poucas coisas são mais claras do que a ideia de que asas são para voar e dentes <para morder>; porém, encontramos, em cada detalhe desses órgãos perfeitos, situações em que eles possivelmente não teriam um uso normal.[129]

O termo "órgão abortivo" vem sendo aplicado às estruturas descritas anteriormente (tão *invariáveis* quanto todas as outras partes)[130] por causa de sua absoluta semelhança a casos monstruosos, nos quais, por *acidente*, certos órgãos não se desenvolvem, por exemplo, bebês sem braços ou com cotos no lugar de dedos; pequenos pontos de ossificação em vez de dentes; bebês com protuberância na cabeça; vísceras representadas por pequenas massas amorfas; simples coto em vez da calda; pequenas saliências em vez de chifres sólidos.[131] Em todos esses

---

128 Alguns desses exemplos são mencionados em *The Origin of Species* (1.ed., p.450-1; 6.ed., p.619-20).

129 As duas frases a seguir estão escritas no manuscrito: "Órgãos abortivos eminentemente úteis na classificação. Estado embrionário dos órgãos. Rudimentos dos órgãos".

130 Creio que o autor quer dizer que órgãos abortivos são caracteres específicos, contrastando-os com as monstruosidades.

131 Pequenas saliências no lugar de chifres são mencionadas em *The Origin of Species* (1.ed., p.454; 6.ed., p.625) como exemplos de linhagens de gado sem chifres.

Charles Darwin

casos, quando a vida é preservada, existe uma tendência para que essas estruturas se tornem hereditárias. Observamos isso em cães e gatos sem cauda e, de maneira impressionante, também nas plantas – no tomilho, no *Linum flavum*, no estame no *Geranium pyrenaicum*.[132] Os nectários abortam em forma de pétalas na aquilégia, produzidas a partir de algum acidente para se tornarem, então, hereditárias, em alguns casos, apenas quando a planta é propagada por brotos, em outros, por semente. Esses casos são produzidos repentinamente por acidente no início do crescimento, porém a lei do crescimento determina que os órgãos tendem a diminuir quando não são usados (asas do pato?):[133] músculos das orelhas dos cães <e dos> coelhos; os músculos definham, as artérias crescem. Quando o olho nasce com algum defeito, o nervo óptico atrofia-se (tuco-tuco). Como todas as partes úteis ou não (doenças, flores duplas) tendem a ser transmitidas aos descendentes, compreende-se a origem dos órgãos abortivos produzidos no nascimento ou adquiridos lentamente ao observarmos as raças domésticas de organismos: [luta entre a atrofia e a hereditariedade. Órgãos abortivos em raças domésticas] sempre haverá uma luta entre a atrofia de um órgão que se tornou inútil e a hereditariedade.[134] Seria equivocado concluir que todos os órgãos abortivos tiveram absolutamente a mesma origem por esta ser compreensível

---

132 *Linum flavum* possui dimorfismo, enquanto o tomilho é ginodioico. Não está claro a que ponto o autor se refere ao mencionar o *Geranium pyrenaicum*.

133 O trabalho do autor sobre asas de pato etc. está em *Variation under Domestication* (2.ed., v.I., p.299).

134 O termo *"vis medicatrix"* foi inserido após "inútil", aparentemente como memorando.

Fundamentos de A origem das espécies

em alguns casos; no entanto, a analogia mais forte a favorece. De acordo com nossa teoria, que prevê mudanças infinitas em alguns órgãos, poderíamos ter antecipado que eles se tornariam inúteis. Assim, <nós podemos> explicar por que órgãos possivelmente inúteis frequentemente se formaram sob o mesmo cuidado primoroso do que quando tinham vital importância, fato surpreendente sob qualquer outro ponto de vista.

Devo destacar que nossa teoria prevê a possibilidade de que um órgão se torne abortivo em relação ao seu uso primário, voltando-se, então, para qualquer outro propósito, (como os brotos de uma couve-flor), e, portanto, não podemos encontrar nenhuma dificuldade no fato de que ossos de marsupiais machos são usados como fulcro de músculos, ou no estilete da calêndula[135] – de certo ponto de vista, pode-se dizer que a cabeça dos animais [vertebrados] são vértebras abortivas que passaram a ser utilizadas de outra forma: pernas de alguns crustáceos como mandíbulas abortivas etc. A analogia de De Candolle da mesa coberta com louça.[136]

---

135 Nas flores masculinas de alguns dos membros da família Compositæ o estilete funciona apenas como um pistão para forçar a saída do pólen.

136 <No verso da página está o seguinte:> Se órgãos abortivos são um traço preservado por tendências hereditárias de um órgão ancestral que um dia foi utilizado, podemos ver por que eles são importantes para a classificação natural e por que se trata de algo mais claro nos animais jovens, pois, como visto na seção anterior, a seleção altera mais o animal na idade adulta. Repito que o fato maravilhoso das partes criadas para nenhum uso tanto no passado quanto no presente recebe uma explicação simples pela minha teoria: ou não recebem explicação alguma e devemos nos contentar com alguma metáfora vazia, como a de Candolle, que compara a criação a uma mesa bem

Charles Darwin

<A passagem a seguir possivelmente deve ser inserida aqui.> Degradação e complicação, ver Lamarck; nenhuma tendência à perfeição; se houver espaço, [mesmo] organismos complexos teriam maior poder para derrotar os inferiores, pensados <?> para serem selecionados para um fim degradado.

§ X. Recapitulação e conclusão

Vamos recapitular o todo <?> dessas últimas seções tomando o caso das três espécies de rinocerontes que habitam Java, Sumatra e o continente de Malaca ou a Índia. Encontramos nesses três ocupantes de distritos diferentes, mas vizinhos, um grupo de aspectos distintos em relação aos rinocerontes da África, embora alguns destes últimos habitem países muito similares, enquanto outros vivem em localidades bastante diversas. A estrutura dos Rhinoceros está intimamente relacionada [raramente <?> diferenças são maiores do que as de algumas linhagens de bovinos], pois trata-se de gênero que, por imensos períodos, habitou localidades que estão fora das três principais divisões zoológicas do mundo. No entanto, alguns desses antigos animais ajustaram-se a locais muito diferentes: encontramos nos três <ilegíveis> um caráter genérico dos Rhinoceros, que formam um [pedaço de rede][137] conjunto de elos de uma corrente rompida que representa os

---

coberta, afirmando que os órgãos abortivos podem ser comparados a louças (algumas delas vazias) dispostas simetricamente!

137 Sem dúvida, o autor intencionava afirmar que as relações complexas entre os organismos poderiam ser representadas por uma rede onde os nós seriam as espécies.

Fundamentos de A origem das espécies

paquidermes; corrente que igualmente se constitui como parte de outras correntes mais longas. Vemos esse fenômeno maravilhosamente ao dissecarmos a perna áspera das três espécies e encontrarmos praticamente os mesmos ossos das asas do morcego ou da mão do homem, porém, com a marca nítida na tíbia sólida que nasce da fusão com a fíbula. Nos três encontramos a cabeça composta por três vértebras alteradas, pescoço curto e os mesmos ossos da girafa. Na mandíbula superior, encontramos pequenos dentes como os de coelho. Ao dissecá-los no estado fetal, encontramos, em estágio mais tardio, uma forma idêntica à de animais diferentes; mesmo as artérias funcionam como as dos peixes: tal semelhança se mantém quando o filhote se desenvolve tanto no útero quanto em uma lagoa, no ovo ou na desova. Ora, essas três indubitáveis espécies dificilmente diferem mais entre si do que as diferentes linhagens de bovinos, e provavelmente estão sujeitas a muitas das mesmas doenças contagiosas; se domesticadas, essas formas irão variar, possivelmente irão cruzar e se fundir, dando origem a algo[138] diferente <de> suas formas aborígenes, que podem, então, ser selecionadas para servir a fins diferentes.

O criacionista crê que esses três rinocerontes foram criados[139] com essa enganosa aparência de autenticidade, e não criados por uma relação <ilegível>; do mesmo modo, posso acreditar que as atuais rotações dos planetas não são causadas

---

138 Entre as linhas o autor inseriu "uma <?> forma seja perdida".

139 A frase original foi quebrada neste local para inserir: "fora da poeira de Java, Sumatra, estes <?> aparentados no passado e no presente e <ilegível>, com a marca da inutilidade em alguns de seus órgãos e da conversão em outros".

Charles Darwin

por uma lei da gravidade, mas por uma vontade distinta do Criador.

Se admitirmos que espécies reais – que habitam diferentes países, apresentam diferentes estruturas e instintos, são estéreis no caso de se relacionarem umas com as outras e adaptadas de forma diferentes – possuem descentes comuns, nossa teoria nos dá legitimidade para pararmos somente onde nossos fatos param. Veja até onde, em alguns casos, uma cadeia de espécies nos levará.[140] Não podemos saltar de um subgênero para outro (considerando ainda a quantidade de extinções e como os registros geológicos são imperfeitos). Os gêneros podem nos restringir, e muitos dos mesmos argumentos que nos fazem abandonar a ideia de espécie exigem também, inexoravelmente, a queda dos gêneros, das famílias e das ordens, restando dúvida apenas quanto às classes. Assim, paramos apenas no momento que se encerra a ideia de unidade de tipo independente do uso e da adaptação.

Precisamos nos lembrar de que nenhum naturalista avalia em caráter experimental os caracteres externos das espécies; em muitos gêneros, a distinção é bastante arbitrária.[141] No entanto, resta-nos outra forma de comparar espécies com raças: comparar os efeitos de seus cruzamentos. Não seria maravilhoso se a união de dois organismos produzidos por dois atos distintos da Criação misturasse seus caracteres quando cruza-

---

140 Provavelmente o autor se refere aos crustáceos, pois as duas pontas da série "dificilmente têm caractere em comum". Ver *The Origin of Species* (1.ed., p.419).

141 Entre as linhas há a frase: "espécies variam de acordo com as mesmas leis gerais das variedades; elas se cruzam conforme as mesmas leis".

Fundamentos de A origem das espécies

dos sempre de acordo com as mesmas regras, assim como é o caso de duas raças que, sem dúvida, descendem de uma mesma matriz de progenitores? É possível mostrar que esse é o caso. Pois a esterilidade, embora usual < ? >, não é um concomitante invariável, apresentando alto grau de variação e provável dependência de causas estreitamente análogas àquelas que tornam os organismos domesticados estéreis. Independentemente da esterilidade, uma longa série de fatos indica que não há diferença entre mestiços e híbridos. Trata-se de algo notável no caso dos instintos, pois as mentes das duas espécies ou das duas raças se misturam.[142] Em ambos os casos, se a linhagem mista for cruzada com um dos progenitores por algumas gerações, todos os traços da forma do progenitor serão perdidos (como mostra Kölreuter no caso das duas espécies de tabaco que são quase estéreis quando cruzadas), e, portanto, o criacionista, no caso de uma espécie, deve crer que um ato de criação é absorvido por outro!

Conclusão

Essas são minhas razões para crer que formas específicas não são imutáveis. A afinidade dos diferentes grupos, a unidade dos tipos de estrutura, as formas representativas pelas quais passa o feto, a metamorfose e o aborto dos órgãos deixam de ser expressões metafóricas para se tornarem fatos inteligíveis. Não olhamos mais < para > um animal como um selvagem olha para

---

142 Cf. *The Origin of Species* (1.ed., p.214; 6.ed., p.327): "o cruzamento com buldogues afetou por muitas gerações a coragem e a obstinação do greyhound".

Charles Darwin

um navio[143] ou para uma grande obra de arte, como se estivesse diante de algo absolutamente além de sua compreensão, pois agora sentimos muito mais interesse em examiná-lo. Quão interessantes tornam-se os instintos quando especulamos sobre sua origem como um hábito hereditário ou congênito ou produzido pela seleção de indivíduos um pouco diferentes de seus pais. Devemos olhar para cada mecanismo complexo e para cada instinto como resumo de uma longa história, <como a suma>[144] de dispositivos úteis, muito semelhantes a uma obra de arte. Quão interessante é observar como a distribuição dos animais ilumina a geografia antiga. [Vemos alguns mares interligados.] A glória da geologia é diminuída diante da imperfeição de seus arquivos,[145] o que é compensado diante da imensidão dos períodos de suas formações e das lacunas que as separam. É grandioso olhar para os animais existentes como descendentes lineares de formas soterradas sob 300 metros de matéria ou como coerdeiros de algum ancestral ainda mais antigo. O fato de que a criação e extinção de formas, assim como o nascimento e morte de indivíduos, deve ser efeito de meios [leis] secundários[146] está de acordo com o que conhecemos sobre a lei impressa na matéria pelo Criador.

---

143 A comparação entre o selvagem e o navio ocorre em *The Origin of Species* (1.ed., p.485; 6.ed., p.665).

144 Em *The Origin of Species* (1.ed., p.486; 6.ed., p.665), o autor menciona a "suma de numerosos dispositivos". Para que a passagem ficasse mais clara, introduzi esses termos. Em *The Origin*, a comparação é com "uma grande invenção mecânica", não com uma obra de arte.

145 Cf. passagem semelhante em *The Origin of Species* (1.ed., p.487; 6.ed., p.667).

146 Cf. ibid., 1.ed., p.488; 6.ed., p.668.

Fundamentos de A origem das espécies

É depreciativo pensar que o Criador de incontáveis sistemas de mundos tenha criado cada uma das miríades de parasitas rastejantes e vermes [viscosos] que enxameiam todos os dias a vida terrestre e aquática [neste] globo. Por mais que lamentemos, não nos surpreende que um grupo de animais tenha sido criado diretamente para colocar seus ovos no intestino e na carne de outros, que alguns organismos se deliciem com a crueldade, que animais se deixem levar por falsos instintos, que deve haver anualmente um desperdício incalculável de ovos e pólen. Podemos ver que o bem maior que podemos conceber, ou seja, a criação dos animais superiores, veio diretamente da morte, da fome, da rapina e da guerra oculta da natureza. Sem dúvida, a princípio, esse fato transcende nossos humildes poderes de conceber leis capazes de criar organismos individuais, cada um deles caracterizado como obra mais refinada, com adaptações de amplo alcance. As limitações de nossas faculdades [nossa modéstia] parece concordar mais com a ideia de que cada ser exige o decreto de um criador; no entanto, essa mesma proporção também nos diz que a existência dessas leis exalta nossa noção do poder do Criador onisciente.[147] Há uma

---

147 A discussão a seguir, junto a outros memorandos, está na última página do manuscrito: "O suposto espírito criativo não cria séries ou tipos que <são> adaptados, por analogia, a um local (por exemplo, Nova Zelândia): ele não mantém todos permanentemente adaptados a qualquer lugar; funciona em locais ou áreas de criação; não persiste por grandes períodos; cria formas sem similaridade física dos mesmos grupos nas mesmas regiões; cria, em ilhas ou cumes de montanhas, espécies aparentadas às vizinhas, e não à natureza alpina, como mostram outros cumes de montanha; diferenças em ilhas de arquipélagos que possuem constituição similar e que não

Charles Darwin

grandeza simples nessa visão da vida que, com seus poderes de crescimento, assimilação e reprodução, foi originalmente soprada na matéria em poucas formas, e que, enquanto o planeta seguir girando de acordo com leis fixas, e enquanto a água e a terra permanecerem em um ciclo de substituição mútua, por meio do processo gradual de seleção de infinitesimais variedades, evoluíram as mais belas e maravilhosas formas infinitas de acordo com uma origem tão simples quanto a aqui exposta.[148]

Observação: em algum lugar deve haver uma discussão de Lyell mostrando que as condições externas variam, ou uma nota às obras <à obra?> do botânico.

Entre outras dificuldades na Parte II, não há aclimatação das plantas. Há dificuldade quando se questiona sobre *como* brancos e negros se alteraram a partir de uma matriz comum

---

foram criadas em dois pontos – mamíferos nunca são criados em pequenas ilhas isoladas, nem séries de organismos são adaptados a uma localidade, seu poder parece ser influenciado ou relacionado com uma série de outras espécies totalmente distintas de um mesmo gênero –; em quantidade de diferença, não afeta todos os grupos de uma mesma classe".

148 Esta passagem é uma antiga versão das palavras finais na primeira edição de *The Origin of Species*, cuja construção permaneceu substancialmente inalterada ao longo das edições subsequentes: "Há algo de grandioso nessa visão da vida, com seus poderes únicos, foi soprada em umas poucas formas, ou em apenas uma; e, enquanto este planeta segue girando conforme as leis da gravidade, as mais belas e maravilhosas formas orgânicas evoluíram e continuam a evoluir de acordo com um princípio tão simples como o aqui exposto". Na segunda edição, o termo "pelo Criador" foi incluído após "foi originalmente soprada".

Fundamentos de A origem das espécies

intermediária: não há fatos. Nós NÃO sabemos que as espécies são imutáveis, pelo contrário. Quais são os argumentos contra essa teoria, exceto o fato de que não compreendemos cada passo, como no caso da erosão dos vales.[149]

---

149 Comparar com *The Origin of Species* (1.ed., p.481; 6.ed., p.659): "A mesma dificuldade foi sentida por muitos geólogos quando Lyell primeiro insistiu que longas linhas de penhascos internos foram formadas e grandes vales foram escavados pela lenta atuação das ondas nas encostas dos continentes".

Ensaio de 1844

Parte I

Capítulo I
Da variação dos seres orgânicos sob domesticação e dos princípios de seleção

As condições mais favoráveis para variação parecem ser aquelas em que seres orgânicos são criados sob domesticação por muitas gerações.[1] Pode-se inferir essa conclusão pelo simples fato de que quase todas as plantas e animais domesticados há muitos anos apresentam grande número de raças e cruzamentos. Sob certas condições, a forma, o tamanho ou outros caracteres dos seres orgânicos, mesmo durante suas vidas individuais, sofrem pequenas alterações, e muitas das peculiaridades assim adquiridas são transmitidas aos descendentes. Portanto, nos animais, o tamanho e o vigor do corpo, a gordura, o período de maturidade, os hábitos corporais ou movimentos consensuais, os hábitos da mente e do temperamento,

---

1 Darwin insiste no efeito cumulativo da domesticação, por exemplo, em *The Origin of Species* (1.ed., p.7; 6.ed., p.8).

Charles Darwin

são modificados ou adquiridos durante a vida do indivíduo[2] e tornam-se hereditários. Há razões para acreditarmos que também é hereditário o desenvolvimento que o exercício prolongado dá a certos músculos, assim como a diminuição provocada pelo seu desuso. Alimentação e clima ocasionalmente produzem mudanças na cor e na textura das aparências externas dos animais e certas condições desconhecidas afetam os chifres do gado em partes da Abissínia, mas eu não sei se essas peculiaridades, assim adquiridas durante as vidas individuais, foram herdadas. Parece certo que algumas se tornam hereditárias: nos cavalos, a má formação e a claudicação produzidas por muito trabalho em estradas duras, além das afecções nos olhos provavelmente causadas por má ventilação; no homem, as tendências para muitas doenças, como a gota, causadas pelo curso da vida, e que, em última análise, produzem mudanças na estrutura, além de outras muitas doenças produzidas por agentes desconhecidos, como o bócio e o idiotismo que dele resulta.

É muito duvidoso que flores e mudas de folhas produzidas anualmente a partir do mesmo bulbo, raiz ou árvore possam ser devidamente consideradas partes de um só indivíduo, embora certamente pareçam ser em alguns aspectos. Se fazem parte de um indivíduo, as plantas também estão sujeitas a mudanças consideráveis durante suas vidas *individuais*. A maioria das flores de floristas degeneram se negligenciadas, ou seja, perdem

---

2 Esse tipo de variação ocorre no que Darwin descreve como efeito direto das condições. Como elas existem por causas que agem durante a vida adulta do organismo, podem ser chamadas de variações individuais, mas o termo é utilizado para variações congênitas como as diferenças detectáveis em plantas criadas a partir de sementes da mesma vagem (ibid., I.ed., p.45; 6.ed., p.53).

Fundamentos de A origem das espécies

alguns de seus caracteres, algo tão comum que sua veracidade é frequentemente declarada, aumentando consideravelmente o valor de uma variedade.[3] As cores das tulipas alteram-se apenas após alguns anos de cultura, e algumas plantas tornam-se simples ou duplas por negligência ou cuidado; tais aspectos podem ser transmitidos por estacas ou enxertos e, em alguns casos, por propagação natural ou seminal. Ocasionalmente, um único broto de uma planta ao mesmo tempo assume caráter novo e amplamente diferente: sabe-se que nectarinas foram produzidas em pessegueiros; rosas-musgo em rosas da Provença; groselhas brancas em groselhas vermelhas; flores de coloração diferente da cor da linhagem em crisântemos, dálias, cravinas barbatus, azáleas etc.; botões de folhas variegadas em muitas árvores; entre outros casos semelhantes. Esses novos caracteres que aparecem em um único broto podem, como essas mudanças menores que afetam toda a planta, serem multiplicados não apenas por estacas e outros meios, mas também pela geração seminal.

As mudanças que aparecem durante a vida de indivíduos, animais ou plantas, são extremamente raras se comparadas com as congênitas ou as que aparecem logo após o nascimento. Nesse caso, surgem pequenas diferenças infinitamente numerosas — as proporções e formas em todas as partes da estrutura, seja em seu interior ou exterior, parecem variar em graus muito sutis —, e anatomistas disputam o *beau ideal* de ossos, fígado e rins, assim como pintores lidam com as proporções da face.

---

3 <Não está claro para onde se direciona a seguinte nota:> Caso de Orchis, mais notável por não ser cultivada por muito tempo pela propagação seminal. Caso de variedades que logo adquirem, como *Ægilops* e cenoura (e milho), *um certo caráter geral* e depois variam. (N. A.)

Charles Darwin

É mais verdadeiro o provérbio que diz que não existem dois animais ou plantas absolutamente iguais se aplicado em indivíduos domesticados em comparação aos encontrados em estado de natureza.[4] Além das pequenas diferenças, ocasionalmente indivíduos nascem, em relação a seus progenitores, com diferenças consideráveis em suas partes ou mesmo em toda sua estrutura: são chamados de "exóticos" por criadores e não são incomuns, exceto na hipótese de diferenças excessivamente acentuadas. Sabe-se que esses indivíduos exóticos originaram algumas de nossas raças domésticas e provavelmente foram os progenitores de muitas outras raças, especialmente das que podem ser chamadas de monstros hereditários, por exemplo, nos casos de membros adicionais ou de todos os membros atrofiados – como na ovelha Ancon –, ou da falta de apenas uma parte – como em aves sem pelos e cães ou gatos sem cauda.[5] Após várias gerações, os efeitos das condições externas sobre tamanho, cor e forma, que raramente podem ser detectados durante a vida do indivíduo, tornam-se aparentes: as pequenas diferenças que caracterizam o rebanho de diferentes países e até de distritos no mesmo país parecem dever-se à tal ação contínua.

Da tendência hereditária

Fatos que mostram a forte tendência à hereditariedade em quase todos os casos de peculiaridades congênitas, das mais

---

4 Aqui, assim como no Ensaio de 1842, o autor inclina-se a minimizar a variação que ocorre na natureza.

5 Aqui muito mais acentuado do que em *The Origin of Species* (1.ed., p.30).

Fundamentos de A origem das espécies

insignificantes às mais notáveis,[6] podem preencher o volume de uma obra. O termo "peculiaridade congênita", devo observar, é genérico e só pode significar uma singularidade aparente quando a parte afetada está quase ou totalmente desenvolvida. Na segunda parte, discutirei em qual período da vida embrionária as peculiaridades congênitas provavelmente aparecem pela primeira vez, e então poderei demonstrar, a partir de certas evidências, que o período da vida em que uma nova peculiaridade surge pela primeira vez tende a se reproduzir hereditariamente.[7] Numerosas mudanças, embora sutis, que lentamente sobrevêm nos animais durante a vida madura – e muitas vezes, embora nem sempre, assumem a forma de doença –, são, como afirmado nos primeiros parágrafos, muitas vezes hereditárias. Nas plantas, novamente, os brotos que assumem caráter diferente da linhagem também tendem a transmitir suas novas particularidades. Não há razão suficiente para acreditar que sejam herdadas mutilações[8] ou mudanças de forma produzidas por pressão mecânica, mesmo se continuadas por centenas de gerações, ou mesmo quaisquer mudanças na estrutura produzidas rapidamente por uma doença; ao que tudo indica, para se tornar hereditário, o tecido da parte afetada deve crescer lenta e livremente sob uma nova forma. Há enorme diferença entre a tendência hereditária de diferentes peculiaridades e a mesma peculiaridade em diferentes indivíduos e espécies; portanto,

---

6 Cf. ibid., 1.ed., p.13.
7 Ibid., 1.ed., p.86; 6.ed., p.105.
8 Interessante notar que, embora o autor, como seus contemporâneos, acreditasse na hereditariedade de caracteres adquiridos, aqui ele exclui o caso da mutilação.

113

Charles Darwin

enquanto 20 mil sementes de freixos foram semeadas e nenhuma vingou, quase todas as dezessete sementes do teixo inglês brotaram. O malformado e quase monstruoso gado Niata da América do Sul e a ovelha Ancon, quando criados juntos e cruzados com outras raças, parecem transmitir suas peculiaridades para sua prole tanto quanto as raças comuns. Não posso iluminar essas diferenças quanto à hereditariedade dos poderes de transmissão. Os criadores acreditam, e aparentemente por boas causas, que, em geral, uma peculiaridade torna-se mais consistente após ser transmitida por várias gerações; isto é, se, a cada vinte descendências, uma herda certa peculiaridade de seus progenitores, então seus descendentes tenderão a transmiti-la a uma proporção maior que uma em cada vinte; e assim por diante nas gerações seguintes. Como reservo a questão da hereditariedade das peculiaridades mentais para um capítulo separado, por ora não digo nada sobre o tema.

Causas da variação

Devemos chamar a atenção para uma distinção importante quanto à origem primeira ou ao aparecimento das variedades. Se observarmos um número acentuado de proles com tendência hereditária à maturidade e engorda precoces, ou o pato selvagem e o cão da raça boiadeiro australiano adquirindo cores malhadas se criados por uma ou mais gerações em confinamento, ou se observarmos pessoas que vivem em certos distritos ou circunstâncias tornando-se sujeitas a um defeito hereditário de certas doenças orgânicas, como tuberculose ou *plica polonica*, atribuímos naturalmente essas modificações

Fundamentos de A origem das espécies

ao efeito direto de agentes conhecidos ou desconhecidos que atuam por uma ou mais gerações de progenitores. É provável que agentes externos desconhecidos sejam causa de um número incalculável de peculiaridades. No entanto, dificilmente podemos atribuir certas peculiaridades diretamente a influências externas, mas sim à atuação indireta das leis do crescimento embrionário e da reprodução, como é, por exemplo, o caso de certas raças de aves e cães caracterizadas por um membro ou garra extra, da articulação extra nas vértebras, da perda de um membro, como a cauda, da substituição de um tufo de penas por uma crista em certas aves domésticas, entre muitos outros casos. Quando observamos uma multiplicidade de variedades (como costuma ser o caso de um cruzamento que é cuidadosamente protegido contra elas) produzidas a partir de sementes amadurecidas no mesmo casulo,[9] com os princípios masculino e feminino nutridos pelas mesmas raízes e expostos necessariamente às mesmas influências externas, não é possível crer que as intermináveis pequenas diferenças entre as variedades de mudas assim produzidas possam ser o efeito de qualquer diferença correspondente à sua exposição. Somos levados (como Müller observou) à mesma conclusão quando observamos animais consideravelmente diferentes de uma ninhada produzida no mesmo ato de concepção.

Como a variação de graus aqui mencionada foi observada apenas em seres orgânicos sob domesticação e em plantas cultivadas por longo período, nesses casos devemos atribuir as variedades aos efeitos indiretos da domesticação sobre a ação do

---

9 Corresponde a *The Origin of Species* (1.ed., p.10; 6.ed., p.9).

Charles Darwin

sistema reprodutivo[10] (embora a diferença entre cada variedade possivelmente não possa ser atribuída a qualquer diferença correspondente de exposição nos progenitores). Trata-se de algo que aparece como se os poderes reprodutivos tivessem falhado em sua função corriqueira de produzir novos seres orgânicos muito parecidos com seus progenitores e como se toda organização do embrião sob domesticação se tornasse plástica em um grau leve.[11] Mais adiante, teremos a ocasião de mostrar que, nos seres orgânicos, uma mudança considerável em relação às condições naturais da vida também afeta de maneira notável o sistema reprodutivo, independentemente de seu estado geral de saúde. Devo acrescentar, a julgar pelo grande número de novas variedades de plantas que foram produzidas nos mesmos distritos e sob quase a mesma rotina de cultura, que provavelmente esses efeitos indiretos da domesticação, que possuem capacidade de tornar plástico um organismo, são fontes muito mais eficientes de variação do que qualquer efeito direto que causas externas apresentam na cor, textura ou forma de cada parte. Nos poucos casos em que o curso da variação foi registrado, como na dália,[12] a domesticação, ao longo de várias gerações, aparentemente produziu pouco efeito ao tornar a organização plástica; posteriormente, porém, como um efeito acumulado, o caráter original da espécie repentinamente cedeu ou se quebrou.

---

10 Ibid., 1.ed., p.8; 6.ed., p.10.

11 Sobre *plasticidade*, ver *The Origin of Species* (1.ed., p.12, 132).

12 *Variation under Domestication*, 2.ed., v.I, p.393.

Fundamentos de A origem das espécies

Da seleção

Até aqui, apenas nos referimos à primeira aparição de novas peculiaridades em indivíduos. Entretanto, para se criar uma raça ou linhagem, geralmente[13] algo mais é requisitado além da hereditariedade dessas peculiaridades (exceto no caso de elas serem o efeito direto de constantes condições ambientais): o princípio da seleção implicando separação. Mesmo nos raros casos de plantas exóticas com tendência hereditária fortemente implantada, o cruzamento com outras linhagens deve ser evitado, ou, se não puder ser impedido, nesse caso o indivíduo mais bem caracterizado da prole mestiça deve ser cuidadosamente selecionado. Uma raça que possui caráter favorecido por condições externas constantes será formada com muito mais facilidade por meio da seleção e reprodução dos indivíduos mais afetados. No caso das infinitas pequenas variações produzidas pelos efeitos indiretos da domesticação sobre a ação do sistema reprodutivo, a seleção é indispensável para a formação das raças, e, se cuidadosamente aplicada, raças maravilho-

---

13 "Seleção" é aqui utilizada mais no sentido de isolamento do que de implicações da soma das pequenas diferenças. Professor Henslow, em seu livro *The Heredity of Acquired Characters in Plants* (1908, p.2), cita uma passagem de *Variation under Domestication* (1.ed., v.II, p.271), de Darwin, na qual o autor, ao falar das ações diretas das condições, diz: "Uma nova subvariedade seria, portanto, produzida sem a ajuda da seleção". Darwin certamente não intencionava implicar que essas variedades sejam livres da ação da seleção natural, mas sim simplesmente que uma nova forma talvez apareça sem que haja *somas* de novos caracteres. Professor Henslow aparentemente não notou que a passagem foi omitida da segunda edição de *Variation under Domestication* (2.ed., v.II, p.260).

Charles Darwin

samente numerosas e diversas podem ser formadas. Embora a seleção seja tão simples em teoria, ela é e tem sido importante em um grau que dificilmente pode ser superestimado. Trata-se de atividade que requer habilidade extrema, desenvolvida após longa prática em detectar as mínimas diferenças entre as formas dos animais tendo em vista algum objetivo distinto; apresentados esses requisitos e com paciência, o criador deve simplesmente observar minuciosas estratégias para alcançar o fim desejado, selecionando os indivíduos e associando-os às formas mais adequadas ao longo das gerações seguintes. Na maioria dos casos, a seleção cuidadosa e a prevenção de cruzamentos acidentais serão necessárias por várias gerações, pois novas linhagens possuem forte tendência para variação e, principalmente, para reversão a suas formas ancestrais: no entanto, cada geração subsequente exigirá menos cuidado para que a linhagem se torne realidade, até que, finalmente, apenas uma eventual separação ou eliminação de indivíduos será requerida. Horticultores que cultivam sementes regularmente observam essa prática, denominando-a *roguing* ou eliminação de indivíduos exóticos ou falsas variações. Há também outra maneira menos eficiente de seleção entre animais, a saber, a aquisição repetida de machos com algumas qualidades desejáveis, tornando possível que eles e seus descendentes se reproduzam livremente em conjunto, procedimento que afetará todo o lote ao longo do tempo. Esses princípios de seleção foram *metodicamente* seguidos por quase um século, mas sua grande importância é demonstrada por meio dos resultados práticos e de seus registros nos textos dos mais célebres agricultores e horticultores, e aqui apenas nomeio Anderson, Marshall, Bakewell, Coke, Western, Sebright e Knight.

Fundamentos de A origem das espécies

Mesmo em linhagens bem estabelecidas, com indivíduos que, para olhos pouco treinados, parecem absolutamente semelhantes — fato que poderia suscitar a ideia de que não haveria escopo algum para seleção —, percebe-se que toda a aparência do animal sofre modificações em poucos anos (como no caso da ovelha de *Lord* Western), e mesmo agricultores experientes dificilmente acreditam que essas mudanças não tenham sido efeito do cruzamento com outras linhagens. Criadores de plantas e animais frequentemente dão maior escopo a seus meios de seleção, cruzando raças diferentes e selecionando os descendentes, mas retornaremos a esse assunto posteriormente.

As condições externas, sem dúvida, irão influenciar e modificar os resultados das seleções mais bem cuidadas. Nesse sentido, por exemplo, constatou-se ser impossível impedir que certas linhagens de bovinos degenerassem em pastos nas montanhas; provavelmente seria impossível manter a plumagem do pato selvagem na raça domesticada; em certos solos, nenhum cuidado tem sido suficiente para criar sementes de couve-flor fiéis ao seu caráter; entre muitos outros casos. Com paciência, no entanto, é maravilhoso constatar o que o homem realizou. Ele escolheu e, portanto, em certo sentido, criou uma raça de cavalos para correr e outra para puxar; criou ovelhas com peles boas para tapetes e ovelhas boas para fabricar tecidos de lã; no mesmo sentido, criou um cão de caça para notificá-lo assim que encontra o alvo, e outro para buscar a presa após morta; por seleção, determinou que em uma linhagem a gordura se misturaria com a carne e que em outra ela se acumularia no intestino para produção de sebo para velas;[14] ele alongou as pernas de

---

14 Cf. o Ensaio de 1842 (p.38-9).

Charles Darwin

uma linhagem de pombos e encurtou tanto o bico de outra que, nesse caso, dificilmente os pombos conseguem se alimentar; determinou previamente o colorido das penas de um pássaro e o caráter listrado ou franjado das pétalas de muitas flores – e ainda premiou o absoluto sucesso dessas modificações –; criou, por seleção, folhas de uma variedade de repolho e botões de flores de outra variedade para que seja possível comê-las nas diferentes estações do ano, além de agir da mesma forma em infinitas outras espécies. Não desejo afirmar que as ovelhas de lã longa e curta, ou o perdigueiro e o retriever, ou o repolho e a couve-flor, descendem de uma mesma matriz selvagem nativa: mesmo se descendessem, embora seja algo que diminua a realização humana, esse grande resultado deve ser inquestionável.

Ao afirmar, como venho dizendo, que o homem cria linhagens, é necessário não confundir tal afirmação com a ideia de que ele cria indivíduos. Estes são dados pela natureza com certas qualidades desejáveis, e o homem somente une-se a ela para usufruir das suas frequentes recompensas. Em muitos casos, de fato, como o das ovelhas Ancon, valiosas por não pularem as cercas, e o do cão-espeto, o homem provavelmente apenas impediu certos cruzamentos; sabemos, porém, que em muitas situações ele continuou positivamente selecionando e tornando vantajosas as pequenas variações sucessivas.

A seleção,[15] como afirmo, foi *metodicamente* observada por quase um século, mas não cabe duvidar que ela foi ocasionalmente praticada desde as mais remotas eras nas quais animais

---

15 Cf. *The Origin of Species* (1.ed., p.33; 6.ed., p.38). A evidência está dada no presente Ensaio de forma mais completa do que lá em *The Origin.*

Fundamentos de A origem das espécies

já se encontravam sob o domínio humano. Nos primeiros capítulos da Bíblia, regras são dadas para influenciar as cores das linhagens, e fala-se de ovelhas negras e brancas como linhagens separadas. Nos tempos de Plínio, os bárbaros europeus e asiáticos empenharam-se no cruzamento de uma matriz selvagem para melhorar as raças de seus cães e cavalos. Os selvagens da Guiana agora fazem o mesmo com seus cães: tal cuidado demonstra, ao menos, que as expectativas quanto aos caracteres dos indivíduos animais foram atendidas. Nos tempos mais rudes da história da Inglaterra, leis foram criadas para evitar a exportação de bons animais de linhagens já estabelecidas, e, no caso dos cavalos, na época de Henrique VIII, leis prescreviam a eliminação de todos os animais que não atendiam aos padrões de tamanho. Em um dos mais antigos volumes do *Philosophical Transactions of the Royal Society*, há regras para selecionar e aperfeiçoar linhagens de ovelhas, e *Sir* H. Bunbury, em 1660, criou regras para selecionar as melhores sementes de plantas com tanta precisão quanto os melhores horticultores atuais. Mesmo nas nações mais selvagens e rudes, nas tão frequentes épocas de guerra e de fome, os animais mais úteis eram preservados, e o valor atribuído a eles pelos selvagens está registrado entre os habitantes da Tierra del Fuego, que devoravam suas mulheres idosas antes de seus cães, pois estes, como afirmavam, eram úteis na caça à lontra.[16] Quem pode duvidar que, em caso de fome e guerra, se preservam os melhores caçadores de lontras e, portanto, eles são selecionados para reprodução? Como os filhotes obviamente perseguem

---

16 *Journal of Researches* (1860, p.214): "Cachorros caçam lontras, mulheres idosas não".

seus progenitores e como vimos que os selvagens se esforçam para cruzar seus cães e cavalos com linhagens selvagens, podemos até concluir que seja provável que às vezes eles reproduzam os mais úteis dos seus animais e mantenham as proles isoladas. As diferentes raças de homem requerem e admiram diferentes qualidades em seus animais domésticos, e, portanto, cada uma selecionaria lentamente, porém inconscientemente, uma linhagem diferente. Como Pallas observou, quem pode duvidar que os antigos russos estimavam e se esforçavam para preservar as ovelhas com os casacos mais grossos em seus rebanhos? Observando as diferenças entre o tipo de seleção insensível, pelas quais novas linhagens não são selecionadas e mantidas separadas, mas um caráter peculiar é lentamente atribuído a toda a massa da linhagem pela frequência com que se salva a vida de animais com certas características, nós podemos ter quase certeza de que o que vem sendo realizado pelo método mais direto de seleção separada nos últimos cinquenta anos na Inglaterra, pelo que observamos, produziria efeito marcante no decorrer de alguns milhares de anos.

Cruzamento de linhagens

Quando duas ou mais raças são formadas, ou mesmo quando do mais de uma raça ou espécies férteis *inter se* existiam originalmente em estado selvagem, o cruzamento entre elas torna-se a mais abundante fonte de novas raças.[17] Quando duas raças

---

17 Os efeitos do cruzamento são muito mais relevados aqui do que em *The Origin of Species*. Para ponto de vista oposto, cf. *The Origin of Species* (1.ed., p.20; 6.ed., p.23). Sua mudança de opinião talvez tenha sido

Fundamentos de A origem das espécies

bem marcadas são cruzadas, a prole da primeira geração pode ser mais ou menos semelhante a um dos progenitores, ou é um intermediário entre eles, e raramente novos caracteres surgem em algum grau. Na segunda e próximas gerações, a prole geralmente varia com frequência, uma em comparação à outra, e muitas revertem para algo próximo às suas formas ancestrais. Essa maior variabilidade nas gerações seguintes parece análoga à quebra ou variabilidade de seres orgânicos depois de terem sidos domesticados por algumas gerações.[18] Tão acentuada é essa variabilidade em descendentes cruzados que Pallas e alguns outros naturalistas supuseram que toda variação é devida a um cruzamento original; creio, porém, que a história da batata, da dália, da *Rosa spinosissima*, do porquinho-da-índia, e a de muitas árvores de que existe somente uma espécie de um gênero no país, mostra claramente que uma espécie pode variar mesmo quando não tenha ocorrido cruzamento entre espécies diferentes. Devido a essa variabilidade e tendência à reversão em seres de raça cruzada, uma seleção cuidadosa é necessária para criação de raças permanentes, sejam elas novas ou intermediárias. No entanto, pode-se afirmar que o cruzamento tem

---

provocada após seu trabalho com pombos. O todo da discussão sobre cruzamento aproxima-se mais do capítulo VIII de *The Origin of Species*, I.ed., do que das partes anteriores do livro.

18 O paralelismo entre os efeitos de um cruzamento e os efeitos das condições é dado por um ponto de vista diferente em *The Origin* (1.ed., p.266; 6.ed., p.391). Ver as evidências experimentais desse importante princípio em outro trabalho do autor, *Cross and Self-Fertilisation*. O professor Bateson sugere que os experimentos devem ser repetidos com plantas geneticamente puras.

Charles Darwin

sido a máquina mais poderosa para criação de novas espécies, principalmente de plantas em que existem meios de propagação pelos quais as variedades cruzadas podem ser protegidas sem incorrer no risco de novas variações pela propagação seminal; quanto aos animais, os agricultores mais hábeis agora preferem a seleção cuidadosa originada de uma raça bem estabelecida em vez de cruzamentos incertos entre matrizes de linhagens cruzadas.

Embora raças intermediárias e novas possam ser formadas por meio do cruzamento de outras, quando se permite que duas raças se misturem livremente para que nenhuma das progenitoras permaneça pura, elas lentamente se misturarão e uma única raça mestiça ficará em seu lugar, com a consequente eliminação das duas raças dos progenitores — especialmente se elas não se distinguem muito entre si. Isso, é claro, acontecerá em um período mais curto de tempo se uma das raças principais existir em maior número que a outra. Observamos o efeito dessa mistura pela maneira como as linhagens aborígenes de cães e porcos, nas Ilhas Oceânicas, e como as muitas raças de nossos animais domésticos, introduzidos na América do Sul, foram todas perdidas e absorvidas por uma raça mestiça. Isso ocorre provavelmente devido à liberdade de cruzamentos, pois, em países não civilizados, onde não existem cercas, raramente encontramos mais de uma raça em uma espécie: é apenas em países fechados, onde os habitantes não migram e possuem costumes de separar os animais domésticos, que encontramos uma multidão de raças. Mesmo em países civilizados, a ausência de cuidado destrói, em poucos anos, os bons resultados de períodos muito mais longos de seleção e separação.

Fundamentos de A origem das espécies

Essa capacidade de cruzamento afetará as raças de todos os animais *terrestres*, pois todos eles requerem, para sua reprodução, a união de dois indivíduos. Entre plantas, as raças não irão se reproduzir e se misturar com tanta liberdade como ocorre entre os animais terrestres, mas esse cruzamento se dá por meio de vários artifícios curiosos e em extensão surpreendente. De fato, esses artifícios existem em muitas flores hermafroditas nas quais um cruzamento ocasional pode acontecer, apesar de que não posso evitar de suspeitar (assim como o sr. Knight) que a ação reprodutiva exige, em *intervalos*, a concorrência[19] de indivíduos distintos. Muitos criadores de plantas e animais estão bastante convencidos de que há benefícios no cruzamento ocasional; não entre raças distintas, mas entre diferentes famílias da mesma raça, e que, por outro lado, consequências danosas são observadas após cruzamentos entre membros da mesma família que ocorrem durante um tempo prolongado. Entre os animais marinhos, muitos possuem o sexo em indivíduos separados, muitos mais do que se acreditava até então, e, no caso dos hermafroditas, no geral parece haver meios para que um indivíduo ocasionalmente fecunde o outro através da água: se animais individuais podem se propagar singularmente por meio da perpetuidade, é enigmático que nenhum animal terrestre, onde os meios de observação são mais óbvios, possua o predicado de perpetuação do seu tipo. Concluo, então, que as raças da maioria dos animais e das plantas, quando não confinadas em um mesmo recinto, tendem a se misturar.

---

19 A chamada Lei de Knight-Darwin é muitas vezes incompreendida. Cf. Goebel, em *Darwin and Modern Science* (1909, p.419); e F. Darwin, *Nature* (27 out. 1898).

Charles Darwin

Se nossas raças domésticas descendem de uma ou mais de uma matrizes selvagens

Muitos naturalistas, entre eles Pallas,[20] quanto aos animais, e Humboldt, quanto a certas plantas, foram os primeiros a crer que muitos de nossos animais domésticos, como cavalos, porcos, cachorros, ovelhas, pombos e galinhas, assim como nossas plantas, descendem de mais de uma forma aborígene. Eles vivem na dúvida de se essas formas devem ser consideradas raças selvagens ou espécies autênticas, cujos descendentes são férteis quando cruzados *inter se*. Os principais argumentos favoráveis às diferentes origens observam, em primeiro lugar, a grande diferença entre certas linhagens, como ocorre com o cavalo de corrida e o cavalo de tração, ou com as raças caninas greyhound e buldogue, além de considerarem nossa ignorância quanto às etapas pelas quais esses animais passaram desde seu progenitor comum; em segundo lugar, considera-se que, se pensarmos nos períodos históricos mais antigos, linhagens que se assemelhavam entre si atualmente são as que mais diferem umas das outras, além de estarem presentes em diferentes países. Imagina-se que os lobos da América do Norte e os da Sibéria sejam de espécies diferentes; é notável que os cães que pertencem aos selvagens desses dois países assemelham-se aos lobos do mesmo país, e, portanto, eles provavelmente descendem de duas matrizes selvagens distintas. Da mesma maneira, os naturalistas acreditam que o cavalo árabe e o europeu provavelmente descendem de duas matrizes selvagens diferentes, apa-

---

20 A teoria de Pallas é discutida em *The Origin of Species* (1.ed., p.253-4; 6.ed., p.374).

Fundamentos de A origem das espécies

rentemente já extintas. Não creio que teríamos dificuldade de pensar a suposta fertilidade dessas linhagens silvestres por esse ponto de vista, pois, no caso dos animais, embora os filhotes da maioria das espécies mestiças sejam inférteis, nem sempre o experimento é testado o bastante, exceto quando duas espécies próximas se reproduzem *ambas* livremente quando estão sob o domínio humano (o que não ocorre facilmente, como veremos adiante). Além disso, no caso da China[21] e do ganso, do canário e do pintassilgo, os híbridos se reproduzem livremente, e, em outros casos, os descendentes de híbridos cruzados com qualquer dos progenitores puros são férteis, algo aproveitado, por exemplo, na reprodução dos iaques e das vacas. Tanto quanto cabe aqui a analogia das plantas, é impossível negar que algumas espécies sejam consideravelmente férteis *inter se*, mas retornaremos a esse assunto.

Por outro lado, os defensores da visão de que as várias raças de cães, cavalos etc. descenderam cada um de uma matriz podem afirmar que seu ponto de vista elimina toda *dificuldade sobre fertilidade* e que o principal argumento sobre a antiguidade das diferentes linhagens que, de alguma maneira, são semelhantes às raças atuais, vale pouco se não soubermos o momento de sua domesticação, o que está longe de ser o caso. Eles poderiam afirmar também, e com peso maior, que, sabendo que os seres orgânicos sob domesticação variam em algum grau, o argumento da grande diferença entre certas raças não possui valor algum se não soubermos os limites da variação durante um longo período, o que também está longe de ser o caso. Eles

---

21 Cf. o artigo de Darwin sobre a fertilidade de híbridos de ganso comum e ganso chinês na *Nature* (1º jan. 1880).

poderiam argumentar ainda que, em quase todo distrito na Inglaterra, e em muitos distritos de outros países, por exemplo, na Índia, existem linhagens sutilmente diferentes dos animais domésticos, algo contrário a tudo o que sabemos sobre a distribuição de animais selvagens para supormos que eles tenham descendido de tantas diferentes raças ou espécies selvagens. Como poder-se-ia argumentar nesse caso, não é provável que países distantes e expostos a climas diferentes tenham linhagens não pouco, mas consideravelmente diferentes? Se considerarmos o caso mais favorável para ambos os lados, a saber, o do cão, eles poderiam insistir que linhagens como o buldogue e o cão-espeto foram criados pelo homem, pois linhagens estritamente análogas (ou seja, a do boi Niata e da ovelha Ancon) originaram-se de outros quadrúpedes. Novamente, eles poderiam afirmar que, observando os efeitos do treinamento e da seleção cuidadosa do greyhound, e observando como o greyhound italiano é absolutamente inadequado para se manter em um estado de natureza, não é provável que, ao menos, todos os greyhounds – o rude veadeiro, o suave persa, o inglês comum, e até o italiano – descenderam de uma mesma matriz? Em caso afirmativo, é tão improvável que o veadeiro e o cão pastor de pernas longas também descenderam da mesma matriz?[22] Se admitirmos isso, mas desistirmos do buldogue, dificilmente poderemos contestar a provável descendência comum das outras linhagens.

A evidência é tão conjectural e equilibrada para ambos os lados que atualmente creio que ninguém possa definitivamente decidir; de minha parte, inclino-me à probabilidade de que a

---

22 *The Origin of Species*, 1.ed., p.19; 6.ed., p.22.

Fundamentos de A origem das espécies

maioria dos nossos animais domésticos descendeu de mais de uma matriz selvagem, mas também não posso duvidar que uma classe de naturalistas subestima em muito o provável número de matrizes nativas, considerando os avanços dos argumentos expostos ultimamente e refletindo sobre o lento e inevitável efeito da humanidade, em diferentes circunstâncias, sobre as diferentes raças, ao selecionar vidas e, assim, salvar os indivíduos mais úteis. Na medida em que admitimos que a diferença de nossas raças está relacionada às diferenças entre suas matrizes originais, é preciso desistir da quantidade de variação produzida sob a domesticação. Mas isso me parece sem importância, pois sem dúvida sabemos, a partir de alguns poucos casos, como os da dália, batata e coelho, que grande número de variedades procedeu de uma só matriz, e que, em muitas de nossas raças domésticas, sabemos que o homem, selecionando lentamente e aproveitando os repentinos indivíduos exóticos, modificou consideravelmente as raças antigas e assim produziu novas. Mesmo se considerarmos nossas raças como descendentes de uma ou mais matrizes silvestres, ainda estamos longe de conhecer, na grande maioria dos casos, a origem delas.

Limites à variação em grau e tipo

O poder do homem em criar raças depende, em primeiro lugar, da capacidade de variação da matriz com a qual ele trabalha. Esses trabalhos, porém, são modificados e limitados, como vimos, pelos efeitos diretos das condições externas, pela hereditariedade deficiente ou imperfeita das novas peculiaridades, e pela tendência à variação contínua e, sobretudo, à reversão para formas ancestrais. Se a linhagem não for variável sob domesticação, é claro que nada se pode fazer, e temos a impressão de que as espécies diferem consideravelmente na tendência para variação, da mesma maneira que até as subvariedades da mesma variedade diferem muito nesse aspecto e transmitem aos descendentes a diferença de tendência. Não há evidências para sabermos se a ausência de propensão para variação é uma qualidade inalterável em certas espécies ou depende de alguma condição deficiente do estado particular de domesticação a que estão expostas. Quando o organismo sob domesticação se torna variável ou plástico, como tenho afirmado, diferentes partes da estrutura variam mais ou menos em espécies distintas. Assim, observou-se que, em algumas linhagens de gado, os chifres são o caráter mais constante ou menos variável, pois eles geralmente permanecem iguais enquanto o corpo varia de cor, tamanho, proporção, tendência a engordar etc.; já nas ovelhas, acredito, os chifres são muito mais variáveis. Como regra geral, as partes menos importantes do organismo parecem variar mais, porém, acho que há evidências suficientes de que cada parte modifica em algum grau ocasionalmente. Mesmo quando o homem tem o requisito primário da variabilidade, deve necessariamente verificar a saúde e a vida da matriz com a qual está trabalhando. Nesse sentido, ele já criou pombos com bicos tão pequenos que as aves mal conseguem comer ou criar seus filhotes; criou famílias de ovelhas com tão forte tendência à maturidade precoce e engorda que elas não conseguem viver em certos pastos por causa da extrema facilidade de inflamação; produziu (isto é, selecionou) subvariedades de plantas com tendência a um crescimento tão precoce que frequentemente elas morrem por causa das geadas da primavera; criou uma linhagem de vacas que dão à luz bezerros tão grandes que eles nascem com

Fundamentos de A origem das espécies

dificuldade, levando com frequência sua mãe à morte[23] — os criadores foram compelidos a remediar o problema por meio da seleção de uma matriz reprodutora com quadris menores, e, assim, é possível, com muita paciência e grande perda, que também possam ser selecionadas vacas capazes de dar à luz bezerros com grandes quadris, pois, para o homem, não há dúvida de que há confinamentos bons e ruins para a hereditariedade. Além dos limites já especificados, há poucas dúvidas de que uma série de leis[24] esteja conectada às variações das diferentes partes da estrutura: assim, os dois lados do corpo, na saúde e na doença, quase sempre parecem variar juntos: criadores afirmam que, se a cabeça for muito alongada, os ossos das extremidades também o serão; nas mudas de macieiras, geralmente há folhas e frutos grandes, servindo ao horticultor como guia para a seleção — e aqui podemos observar o fundamento dessa conexão, pois o fruto é apenas uma folha metamorfoseada. Nos animais, os dentes e a pelagem parecem conectados, pois o cão chinês sem pelos é quase desdentado. Os criadores acreditam que parte da estrutura ou função aumentada faz que outras partes diminuam: não lhes agrada que grandes chifres e grandes ossos venham acompanhados da diminuição do tamanho da carne; além disso, em raças de gado sem chifre, certos ossos da cabeça tornam-se mais desenvolvidos: diz-se que a gordura acumulada em um local garante o acúmulo em outro, e da mesma forma essa ação procede na teta da vaca. Todo organismo é tão conectado que é provável que existam muitas condições para

---

23 *Variation under Domestication*, 2.ed., v.II, p.211.
24 *The Origin of Species*, 1.ed., p.11, 143; 6.ed., p.13, 177.

determinar a variação de cada parte, fazendo que outras variem com ela. E o homem, ao criar raças, deve ser limitado e governado por todas essas leis.

Em que consiste a domesticação

Tratamos neste capítulo da variação sob domesticação, e resta agora considerar em que consiste esse seu poder,[25] assunto de considerável dificuldade. Ao observarmos que seres orgânicos de quase todas as classes, em todos os climas, países e épocas, variaram quando criados por longo tempo sob domesticação, concluímos que essa influência possui uma natureza muito geral.[26] Sr. Knight, sozinho, até onde sei, tentou defini-la: ele acredita que a influência da domesticação consiste no excesso de alimentação, assim como o deslocamento para um clima mais cordial ou sob proteção das severidades climáticas. Penso que não podemos admitir esta última proposição, pois sabemos quantos produtos vegetais aborígenes deste país variam quando cultivados sem nenhuma proteção contra o clima, e algumas de nossas variedades de árvores, como damascos e pêssegos, sem dúvida foram derivadas de um clima mais cordial. A doutrina de que o excesso de alimento é a causa da variação sob domesticação parece ser mais verdadeira, pois, embora eu duvide que essa seja a única causa, ela parece ser muito necessária para o tipo de variação desejada pelo homem, ou seja,

---

25 Cf. ibid., 1.ed., p.7; 6.ed., p.7.

26 "Isidore G. St. Hilaire insiste que a criação em cativeiro é elemento essencial. *Schleiden on alkalies.* <Cf. *Variation under Domestication* (2.ed., v.II, p.244, nota 10.> O que na domesticação causa variação?" (N. A.)

Fundamentos de A origem das espécies

aumento de tamanho e vigor. Sem dúvida, os horticultores, quando desejam cultivar novas mudas, geralmente arrancam todos os botões das flores, deixando apenas alguns, ou removem todas as flores durante uma estação, para que grande estoque de nutrientes possa ser direcionado para aquelas que irão semear. Deve haver uma mudança considerável na alimentação quando plantas são transportadas de terras altas, florestas, pântanos e brejos para nossos jardins e estufas, mas seria difícil provar que havia, em todos os casos, excesso do tipo apropriado para a planta. Se houver excesso de alimentação se comparado com o que a planta obtém no estado natural,[27] os efeitos permanecem por um improvável longo período: durante quanto tempo o trigo tem sido cultivado, e bovinos e ovelhas regenerados, sem podermos supor que a *quantidade* de alimentos tenha aumentado, não obstante eles estejam entre as nossas produções domésticas mais variáveis. Foi observado (Marshall) que algumas das raças de ovinos e bovinos mais bem estabelecidas tornaram-se estáveis ou menos variáveis do que os animais soltos dos pobres, que subsistem em bens comuns e vivem em subsistência simples.[28] No caso de árvo-

---

27 "Parece-me que pequenas mudanças na condição <são> boas para a saúde; que mais mudanças afetam o sistema generativo, e então essa variação resulta na prole; que ainda mais mudança controla ou destrói a fertilidade e não a prole." Compare com *The Origin of Species* (1.ed., p.9; 6.ed., p.11). Pode não ser claro o significado de "não a prole". (N. A.)

28 Em *The Origin of Species* (1.ed., p.41; 6.ed., p.46), a questão é tratada diferentemente: destaca-se que um grande rebanho de indivíduos oferece maior chance de ocorrência de variações. Darwin cita Marshall ao comentar que as ovelhas em pequenos lotes podem nunca

Charles Darwin

res florestais criadas em viveiros, que variam mais do que em florestas nativas, a causa parece simplesmente estar no fato de não terem de lutar contra outras árvores e ervas daninhas, algo que, em seu estado natural, sem dúvida limitam as condições de existência. Parece-me que o poder da domesticação está nos efeitos acumulados de uma mudança de todas ou algumas das condições naturais da vida das espécies, frequentemente associadas ao excesso de alimentos. Além disso, devo acrescentar que essas condições raramente podem permanecer, se considerarmos longos períodos, devido à mutabilidade dos negócios, hábitos, migrações e conhecimento do homem. Estou mais inclinado a essa conclusão ao descobrir, como mostraremos, que mudanças nas condições naturais da existência parecem afetar especialmente a ação do sistema reprodutivo.[29] Como observamos que híbridos e mestiços tendem a variar muito após a primeira geração, podemos ao menos concluir que a variabilidade não depende totalmente do excesso de alimento.

Após esses pontos de vista, pode-se perguntar como é que certos animais e plantas domesticados por um período considerável e que sofreram deslocamentos para condições muito diferentes de existência não variaram muito ou quase nada, por exemplo, os casos do burro, pavão, galinha-d'angola, aspargos e

---

ser melhoradas. A ideia encontra-se em *Review of the Reports to the Board of Agriculture*, de Marshall (1808, p.406). Nesse ensaio de Darwin, o nome de Marshall aparece marginalmente. Provavelmente isso se deve ao trecho mencionado no mesmo artigo (p.200), no qual se afirma que ovelhas criadas soltas em muitas partes da Inglaterra são semelhantes devido à criação mista.

29 Cf. *The Origin of Species*, 1.ed., p.8; 6.ed., p.8.

Fundamentos de A origem das espécies

alcachofra-de-jerusalém.[30] Já afirmei que provavelmente espécies diferentes, assim como diferentes subvariedades, possuem diferentes graus de tendência a variar; mas estou inclinado a pensar que os casos de pouca quantidade de raças são causados mais pela falta de seleção do que pela ausência de variedade. Ninguém se esforçará a selecionar sem um objetivo, seja para o uso ou para diversão; os indivíduos criados devem ser razoavelmente numerosos e não tão raros, e o criador pode livremente eliminar aqueles que não atendem a seus desejos. Se galinhas-d'angola ou pavões[31] se tornassem pássaros "extravagantes", não duvido que, após algumas gerações, muitas linhagens seriam criadas. Os burros não têm sido trabalhados por mera negligência, mas eles diferem em *algum* grau em diferentes países. A seleção insensível, que ocorre devido às diferentes raças humanas que preservam os indivíduos mais úteis para os homens em diferentes circunstâncias, se aplicará apenas nos mais antigos e mais amplamente domesticados animais. No caso das plantas, devemos descartar totalmente aquelas exclusivamente (ou quase) propagadas por estacas, estratificação ou tubérculos, como a alcachofra-de-jerusalém e o louro; e, se colocarmos de um lado plantas de pouco ornamento ou uso e, do outro, aquelas que são usadas tão precocemente em seu período de crescimento a ponto de não haver nenhum caractere especial significativo, como aspargos[32] e couve-marinha (*crambe maritima*), não consigo pensar em nenhuma cultivada há

---

30 Cf. ibid., I.ed., p.42; 6.ed., p.48.
31 Existem pavões brancos. (N. A.)
32 Existem variedades de aspargos. (N. A.)

muito tempo que não varie. Em nenhum caso devemos esperar encontrar o mesmo grau de variação se compararmos uma raça formada sozinha e quando várias são formadas em conjunto, pois, neste caso, seus cruzamentos e posteriores recombinações aumentam muito a variabilidade.

Resumo do primeiro capítulo

Resumo deste capítulo. As raças são criadas sob domesticação: 1º) pelos efeitos diretos das condições externas às quais a espécie está exposta; 2º) pelos efeitos indiretos da exposição a novas condições, muitas vezes auxiliadas pelo excesso de alimentação, contribuindo para a plasticidade do organismo, e pela seleção e separação humana de certos indivíduos, que introduzem um grupo de machos selecionados no rebanho ou preservam frequente e cuidadosamente a vida dos indivíduos mais bem adaptados a seus propósitos; 3º) cruzando e posteriormente recombinando raças criadas e selecionando seus descendentes. Depois de algumas gerações, o homem pode relaxar no cuidado da seleção: a tendência a variar e a reverter para formas ancestrais diminuirá, de modo que ocasionalmente ele terá apenas de remover ou eliminar uma das crias anuais que se afastam do tipo. Finalmente, em um grande rebanho, os efeitos do cruzamento livre manteriam, mesmo sem esse cuidado, a raça estabilizada. Por esses meios, o homem pode produzir infinitas raças, curiosamente adaptadas aos fins, tanto os mais importantes quanto os mais frívolos, ao mesmo tempo que os efeitos das condições do meio, as leis de hereditariedade, de crescimento e de variação, modificarão e limitarão seus trabalhos.

Fundamentos de A origem das espécies

Capítulo II
Da variação dos seres orgânicos em estado selvagem; dos meios naturais de seleção; e da comparação entre as raças domésticas e as espécies selvagens

Tendo tratado da variação sob domesticação, abordemos agora o *estado de natureza*.

A maioria dos seres orgânicos em estado de natureza varia muito pouco:[33] afastei o caso das variações (como o das plantas atrofiadas, por exemplo, e o das conchas do mar em água salobra)[34] que são efeito direto de agentes externos e que *não sabemos se são parte de uma linhagem*[35] ou se são *hereditárias*. É muito difícil determinar a quantidade de variação hereditária porque nem todos os naturalistas concordam (em parte pela falta de conhecimento, em parte pela dificuldade inerente do tema) se certas formas devem ser consideradas espécie ou raça.[36] Algumas raças de plantas bem definidas, se comparadas aos tipos

---

33 No capítulo II da primeira edição de *The Origin of Species,* Darwin persiste na presença da variabilidade no estado de natureza. Cf., por exemplo: "Estou convencido de que o naturalista mais experiente ficaria surpreso com o número de casos de variabilidade [...] que ele poderia coletar com boa autoridade, como eu coletei, durante um curso de anos" (*The Origin,* 1.ed., p.45; 6.ed., p.53).

34 Cf. *The Origin of Species,* 1.ed., p.44; 6.ed., p.52.

35 Discutir aqui *o que é uma espécie,* a esterilidade raramente pode ser afirmada quando cruzada. Descendente de uma matriz comum. (N. A.)

36 Dê somente regras: cadeia de formas intermediárias e *analogia;* isso é importante. Todo naturalista, a princípio, quando se apossa de um novo tipo variável, fica *bastante confuso* para saber o que pensar sobre espécies e sobre variações. (N. A.)

Charles Darwin

exóticos selecionados pelos horticultores, existem, sem dúvida, em estado de natureza, como é conhecido pelo experimento, por exemplo, da prímula [*Primula veris*] e da primavera [*Primula elatior*];[37] das espécies dente-de-leão e *digitalis*;[38] e, acredito, de alguns pinheiros. Lamarck observou que, desde que limitemos nossa atenção a um só país, raramente há muita dificuldade em decidir quais formas denominamos espécies e quais variedades, e apenas no momento em que coleções fluem de todas as partes do mundo é que os naturalistas geralmente se sentem perdidos ao decidir o limite da variação. Sem dúvida as coisas se dão assim; porém, entre as plantas britânicas (e, devo acrescentar, entre as conchas terrestres), que provavelmente são mais conhecidas do que qualquer outra no mundo, mesmo os melhores naturalistas divergem bastante sobre as proporções relativas do que denominam espécies e variedades. Em muitos gêneros de insetos, conchas e plantas, parece quase impossível estabelecer quais são quais. Nas classes mais gerais há menos dúvidas, embora tenhamos dificuldade considerável em determinar o que merece ser chamado de espécie entre ra-

---

37 A essa altura o autor não possuía o conhecimento do significado de dimorfismo.

38 Compare cabeças plumadas em pássaros muito diferentes com os espinhos da equidna e do porco-espinho. Plantas em climas muito diferentes não variam. O gênero Digitalis mostra saltos <?> na variação, assim como os gêneros Laburnum e Orchis – casos hostis, na verdade. A variabilidade de caracteres sexuais assemelha-se tanto no caso doméstico quanto no selvagem. (N. A.) <Em *Variation under Domestication* (2.ed., v.II, p.3 1 7), Darwin chama a atenção para linhagens listradas e crespas que ocorrem tanto em galos quanto em pombos. Do mesmo modo, uma forma peculiar de cobertura ocorre na equidna e no porco-espinho>.

138

Fundamentos de A origem das espécies

posas, lobos e alguns pássaros, por exemplo, o caso da coruja-das-torres branca. Naturalistas frequentemente enfrentam a mesma questão quando espécimes são trazidos de diferentes partes do mundo, como descobri em relação aos pássaros trazidos das ilhas Galápagos. Yarrell observou que os indivíduos de uma mesma espécie sedimentada de pássaros da Europa e da América do Norte geralmente apresentam diferenças leves e indefiníveis, embora perceptíveis. De fato, o reconhecimento de um animal por outro do seu tipo parece implicar alguma diferença. A disposição entre os animais selvagens, sem dúvida, difere. A variação, no modo como ela se dá, afeta as mesmas partes dos organismos selvagens e das raças domésticas, por exemplo, tamanho, cor, partes externas, entre outras menos importantes. Em muitas espécies, a variabilidade de certos órgãos ou suas qualidades é até mesmo estabelecida como caractere específico: nas plantas, cor, tamanho, pelugem, número de estames e pistilos, e até mesmo sua presença, forma das folhas; no caso de alguns insetos, tamanho e forma das mandíbulas dos machos; e, em alguns pássaros, comprimento e curvatura do bico (como *Opetiorynchus* sp.) são caracteres variáveis em algumas espécies e quase fixas em outras. Não creio que uma distinção justa possa ser esboçada entre essa variabilidade reconhecida de certas partes em muitas espécies e uma variabilidade mais geral da estrutura das raças domésticas.

Embora a quantidade de variação seja bem pequena na maioria dos seres orgânicos no estado de natureza e provavelmente bastante desejável (tanto quanto servem a nossos sentidos) na maioria dos casos, e, ainda considerando como muitos animais e plantas, que foram utilizados pelo homem em diferentes partes do mundo para os mais diversos fins, variaram sob domesticação em todos os países e em todas as épocas, eu penso que podemos concluir com segurança que todo ser vivo, com poucas exceções, se pudesse ser domesticado e se reproduzir por longos períodos, iria variar. A domesticação em si parece ter se tornado uma mudança em relação às condições naturais das espécies [incluindo, talvez, o aumento na alimentação] e, se assim for, organismos no estado de natureza devem, *ocasionalmente* e no curso dos anos, serem expostos a influências análogas; a geologia mostra claramente que muitos lugares devem, ao longo do tempo, tornarem-se expostos a amplo leque de influências climáticas, entre outras. E, se esses locais forem isolados para que novos e mais bem adaptados seres vivos não possam emigrar livremente, os antigos habitantes serão expostos a novas influências, provavelmente muito mais variadas do que as que o homem determina na domesticação. Embora todas as espécies, sem dúvida, logo alcancem o número máximo que um lugar pode suportar, ainda é fácil imaginar que, em média, algumas espécies talvez tenham mais acesso à alimentação, pois os tempos de escassez podem ser curtos, mas suficientes para matar, além de serem recorrentes apenas após longos intervalos. Todas essas mudanças de condições por causa geológica seriam extremamente lentas, e ignoramos os efeitos disso: aparentemente, sob domesticação, os efeitos da mudança de condições acumulam-se para aparecerem depois. Seja qual for o resultado dessas lentas mudanças geológicas, podemos ter certeza, se tomarmos os meios de disseminação comuns em maior ou menor grau a todos os organismos junto às mudanças geológicas que possuem progresso regular (às vezes repentinos, como quando um istmo finalmente se separa), de que ocasionalmente organismos devem subitamente

Fundamentos de A origem das espécies

ser introduzidos em novas regiões, onde, se as condições de existência não forem tão estranhas a ponto de causar seu extermínio, eles irão se propagar com frequência sob circunstâncias ainda mais próximas da domesticação, e, portanto, esperamos que isso evidencie uma tendência a variar. Para mim, parece ser bastante *inexplicável* se isso nunca tiver ocorrido; mas pode acontecer raramente. Suponhamos, então, que um organismo, por acaso (que dificilmente se repetiria em mil anos), chegue a uma ilha vulcânica moderna em processo de formação e que não esteja totalmente abastecida com os organismos mais adequados; o novo organismo pode prontamente ganhar uma posição, embora as condições externas sejam consideravelmente diferentes das nativas. Podemos esperar que o efeito disso influenciaria, em pequeno grau, no tamanho, cor, natureza da pelagem etc., além de influenciar de maneira inexplicável até mesmo órgãos e partes especiais do corpo. Mas podemos continuar esperando (e <isso> é ainda mais importante) que o sistema reprodutivo seja afetado, assim como sob domesticação, e que a estrutura da prole se torne plástica em algum nível. Consequentemente, quase toda parte do corpo tenderia a variar da forma típica em graus leves e de modo não determinado, e, portanto, *sem seleção*; o cruzamento livre entre essas pequenas variações (juntamente à tendência à reversão à forma original) neutralizaria de forma constante esse efeito das condições exteriores no sistema reprodutivo. Imagino que isso teria resultado irrelevante sem seleção. E aqui devo observar que as considerações anteriores são igualmente aplicáveis àquela pequena e admitida quantidade de variação que foi observada em alguns organismos em estado de natureza, assim como é aplicável à variação hipotética anterior, consequência das mudanças de condição.

Vamos supor agora um Ser[39] com penetração suficiente para perceber diferenças nas organizações externas e internas que são imperceptíveis aos homens e com capacidade de premeditação que se estende sobre os séculos futuros para observar com cuidado infalível e selecionar, para um fim qualquer, a prole de um organismo produzido sob as circunstâncias anteriores. Não consigo pensar em nenhuma razão concebível para que ele não pudesse formar uma nova raça (ou várias, caso ele separasse a matriz do organismo original e trabalhasse em muitas ilhas) adaptada a novos fins. Ao assumirmos que sua discriminação, sua premeditação e a estabilidade de seu fim são incomparavelmente maiores do que essas qualidades nos homens, então podemos supor que a beleza e as complicações das adaptações de novas raças e suas diferenças em relação à linhagem original sejam maiores do que as das raças domésticas produzidas pela ação humana: podemos auxiliar no seu trabalho de base, supondo que são variáveis as condições externas da ilha vulcânica, seu surgimento contínuo e a introdução ocasional de novos imigrantes, e assim agir sobre o sistema reprodutivo do organismo no qual ele está trabalhando, mantendo, de algum modo, sua plasticidade. Com o tempo, o tal Ser pode racionalmente (sem alguma lei desconhecida que se oponha a ele) ter quase qualquer resultado como fim.

Por exemplo, vamos supor que esse Ser imaginário deseje, ao ver uma planta crescer na matéria em decomposição numa floresta e sufocada por outras plantas, dar a ela o poder de crescer

---

39 Passagem correspondente encontra-se em *The Origin* (1.ed., p.83; 6.ed., p.101), em que, porém, a "Natureza" está no lugar do "Ser" que seleciona.

Fundamentos de A origem das espécies

nos caules podres das árvores, disseminando adequadamente as sementes ao mesmo tempo que seleciona as plantas com grau cada vez maior de extração de nutrientes de madeira podre, eliminando, assim, todas as outras mudas com menor poder. Ele poderia, portanto, no decorrer dos séculos, fazer que a planta cresça gradualmente em madeira podre, mesmo no alto das árvores, ou onde quer que os pássaros deixem cair as sementes não digeridas. Ele poderia, então, se a organização da planta fosse plástica, tentar, por meio da seleção contínua de mudas casuais, fazê-la crescer em madeiras cada vez menos podres, até que crescesse em madeira sólida.[40] Supondo, novamente, que durante essas mudanças a planta falhe em semear livremente por causa da não impregnação, ele poderia começar a selecionar mudas um pouco mais doces <ou> com diferentes sabores de pólen ou mel, para tentar que os insetos visitem as flores regularmente: tendo feito isso, ele poderia desejar, se beneficiasse a planta, tornar abortivos os estames e pistilos em flores diferentes, algo que poderia fazer por seleção contínua. Com essas etapas ele pode ter como objetivo criar uma planta tão maravilhosamente relacionadas a outros seres orgânicos, como o visco, cuja existência depende totalmente de certos insetos para a fecundação, de certos pássaros para o transporte e certas árvores para o crescimento. Além disso, se o inseto que foi induzido regularmente a visitar essa planta hipotética adquirir vantagens, o nosso Ser poderia desejar, via seleção gradual, modificar a estrutura do inseto, facilitando a obtenção do mel ou do pólen. Dessa maneira, ele poderia adaptar o inseto à flor (sempre pressupondo que sua

---

40 O visco é utilizado como ilustração em *The Origin* (1.ed., p.3; 6.ed., p.3), porém, com menos detalhes.

organização seja plástica em algum grau) e a impregnação da flor ao inseto, como é o caso de muitas abelhas e muitas plantas.

Observando o que o caprichoso homem cego realizou por seleção durante os últimos anos, e o que ele provavelmente efetuou em estado mais rude, sem qualquer plano sistemático durante os últimos milhares de anos, ele será uma pessoa ousada que positivamente colocará limites no que o suposto Ser poderia afetar durante períodos geológicos inteiros. De acordo com os planos pelos quais este universo parece governado pelo Criador, consideremos que existe algum meio *secundário* na economia da natureza pelo qual o processo de seleção poderia continuar, de maneira agradável e maravilhosa, adaptando os organismos a diversos fins, se possuem algum grau mínimo de plasticidade. Acredito que tais meios secundários existam.[41]

Meios naturais de seleção[42]

De Candolle, em passagem eloquente, declarou que toda natureza está em guerra, seja um organismo com outro ou com a natureza externa. Se observarmos a face contente da natureza, a afirmação pode parecer duvidosa, mas a reflexão inevitavelmente provará que ela é verdadeira. A guerra, porém, não é constante, apenas recorrente em grau leve em períodos curtos e mais severa em períodos mais distantes e ocasionais; seus

---

41 Nos casos em que adultos vivem somente poucas horas, como as efeméridas, a seleção deve recair sobre a larva — especulação curiosa dos efeitos <que> mudanças provocariam nos progenitores. (N. A.)

42 Esta seção compõe parte do artigo que Darwin e Wallace apresentaram à Linnean Society de Londres em 1º de julho de 1858.

Fundamentos de A origem das espécies

efeitos, portanto, são facilmente negligenciados. É a doutrina de Malthus aplicada na maioria dos casos com força dez vezes maior. Em todo clima há estações de maior e menor abundância para cada um de seus habitantes, então todos se reproduzem anualmente, e a restrição moral, que em um pequeno grau impede o crescimento da humanidade, está inteiramente perdida na natureza. Mesmo a humanidade, que se reproduz lentamente, dobrou em 25 anos, e, se a alimentação aumentasse com mais facilidade, a reprodução dobraria em menos tempo. Mas, para os animais sem meios artificiais, *em média* a quantidade de alimento para cada espécie deve ser constante, ao passo que o aumento de todos os organismos tende a ser geométrico e, na grande maioria dos casos, com proporção enorme. Vamos supor que em determinado local haja oito pares de pássaros tordos, e que *apenas* quatro pares deles anualmente (incluindo incubação dupla) criem somente quatro filhotes, que, por sua vez, continuariam criando seus filhotes no mesmo ritmo; ao final de sete anos (uma vida curta, excluindo mortes violentas para quaisquer pássaros) haveria 2.048 tordos em vez dos dezesseis originais. Como esse crescimento é impossível, devemos concluir ou que os tordos não criam quase a metade de seus filhotes ou que sua média de vida, quando criado na natureza, não chega a sete anos. Ambas as hipóteses são aceitas, provavelmente. O mesmo tipo de cálculo aplicado a todos os vegetais e animais produz resultados mais ou menos notáveis, mas dificilmente em instância menos impressionante do que o do homem.[43]

---

43 Corresponde aproximadamente a *The Origin* (1.ed., p.64-5; 6.ed., p.80).

Charles Darwin

Muitos exemplos dessa rápida tendência a aumentar estão registrados, principalmente em épocas peculiares. Por exemplo, houve um aumento extraordinário de certos animais durante os anos de 1826 a 1828 em La Plata, quando milhões de bovinos morreram por causa da seca e o país inteiro estava *tomado* por ratos: creio agora que, sem dúvidas, se todos os ratos costumam acasalar normalmente durante o período de reprodução (com exceção de poucos machos ou fêmeas em excesso), então o aumento surpreendente durante esses três anos deve ser atribuído a um número maior do que o usual de sobreviventes no primeiro ano. Os ratos sobreviventes continuadamente se reproduziram até o terceiro ano, quando sua quantidade diminuiu aos limites habituais no retorno do clima úmido. Há muitos relatos sobre como, onde o homem introduziu plantas e animais em novo local favoráveis a eles, o país inteiro ficou abastecido com esses animais em poucos anos. Esse aumento se limitaria tão logo o país estivesse totalmente tomado, porém, temos todas as razões para crer que, considerando o que se sabe sobre os animais selvagens, *todos* iriam se reproduzir na primavera. Na maioria dos casos, a maior dificuldade está em imaginar onde a restrição incide, geralmente, sem dúvida, nas sementes, ovos, e crias; porém, quando nos relembramos de como é impossível inferir, mesmo em relação à humanidade (bem mais conhecida do que qualquer outro animal), a partir de repetidas observações casuais, qual é a média de vida, ou descobrir qual a diferença na proporção entre nascimentos e mortes em diferentes países, não devemos nos surpreender por não conseguirmos ver onde a restrição incide nos animais e nas plantas. É preciso sempre se lembrar de que, na maioria dos casos, as limitações são anualmente recorrentes em grau pequeno e re-

Fundamentos de A origem das espécies

gular, e, em grau extremo, são ocasionais e pouco comuns nos anos frios, quentes, secos ou úmidos, de acordo com a constituição do ser em questão. Ilumine qualquer restrição no menor grau e o poder geométrico de crescimento em todo organismo irá instantaneamente aumentar os números médios das espécies favorecidas. A natureza pode ser comparada a uma superfície sobre a qual estão 10 mil cunhas afiadas, tocando umas às outras, afundadas por golpes incessantes.[44] Precisa-se de muita reflexão para compreender plenamente esses pontos de vista: os textos de Malthus sobre o homem devem ser estudados, além de todos os casos, como os ratos em La Plata, a introdução de bovinos e equinos na América do Sul, os cálculos que fizemos sobre os tordos etc. Refletir sobre o enorme poder multiplicador *inerente* e *anualmente atuante* em todos os animais; refletir sobre as incontáveis sementes espalhadas por meio de centenas de artifícios engenhosos, ano após ano, por toda a face da Terra; e, no entanto, temos todos os motivos para supor que a porcentagem média dos habitantes de um país permanecerá constante *normalmente*. Por fim, é preciso ter em mente que o número médio de indivíduos de cada país (as condições externas permanecem as mesmas) é mantido pela luta permanente contra outras espécies ou contra a natureza externa (como nas fronteiras das regiões árticas,[45] onde o frio restringe a vida), e que, habitualmente, cada indivíduo de cada espécie permanece no seu lugar,

---

44 Passagem similar ocorre em *The Origin of Species* (1.ed., p.67), mas retirada das edições posteriores.

45 No caso do visco, pode-se perguntar por que não há mais casos de espécies que não possuem interferência de nenhuma outra espécie. Resposta quase suficiente: mesmas causas que controlam a multiplicação dos indivíduos. (N. A.)

seja pela própria luta e pela capacidade de adquirir alimentos em alguns períodos de sua vida (do ovo adiante), ou pela luta de seus progenitores (em organismos de vida curta, quando a principal restrição ocorre em intervalos longos) contra outros indivíduos da *mesma* ou *diferentes* espécies.

Deixemos, porém, mudarem as condições externas de um país. Se ocorrer em pequeno grau, as proporções relativas dos habitantes serão, na maioria dos casos, simplesmente pouco alteradas. No caso, porém, de um local com pequeno número de habitantes, como em uma ilha[46] com acesso limitado de outros países, que sofre progressiva mudança de condição (formando novos *habitats*), os habitantes nativos deixariam de estar tão perfeitamente adaptados às novas condições como estavam originalmente. Foi demonstrado que, provavelmente, as mudanças de condições externas, por causa de sua atuação no aparelho reprodutor, tornariam mais plástica a organização dos seres mais afetados, como é sob domesticação. Pode-se duvidar agora que a luta de cada indivíduo (ou de seus progenitores) para obter subsistência e qualquer variação mínima na estrutura, hábitos ou instintos, adaptando melhor aquele indivíduo às novas condições, afetaria seu vigor e saúde? Na luta, ele teria mais *chance* de sobreviver, e aqueles da prole que herdaram a variação, por menor que seja, também. Anualmente nascem mais indivíduos do que os capazes de sobreviver, e a menor diferença entre eles deve decidir qual morrerá e qual sobreviverá.[47] Se o trabalho de seleção e a morte, lado a lado, prosseguirem por mi-

---

46 Cf. ibid., 1.ed., p.104, 292; 6.ed., p.127, 429.
47 Reconhecimento da importância das mínimas diferenças está no Ensaio de 1842, nota 24.

Fundamentos de A origem das espécies

lhares de gerações, quem poderia afirmar que eles não produziriam nenhum efeito quando nos lembramos do que Bakewell realizou nos bovinos e Western nas ovelhas por meio de princípio idêntico de seleção? Para darmos um exemplo, vamos imaginar uma ilha que passa por mudanças, responsáveis por lentamente diminuir o número de coelhos e aumentar o número de lebres.[48] Pressupondo que lá exista um animal canino que possua organização plástica e que cace principalmente coelhos, e somente às vezes lebres, as mudanças locais afetarão o impulso para que essa raposa ou cão tente caçar mais lebres do que o usual, diminuindo o número total de lebres. Se considerarmos que a organização da lebre também possua plasticidade, os indivíduos com as formas mais leves, membros mais longos e melhor visão (embora talvez com menor habilidade ou odor) seriam ligeiramente favorecidos, e, se ainda considerarmos essas pequenas diferenças, como a tendência a viver mais e a sobreviver durante a época do ano em que a comida é mais rara, eles também procriariam mais cedo, e a prole tenderia a herdar todas essas pequenas peculiaridades. Os menos velozes seriam rigidamente eliminados. Não vejo mais razão para duvidar que essas causas produziriam, em mil gerações, um efeito marcante e adaptariam a forma da raposa à captura de lebres em vez de coelhos, assim como os greyhounds podem ser melhorados por seleção e criação cuidadosa. O mesmo aconteceria com as plantas em circunstâncias semelhantes, pois, se o número de indivíduos de uma espécie com sementes emplumadas pudesse aumentar por meio do maior poder de disseminação dentro de sua própria

---

48 Cf. ibid., 1.ed., p.90; 6.ed., p.110.

área (isto é, se o controle para o aumento do número de indivíduos recaísse principalmente sobre as sementes), as sementes que fossem contempladas com plumagem mais para baixo, ou com plumas dispostas de modo que elas sejam um pouco mais agitadas pelo vento, tenderiam, a longo prazo, a serem mais disseminadas, e, portanto, um número maior de sementes assim formadas germinaria e tenderia a produzir plantas que herdassem esse caráter mais adaptado.

Além desses meios de seleção pelos quais se preservam os indivíduos que melhor se adaptam ao lugar que ocupam na natureza, seja no ovo, na semente ou no estado maduro, há uma segunda agência que trabalha na maioria dos animais que possuem os dois sexos e que tende a produzir o mesmo efeito: a saber, a luta dos machos pelas fêmeas. Essas lutas são geralmente decididas pela lei da batalha, mas, no caso dos pássaros, aparentemente a luta se dá pelos encantos de seu canto, por sua beleza ou poder de cortejo, como no melro-das-rochas da Guiana. Mesmo nos animais que cruzam entre si parece haver excesso de machos que ajudaria a provocar uma luta: nos animais polígamos,[49] porém, como em veados, bois e galináceos, pode-se esperar que a luta seja mais severa: os machos não são mais bem formados para a guerra mútua entre animais polígamos? Os machos mais vigorosos e com adaptação perfeita geralmente obtêm a vitória em várias competições. Esse tipo de seleção, porém, é menos rigorosa do que a outra; não requer a morte daqueles menos bem-sucedidos, mas dá a eles menos

---

49 Essas duas formas de seleção sexual são dadas em *The Origin of Species* (1.ed., p.87; 6.ed., p.107). O melro-da-rochas da Guiana é dado como exemplo de competição sem sangue.

Fundamentos de A origem das espécies

descendentes. Além disso, a luta ocorre na época em que a comida é, em geral, abundante, e talvez o principal efeito dela seja a alteração dos caracteres sexuais e a seleção de formas individuais que não se relacionam diretamente com o poder de obter alimento ou com a capacidade de se defender de seus inimigos naturais, mas com a luta de uns contra os outros. O efeito da luta natural entre os machos pode ser comparada, em menor grau, àquela produzida pelos agricultores que prestam menos atenção à seleção cuidadosa dos animais jovens que criam do que ao uso ocasional de um macho escolhido.[50]

Diferenças entre "raças" e "espécies": primeiro, em sua autenticidade ou variabilidade

Pode-se esperar que raças[51] produzidas por meios naturais de seleção[52] sejam diferentes das produzidas pelo homem. O homem seleciona principalmente pela observação e, por tal razão, não é capaz de ver o curso de todos os vasos e nervos, a forma dos ossos, ou se a estrutura interna corresponde à forma externa. Ele[53] é inapto para selecionar diferentes tons constitucionais, e, para se proteger, lança mão de esforços para manter viva sua propriedade na região onde estiver, controlando tanto quanto pode a seleção natural, que, no entanto, ocorrerá em

---

50 No artigo publicado na Linnean Society de Londres, em 1º de julho de 1858, a palavra final é *mate*, mas o contexto mostra que deveria ser *male*, como está claramente escrito no manuscrito.

51 Em *The Origin of Species* o autor usa o termo "variedade".

52 O início desta seção – "Raças produzidas [...] essas condições", possui, no manuscrito, marcação a lápis nas linhas verticais.

53 Cf. *The Origin of Species*, 1.ed., p.83; 6.ed., p.102.

151

menor grau em todos os seres vivos, mesmo que sua longevidade não seja determinada por sua capacidade de resistência.

Ele possui juízo ruim e é caprichoso; não deseja – ou seus sucessores não desejam – selecionar tendo em vista o exato objetivo por centenas de gerações. Nem sempre pode ajustar a forma selecionada às condições mais adequadas, nem mantém as condições uniformes. Seleciona o que lhe é útil, não o que melhor se adapta às condições impostas por ele para cada variedade: seleciona um cão pequeno, mas o alimenta muito; seleciona um cão de dorso longo, mas não exerce essa característica de modo peculiar, ao menos não durante cada geração. Ele raramente permite que os machos mais vigorosos lutem por si próprios e se propaguem, pois escolhe aqueles que possui ou os que ele prefere, e não necessariamente aqueles mais bem adaptados às condições existentes. Todo agricultor e criador sabe como é difícil evitar um eventual cruzamento com outra raça. Frequentemente, ele se ressente de eliminar um indivíduo que se afasta consideravelmente do tipo exigido, e frequentemente também inicia sua seleção por uma forma ou tipo exótico que muito se distancia da forma original. A lei natural da seleção age de maneira distinta: as variedades selecionadas diferem somente um pouco das formas originais;[54] as condições se mantêm por longos períodos e mudam lentamente; raras vezes um cruzamento entre diferentes raças ocorre; a seleção é rígida

---

54 No presente Ensaio, há algumas evidências de que o autor atribuiu mais relevância ao tipo *exótico* do que depois viria a atribuir; a passagem anterior, porém, aponta para o oposto. Deve-se sempre lembrar que muitas das diferenças mínimas, agora consideradas pequenas mutações, são as pequenas variações segundo as quais Darwin pensou a ação da seleção.

Fundamentos de A origem das espécies

e infalível e se prolonga por muitas gerações; uma seleção *nunca pode ser feita* sem que a nova forma seja *mais bem* adaptada às condições do que a original; o poder de seleção prossegue sem caprichos por milhares de anos, adaptando as formas a essas condições. O poder seletor não se deixa enganar pelas aparências externas, pois põe o ser à prova durante toda a vida, e, se for menos <?> adaptado do que seus *congêneres*, é invariavelmente eliminado; cada parte de sua estrutura é objeto dos escrutínios em relação ao lugar que ocupa na natureza.

Temos toda razão para crer que uma nova raça se torna "autêntica" ou está sujeita a pouca variação se houver proporção[55] adequada entre o número de gerações em que uma raça doméstica é mantida livre de cruzamentos e o cuidado empregado na seleção continuada com um objetivo à vista, além do cuidado para que a nova variedade não seja exposta a condições não adequadas a ela. É incomparável o quanto "mais autêntica" é uma raça produzida pelos rígidos, estáveis e naturais meios de seleção descritos anteriormente, exercitados de modo excelente e perfeitamente adaptados às suas condições, livres de manchas de sangue ou cruzamentos e prolongada por milhares de anos, se comparada com as produzidas pela seleção frágil, caprichosa, mal direcionada e mal adaptada do homem. As raças de animais domésticos produzidas pelos selvagens provavelmente se aproximam mais do caráter de uma espécie, e acredito que esse seja o caso, em parte pelas condições inevitáveis de vida, e em parte, involuntariamente, por seu maior cuidado com os indivíduos mais valiosos para eles. Portanto, o que caracteriza uma espécie é a semelhança dos indivíduos que compõem a espécie, ou,

---

55 Cf. *Variation under Domestication*, 2.ed., v.II, p.230.

na linguagem dos agricultores, a sua "autenticidade", característica com importância equivalente à esterilidade no caso de cruzamento com outra espécie, e, na verdade, praticamente a única outra característica (não levantamos essa questão aqui e somente corroboramos a essência de uma espécie, o fato de ela não ter descendido de progenitores em comum com qualquer outra forma).

Diferença entre "raças" e "espécies" quanto à fertilidade quando há cruzamento

Entretanto, a esterilidade dos descendentes após o cruzamento tem recebido mais atenção do que a uniformidade de caráter dos indivíduos que compõem uma espécie. É natural que essa esterilidade[56] tenha sido considerada por muito tempo como algo que caracteriza uma espécie, pois, obviamente, se diferentes formas aparentadas que encontramos numa mesma região pudessem se cruzar, teríamos séries confusas e mescladas em vez de encontrarmos espécies distintas. Entretanto, questões sobre a esterilidade e a dependência de que outras causas coincidam com sua incidência criam dúvidas, por exemplo, o fato de haver gradação perfeita quanto ao grau de esterilidade entre as espécies, além das circunstâncias nas quais algumas espécies mais aparentadas recusam-se a procriar (por exemplo, muitas

---

56 Se os animais domésticos descendem de várias espécies e *tornam-se* férteis *inter se*, então pode-se observar que eles adquirem fertilidade ao se adaptarem às novas condições, e, além disso, certamente podem suportar mudanças de clima sem perder a fertilidade de forma surpreendente. (N. A.)

Fundamentos de A origem das espécies

espécies de açafrão e charnecas europeias), enquanto outras, muito diferentes e até mesmo pertencentes a gêneros distintos, cruzam entre si, como o galo e o pavão, o faisão e o tetraz,[57] a azaleia e o rododendro, a tuia e o junípero. Devo destacar aqui que o fato de uma espécie se reproduzir ou não com outra é muito menos importante do que a esterilidade da prole, pois mesmo algumas raças domésticas diferem tanto em tamanho que sua união é quase impossível (como o galgo de corrida e o cãozinho doméstico, ou o cavalo de tração e o pônei birmanês). Além disso, algo que geralmente é menos conhecido, sabe-se que Kölreuter demonstrou, após centenas de experimentos, que o pólen das plantas de uma espécie fecunda o gérmen de outra espécie, ao passo que o pólen desta última nunca age sobre o gérmen da primeira, e, portanto, a simples fecundação mútua certamente não leva à criação de duas formas distintas. Quando se tenta cruzar duas espécies cuja parentalidade é tão distante que a prole nunca chega a ser produzida, observou-se que, em alguns casos, o pólen inicia sua ação extraindo seu tubo e o gérmen começa a dilatar, decompondo-se logo depois. No próximo estágio da série, os descendentes híbridos são produzidos, embora raramente e em número reduzido, e são absolutamente estéreis: temos, então, descendentes híbridos mais numerosos e, embora seja raro, são por acaso capazes de cruzar com qualquer um dos progenitores, como ocorre com a mula. Outros híbridos, embora inférteis entre si, se reproduzirão

---

57 Cf. Suchetet, *L'Hybridité dans la Nature*, Bruxelles, 1888, p.67. Em *Variation under Domestication* (2.ed., v.II), os descendentes híbridos do cruzamento entre o galo e o faisão são mencionados. Quanto aos outros casos, não é possível informar.

155

Charles Darwin

livremente com qualquer um dos progenitores ou com uma terceira espécie, gerando descendentes normalmente inférteis, mas que podem ser férteis, e estes últimos novamente poderão cruzar com qualquer um dos progenitores, ou com uma terceira ou quarta espécie: e assim Kölreuter obteve muitas combinações. Ultimamente muitos botânicos, que por muito tempo lutaram contra essa ideia, admitem que, em certas famílias, os descendentes híbridos de muitas espécies são às vezes perfeitamente férteis se as plantas se reproduzirem entre si na primeira geração: na verdade, em alguns poucos casos, o sr. Herbert[58] chegou até a pensar que os híbridos eram decididamente mais férteis do que seus progenitores puros. Não há como deixar de admitir que híbridos de algumas espécies de plantas são férteis, exceto se for admitido que nenhuma forma deve ser considerada espécie se ela produz descendentes férteis quando cruzada com outra espécie, o que é um argumento falacioso.[59] Afirma-se muitas vezes que espécies diferentes de animais têm repugnância sexual umas pelas outras; não consigo, porém, encontrar nenhuma evidência disso, pois é possível dizer que eles simplesmente não excitaram as paixões uns dos outros. Não creio que haja qualquer distinção essencial entre animais e plantas quanto a isso, e o sentimento de repugnância não existe na natureza.

Causas de esterilidade em híbridos

O maior ou menor grau de esterilidade tem como causa a diferença de natureza entre as espécies, algo que, de acordo

---

58 Cf. *The Origin of Species*, 1.ed., p.250; 6.ed., p.370.
59 Essa é a posição de Gärtner e de Kölreuter; cf. ibid., 1.ed., p.246-7; 6.ed., p.367-8.

Fundamentos de A origem das espécies

com Herbert e Kölreuter, parece estar menos relacionado à forma, tamanho ou estrutura externa, do que às peculiaridades constituintes pelas quais se entende a adaptação a diferentes climas, alimentos e situações; essas peculiaridades de constituição provavelmente afetam toda a estrutura, e não alguma parte em particular.[60]

A partir dos fatos anteriores, creio que devemos admitir que há gradação perfeita na fertilidade entre as espécies que, quando cruzadas, são bastante férteis (como no rododendro, na calceolária etc.), seguidas pelas que possuem grau extraordinariamente fértil (como no *Crinum*), e, finalmente, as que nunca produzem descendência, mas que, por meio de certos efeitos (como o funcionamento do tubo polínico), evidenciam sua parentalidade. Portanto, imagino, devemos renunciar à esterilidade, embora, sem dúvida, ela seja, em menor ou maior grau de ocorrência, uma marca infalível pela qual as *espécies* podem ser distinguidas das *raças*, ou seja, daquelas formas que descenderam de um tronco comum.

Infertilidade por causas distintas da hibridização

Vejamos se existem fatos análogos que podem lançar alguma luz sobre este assunto e explicar por qual razão a descendên-

---

60 Isso ainda parece ser uma introdução ao caso das charnecas e açafrões mencionados anteriormente. (N. A.)

< Herbert observou que o açafrão não lança sementes se transplantado antes da polinização, mas esse tratamento após esse processo não tem efeito esterilizante. [*Variation under Domestication*, 2.ed., v.II, p.148.] Na mesma página, há uma menção quanto ao Ericaceæ se sujeitar à contabescência das anteras. Para *Crinum*, ver *The Origin* (1.ed., p.250); para *Rhododendron* e *Calceolaria*, cf. p.251 >.

cia de certas espécies, quando cruzadas, são estéreis apenas em certos casos, sem que exija lei distinta conectada com a criação desse efeito. Um número considerável de animais, provavelmente a grande maioria, quando capturados pelo homem e retirados de suas condições naturais, embora domesticados ainda jovens, longevos e aparentemente bastante saudáveis, parecem ser incapazes de se reproduzirem nessas circunstâncias.[61] Não me refiro aos animais mantidos em confinamento, como os dos jardins zoológicos, muitos dos quais, porém, parecem saudáveis, são longevos e se aproximam uns dos outros, mas não se reproduzem. Refiro-me aos animais capturados e deixados parcialmente em liberdade em seu país natal. Rengger[62] mantinha no Paraguai vários animais capturados jovens e domesticados, mas que não se reproduziam: o leopardo caçador ou a chita e o elefante oferecem outros exemplos; assim como os ursos na Europa e as 25 espécies de falcões pertencentes a diferentes gêneros, milhares dos quais foram mantidos para falcoaria e viveram por longos períodos em perfeito vigor. Quando se tem em mente o gasto e o trabalho para obter uma sucessão de animais jovens em estado selvagem, pode-se ter certeza de que nenhum trabalho foi poupado para fazê-los procriar. Essa diferença é tão marcada entre os diferentes tipos de animais após a captura que St. Hilaire distingue duas grandes classes

---

61 Com cada vez mais frequência, animais parecem, mais do que as plantas, tornar-se estéreis ao serem retirados de sua condição nativa, e, portanto, são mais estéreis quando cruzados. É fato notório que a esterilidade em híbridos não está intimamente relacionada à diferença externa e que é o homem que a obtém por seleção. (N. A.)

62 *Variation under Domestication*, 2.ed., v.II, p.132; para o caso do guepardo, cf. p.133.

Fundamentos de A origem das espécies

de animais úteis ao homem: os *domesticados*, que não se reproduzem, e os *domésticos*, que se reproduzem na domesticação. A partir de certos fatos singulares, poderíamos supor que a ausência de procriação dos animais devia-se a certa perversão do instinto. Mas encontramos exatamente a mesma classe de fatos nas plantas: não me refiro ao grande número de casos em que o clima não permite que a semente ou o fruto amadureçam, mas aos em que não há floração por causa de imperfeições do óvulo ou pólen. Este último, que pode ser examinado distintamente, é, com frequência, evidentemente imperfeito, como qualquer um com microscópio pode observar comparando o pólen do lilás comum com os lilases persas e chineses;[63] as duas espécies ancestrais (devo acrescentar) são igualmente estéreis na Itália, assim como aqui neste país. Muitas plantas americanas de pântano produzem pouco ou nenhum pólen, enquanto as espécies indígenas do mesmo gênero o produzem livremente. Lindley observa que a esterilidade é a ruína do horticultor;[64] Lineu menciona que há esterilidade em quase todas as plantas alpinas quando cultivadas em um distrito de planície.[65] Talvez a imensa classe de flores duplas deva sua estrutura principalmente ao excesso de alimentação que age em partes tornadas estéreis e menos capazes de desempenhar sua verdadeira função. São, assim, passíveis de se tornarem monstros cuja monstruosidade, como qualquer outra doença, é herdada e tornada comum. A domesticação está longe de ser em si desfavorável à fertilidade; pelo contrário, sabe-se que, quando

---

63 Ibid., 2.ed., v.II, p.148.
64 Citado em *The Origin of Species*, 1.ed., p.9.
65 Cf. *Variation under Domestication*, 2.ed., v.II, p.147.

Charles Darwin

um organismo se submete a tais condições, <sua> fertilidade aumenta[66] além do limite natural. Segundo os agricultores, pequenas mudanças de condições, seja de alimentação ou de habitação, assim como cruzamentos entre raças ligeiramente diferentes, aumentam o vigor e provavelmente a fertilidade de seus descendentes. Mesmo uma grande mudança de condição, como o deslocamento de um país temperado para a Índia, em muitos casos parece não afetar minimamente a fertilidade da raça, embora afete a saúde, a longevidade e o período de maturidade. Quando a esterilidade é induzida pela domesticação, ela é do mesmo tipo e varia em grau, exatamente como nos híbridos. É preciso lembrar-se de que o híbrido mais estéril não é monstruoso, pois seus órgãos, apesar de não funcionarem, são perfeitos, e, além disso, investigações microscópicas minuciosas mostram que eles estão em um mesmo estado que o das espécies puras em períodos de estação reprodutiva. O pólen defeituoso dos casos mencionados remete precisamente ao dos híbridos. A reprodução ocasional entre híbridos, como a da mula, pode ser comparada à reprodução rara, porém ocasional, dos elefantes em cativeiro. A causa de muitos gerânios exóticos produzirem pólen imperfeito (embora com vigorosa saúde) parece estar conectada ao período de fornecimento de água;[67] na grande maioria dos casos, porém, não podemos conjecturar sobre a causa exata da qual depende a esterilidade dos organismos retirados de suas condições naturais. Por que, por exemplo, o guepardo não se reproduz enquanto o gato comum e o furão o fazem (este geralmente mantido fechado em uma gaiola pequena)? Por que

---

66 Ibid., 2.ed., v.II, p.89.
67 Cf. ibid., p.147.

Fundamentos de A origem das espécies

o elefante não se reproduz, mas o porco o faz abundantemente? E, finalmente, por que a perdiz e o tetraz não se reproduzem em seu próprio país enquanto a reprodução é observada na galinha-d'angola dos desertos da África, no pavão das selvas da Índia, e em várias espécies de faisões? Estamos convencidos, porém, de que a reprodução depende de certas peculiaridades constitucionais desses seres que não se adequam à nova condição, embora não afetem necessariamente a saúde. Devemos ponderar que híbridos criados pelo cruzamento de espécies com diferentes tendências constitucionais (tendências que sabemos ser eminentemente hereditárias) deveriam ser estéreis: não parece improvável que o cruzamento de uma planta alpina com uma da planície desordene os poderes constitucionais do híbrido, assim como quando a planta alpina é levada para um distrito de planície. A analogia, no entanto, é um guia enganoso, e seria precipitado afirmar, embora possa parecer provável, que a esterilidade dos híbridos se deva à desordem da mistura entre peculiaridades constitucionais dos progenitores, como ocorre com alguns seres orgânicos quando tirados de suas condições naturais pelo homem.[68] Embora seja precipitado, penso que seria ainda mais precipitado afirmar que a esterilidade de certos híbridos é prova de uma criação distinta de seus progenitores, pois a esterilidade não é mais incidental se consideradas *todas* as produções cruzadas de todos os seres orgânicos após serem capturados pelo homem.

---

68 *The Origin of Species*, 1.ed., p.267; 6.ed., p.392. Esse princípio é experimentalmente investigado na obra *The Effects of Cross and Self-Fertilisation in the Vegetable Kingdom*, de Darwin.

Charles Darwin

Pode-se objetar[69] que espécies são raças produzidas pela seleção natural e que frequentemente produzem descendentes estéreis quando cruzadas entre si, enquanto descendentes de raças confessadamente produzidas pelas artes do homem não fornecem exemplos de esterilidade; porém, por menor que seja a esterilidade de certos híbridos, ela está ligada às distintas criações das espécies. Não há muita dificuldade quanto a isso, pois as raças produzidas pelos meios naturais explicados antes serão lentas, mas categoricamente selecionadas; elas se adaptarão a diversas condições e ficarão rigidamente confinadas por imensos períodos. Portanto, é possível supor que adquiriram diferentes peculiaridades constitucionais que se adaptaram às posições que ocupam, e, como observam as maiores autoridades, a esterilidade entre as espécies depende dessas diferenças constitucionais. Por outro lado, o homem seleciona pela aparência externa[70] tanto por ignorância quanto por não possuir nenhuma medida que seja ao menos comparável em delicadeza à luta natural por comida, que se mantém em intervalos ao longo da vida de cada indivíduo. Ele não é capaz de eliminar nuances de constituição que dependem de diferenças invisíveis entre fluidos ou partes sólidas do corpo, e, novamente, a partir do valor que atribui a cada indivíduo, o homem afirma seu máximo poder ao contrariar a tendência natural à sobrevivência dos mais vigorosos. Além disso, ele, especialmente nos primeiros estágios, não poderia manter constantes as condições de

---

69 *The Origin of Species*, 1.ed., p.268; 6.ed., p.398.

70 Mera diferença de estrutura não orienta o que irá ou não cruzar. Primeiro passo obtido por raças mantidas separadas. (N. A.) <Não está claro a que a nota se refere.>

Fundamentos de A origem das espécies

vida do indivíduo e, nos últimos estágios, a pureza de sua matriz. Até que o homem selecione duas variedades que possuam a mesma origem, adaptadas a dois climas ou a outras condições externas, e confine cada uma rigidamente em tais condições por um ou vários milhares de anos, sempre selecionando os indivíduos mais adaptados a elas, não se pode dizer que ele tenha nem mesmo começado o experimento. Além disso, os seres orgânicos domesticados pelo homem há mais tempo foram os de maior utilidade para ele, seres cuja principal característica, especialmente nos primeiros estágios, deve ter sido a capacidade de ser repentinamente transportado atravessando vários climas e conservando sua fertilidade, o que por si só implica que, em tais aspectos, suas peculiaridades constitucionais não eram estreitamente limitadas. Se a opinião mencionada estiver correta, ou seja, a de que a maioria dos animais domésticos em seu estado atual descendem da mistura fértil de raças ou espécies selvagens, temos de fato poucos motivos para crer que qualquer cruzamento de descendentes dessa linhagem crie seres inférteis.

É digno de nota que, quando retirados pelo homem de suas condições naturais, muitos seres orgânicos têm seu sistema reprodutivo afetado a ponto de serem incapazes de se propagarem. Vimos no Capítulo I que, embora seres orgânicos se reproduzam livremente quando cerceados pelo homem, após algumas gerações, sua prole varia ou torna-se exótica a um grau que só pode ser explicado pelo fato de o seu sistema reprodutivo ter sido afetado <de> alguma forma. Novamente, quando as espécies se cruzam, seus descendentes são geralmente estéreis, mas Kölreuter descobriu que, quando os híbridos são capazes de procriar com qualquer um dos progenitores ou com outras espécies, seus descendentes estão sujeitos, após algumas gerações, a variações excessivas.[71] Os agricultores também afirmam que os descendentes dos mestiços, após a primeira geração, variam muito. Consequentemente, vemos que tanto a esterilidade quanto a variação nas gerações seguintes são consequências da remoção de espécies individuais de seus estados naturais e do cruzamento entre espécies. A conexão entre esses fatos pode ser acidental, mas certamente parecem apoiar e esclarecer um ao outro, observando o princípio do sistema reprodutivo de todos os seres orgânicos eminentemente sensível a qualquer perturbação, seja de remoção ou mistura, em suas relações constitucionais com as condições a que estão expostos.

Pontos de semelhança entre "raças" e "espécies"[72]

Espécies e raças assemelham-se em alguns aspectos, embora, como vimos, difiram nas causas que atuam na fertilidade e na "autenticidade" de suas proles. Em primeiro lugar, não há nenhum sinal claro para distinguir as raças das espécies, como fica evidente pela grande dificuldade experimentada pelos naturalistas ao tentar discriminá-las. No que diz respeito aos caracteres externos, muitas das raças que descendem da mesma linhagem diferem muito mais do que espécies verdadeiras do mesmo gênero. Por exemplo, ornitólogos habilidosos dificilmente conse-

---

71 Ibid., 1.ed., p.272; 6.ed., p.404.

72 Esta seção parece não corresponder à nenhuma das seções da primeira edição de *The Origin of Species*. Assemelha-se, porém, em alguns pontos da obra (1.ed., p.15-6), e à seção sobre variação análoga em espécies distintas (1.ed., p.159; 6.ed., p.194).

Fundamentos de A origem das espécies

guem distinguir uma carriça da outra, exceto por seus ninhos; observe os cisnes selvagens e compare espécies distintas desses gêneros com as raças de patos domésticos, galinhas e pombos; o mesmo ocorre com as plantas se compararmos repolhos, amêndoas, pêssegos e nectarinas etc. com espécies de muitos gêneros.

Saint-Hilaire observou que existe até mesmo uma diferença maior entre tamanhos nas raças, como no caso dos cães (ele acredita que todos descendem de uma mesma matriz), do que entre espécies de qualquer gênero, algo que não é surpreendente, considerando que a quantidade de alimento e, consequentemente, de crescimento, é o elemento de mudança sobre o qual o homem tem mais poder. Posso me referir a uma proposição anterior: criadores acreditam que a ação intensa de uma função ou o crescimento de uma das partes é causa de diminuição em outras, pois essa relação parece em certo grau ser análoga à lei da "compensação orgânica",[73] que muitos naturalistas acreditam ser válida. Como exemplo da lei de compensação, podemos mencionar as espécies de carnívoros que possuem dentes caninos muito desenvolvidos e dentes molares deficientes, ou ainda a divisão dos crustáceos em que a cauda é muito desenvolvida enquanto o tórax não é ou vice-versa. Os pontos de diferença entre as raças costumam ser notavelmente análogos aos das espécies do mesmo gênero: pintas insignificantes ou marcas coloridas[74] (como as

---

73 A lei de compensação é discutida em *The Origin* (1.ed., p.147; 6.ed., p.182).

74 Boitard e Corbié sobre as bordas externas vermelhas na cauda dos pássaros, listras nas asas (brancas, pretas ou marrons, ou brancas com bordas pretas ou <ilegível>): análogas a marcas que se perpetuam através de gêneros, mas com diferentes cores. Cauda colorida em pombos. (N. A.)

listras nas asas dos pombos) são frequentemente preservadas em raças de plantas e animais, e, do mesmo modo, caracteres semelhantes e triviais permeiam frequentemente todas as espécies de um gênero ou até mesmo de uma família. Como ocorre nas espécies verdadeiras, flores de cores variadas tornam-se frequentemente nervuradas e manchadas, e suas folhas dividem-se: é sabido que as variedades de uma mesma planta nunca têm flores vermelhas, azuis e amarelas, embora o jacinto se aproxime muito de ser uma exceção.[75] Ou seja, espécies diferentes do mesmo gênero raramente têm flores dessas três cores, embora às vezes aconteça. Cavalos pardos com uma faixa escura nas costas e certos burros domésticos com listras transversais nas patas são bons exemplos de variações que possuem caráter análogo às marcas distintivas de outras espécies do mesmo gênero.

Caracteres externos de híbridos e mestiços

Creio que exista, porém, um método mais importante de comparação entre espécies e raças, a saber, o caráter da prole[76] se comparados os cruzamentos das espécies e das raças: acredito que não haja diferença em nenhum aspecto, exceto na

---

75 Oxalis e Gentiana. (N. A.) <Nas plantas do gênero *Gentiana* ocorrem as cores azul, amarelo e avermelhado. Nas Oxalis, amarelo, roxo, violeta e rosa.>

76 Esta seção corresponde aproximadamente à seção "Hybrids and Mongrels compared independently of their fertility" de *The Origin of Species* (1.ed., cap.VIII, p.272; 6.ed., p.403). A discussão sobre os pontos de vista de Gärtner, presente no mesmo livro, não consta nesta versão. A breve menção à prepotência é comum a ambos os textos.

Fundamentos de A origem das espécies

esterilidade. Penso que seria maravilhoso se as espécies fossem formadas por atos distintos de criação, agindo umas sobre as outras em união, como raças descendentes de uma matriz comum. Em primeiro lugar, por meio de cruzamentos repetidos, uma espécie pode absorver e obliterar totalmente os caracteres tanto de outra espécie quanto de várias outras, da mesma maneira que uma raça absorveria ao cruzar com outra. Maravilhoso que um ato de criação absorva outro ou mesmo vários atos de criação! Os descendentes das espécies, isto é, híbridos, e o das raças, isto é, mestiços, assemelham-se por possuírem ou um caráter intermediário (mais frequente em híbridos) ou por se assemelharem às vezes mais intimamente a um dos dois progenitores. Em ambos os casos, a prole produzida pelo mesmo ato de concepção às vezes difere em graus de semelhança, e tanto os híbridos quanto os mestiços às vezes retêm alguma parte ou órgão que se assemelha muito ao de um dos progenitores. Como vimos, os dois casos se tornam variáveis nas gerações seguintes, e a tendência a variar pode ser transmitida por ambos, assim como a forte tendência de reversão à forma ancestral pode permanecer por muitas gerações. No caso de uma chuva-de-ouro (*Laburnum* sp.) híbrida e de uma suposta videira híbrida, diferentes partes da mesma planta têm origem em um de seus progenitores. Nos híbridos de algumas espécies e nos mestiços de algumas raças, a prole difere conforme qual raça ou espécie é o pai (como na mula e no bardoto) e qual é a mãe. Algumas raças que se reproduzem diferem tanto em tamanho que a mãe frequentemente morre durante o parto, e o mesmo pode ocorrer com algumas espécies quando cruzadas: quando a fêmea de uma espécie dá à luz ao macho de outras espécies, seus sucessivos descendentes às vezes são manchados por causa do primeiro cruzamento (como no caso da égua de *Lord* Morton, resultado do cruzamento de uma égua com um quaga; fato maravilhoso),[77] do mesmo modo, agricultores afirmam que é o caso quando um porco ou ovelha de uma raça produz filhos do pai de outra raça.

Resumo do segundo capítulo[78]

Vamos a um resumo deste segundo capítulo. Se pequenas variações ocorrem em seres orgânicos no estado de natureza e se mudanças de condições provocadas por razões geológicas produzem, ao longo dos anos, efeitos análogos aos da domesticação em qualquer organismo — embora em poucos —, como é possível duvidar deste processo? Do que é conhecido de fato e do que se pode presumir, milhares de organismos tomados pelo homem para usos diversos e colocados em novas condições variaram? Se essas diversidades tendem a ser hereditárias, como

---

77 Cf. *The Variation of Animals and Plants under Domestication* (2.ed., v.I, p.435). O fenômeno da *Telegonia*, supostamente estabelecido por este e outros casos semelhantes, está agora geralmente desacreditado em consequência dos experimentos de Ewart. [Lorde Morton, em 1820, com o fim de domesticar uma espécie atualmente extinta denominada quaga, cruzou uma égua e um quaga macho cuja prole híbrida apresentava pernas ainda mais rajadas que as dos quagas puros. Como o posterior cruzamento da mesma égua progenitora com um cavalo negro árabe resultou numa prole com as pernas rajadas, por certo período acreditou-se que o caso provava a teleogonia, teoria da hereditariedade elaborada por Aristóteles que sustentava a hipótese de que a prole poderia herdar as características de machos de cruzamentos anteriores da mãe. Ainda no século XIX, porém, a teleogonia foi questionada e perdeu sua base científica. (N. T.)]

78 A seção seguinte é um apêndice do resumo.

Fundamentos de A origem das espécies

é possível duvidar? Observamos tons de expressões, maneiras peculiares, monstruosidades dos mais estranhos tipos, doenças e uma multiplicidade de outras peculiaridades, as infinitas raças de nossas plantas e animais domesticados (existem cerca de 1.200 tipos de repolhos).[79] Se admitirmos que todo organismo mantém seu lugar por meio de uma luta recorrente e periódica, como é possível duvidar? Sabemos que todos os seres tendem a procriar em razão geométrica (como observamos de imediato se as condições tornam-se favoráveis por um tempo), e que, se uma quantidade média de alimento se mantém constante, haverá meios naturais de seleção, tendendo a preservar os indivíduos com desvios mínimos de estrutura mais favoráveis às condições de existência do momento e a eliminar todo tipo de desvio de natureza oposta. Se as proposições acima estão corretas, e não existindo lei da natureza limitando a quantidade possível de variação, novas raças de seres – talvez apenas raramente e somente em poucas regiões – serão formadas.

Limites de variação

A maioria dos autores presumem que há um limite para a variação na natureza, apesar de eu ser incapaz de descobrir um fato singular que fundamente essa crença.[80] Uma das proposições mais comuns diz que as plantas não se aclimatam, e até observei que tipos não produzidos por sementes, mas sim propagados por estacas etc., são exemplos disso. Como é o caso do feijão-vermelho, pois hoje se acredita que ele seja tão

---

79 Desconheço a fonte dessa afirmação.
80 Em *The Origin of Species*, até onde sei, nenhum limite é posto à variação.

tenro quanto aquele que foi introduzido inicialmente. Mesmo que tratemos com negligência a frequente introdução de sementes nativas de países mais quentes, observo que, enquanto as sementes são plantadas promiscuamente no canteiro, sem contínua observação e seleção *cuidadosa* das plantas que melhor resistiram ao clima durante todo o seu crescimento, o experimento de aclimatação mal começou. Animais e plantas com o maior número de raças não são os seres há mais tempo domesticados? Considerando o progresso[81] bastante recente da agricultura e horticultura sistemáticas, não se opõe a todos os fatos a ideia de que esgotamos a capacidade de variação do nosso gado e do nosso milho, mesmo que o esgotamento tenha ocorrido em alguns pontos triviais, como na gordura ou tipo de lã? Alguém dirá que, se a horticultura continuar a florescer durante os próximos séculos, não teremos numerosos novos tipos de batata e de dália? Pegue duas variedades de cada uma dessas plantas e adapte-as a certas condições fixas, evitando qualquer cruzamento por 5 mil anos, para, então, variar novamente suas condições; experimente muitos climas e situações. Quem[82] poderá prever a quantidade e os graus de diferença que podem surgir dessas linhagens? Eu repito que não conhecemos nada sobre qualquer limite para uma quantidade possível de variação, e, portanto, para o número e diferenças entre as raças, que podem ser produzidas por meios naturais de seleção, tão infinitamente mais eficientes que a ação humana. As raças assim produzidas provavelmente seriam muito "autênti-

---

81 A história dos pombos mostra um crescimento das peculiaridades durante os últimos anos. (N. A.)

82 Comparar com uma passagem obscura do Ensaio de 1842, p.53.

Fundamentos de A origem das espécies

cas", e, se possuíssem distintas constituições por terem sido adaptadas a diferentes condições de existência e fossem subitamente removidas para um novo local, talvez elas se tornassem estéreis, e seus descendentes, talvez, inférteis. Essas raças não seriam distinguíveis das espécies. Mas há alguma evidência de que espécies, que nos cercam por todos os lados, foram produzidas desse modo? Essa é uma questão que esperamos que um exame da economia da natureza responda afirmativa ou negativamente.[83]

Capítulo III
Da variação de instintos e outros atributos mentais sob domesticação e no estado de natureza; das dificuldades nesse tema e das dificuldades análogas em relação às estruturas corporais

Variação de atributos mentais sob domesticação

Até agora, aludi apenas às qualidades mentais que se distinguem bastante entre as espécies. Gostaria de supor que, como veremos na Parte II, não há evidências e, consequentemente, nenhuma tentativa de mostrar que *todos* os organismos existen-

---

83 Certamente <duas páginas no manuscrito> devemos introduzir aqui a dificuldade de se formar, por seleção, órgãos como os olhos. (N. A.). <Em *The Origin of Species*, I.ed., o capítulo "Difficulties on Theory" é precedido pelo capítulo "Laws of Variation" e seguido por "Instinct": trata-se do mesmo arranjo do Ensaio de 1842, enquanto no presente Ensaio temos "Instinto" seguido de "Variação" e precedido por "Dificuldades").

Charles Darwin

tes descendem de progenitores comuns, mas apenas descendem aqueles que, na linguagem dos naturalistas, estão claramente relacionados entre si. Consequentemente, os fatos e raciocínios apresentados neste capítulo não se aplicam à primeira origem dos sentidos[84] ou aos principais atributos mentais, como memória, atenção, raciocínio etc., pelos quais a maioria ou todos os grandes grupos relacionados são caracterizados, assim como não se aplicam à primeira origem da vida, do crescimento ou do poder de reprodução. A aplicação dos fatos que coletei relaciona-se meramente às diferenças das qualidades mentais primárias e dos instintos nas espécies[85] dos vários grandes grupos. Nos animais domésticos, todo observador notou o quanto indivíduos da mesma espécie variam, em graus elevados, disposições como coragem, tenacidade, suspeita, inquietação, confiança, temperamento, combatividade, afeição, cuidado com a prole, sagacidade etc. Precisaríamos de um metafísico muito hábil para explicar quantas qualidades primárias da mente devem ser modificadas para causar essa diversidade de disposições complexas. Por serem hereditárias, e o testemunho quanto a isso é unânime, essas disposições criam famílias e raças que variam nesses aspectos. Posso dar como exemplos o temperamento bom e mau de diferentes linhagens de abelhas e de cavalos, a belicosidade e coragem das aves de rapina, a tenacidade de certos cães, como os buldogues, e a sagacidade de outros,

---

84 Condição similar ocorre no capítulo sobre o instinto em *The Origin of Species* (1.ed., p.207; 6.ed., p.319).

85 A discussão ocorre mais ao fim do capítulo VII de *The Origin of Species* (1.ed.), diferentemente do presente Ensaio, que, além disso, é mais completo em alguns aspectos.

Fundamentos de A origem das espécies

e, finalmente, a inquietação e suspeita, bastando comparar um coelho selvagem, mesmo criado com grande cuidado desde a mais tenra idade, com a extrema mansidão da raça doméstica do mesmo animal. Apesar de terem sido capturados muito jovens, os filhotes dos cães domésticos que cresceram como selvagens em Cuba[86] são difíceis de domesticar, provavelmente tão difíceis quanto os progenitores da linhagem original da qual descendeu o cão doméstico. Mesmo os "períodos" habituais de famílias da mesma espécie diferenciam-se, por exemplo, quanto à época do ano em que se reproduzem, ao período de vida em que a capacidade de se reproduzir é adquirida e ao momento de se empoleirar (no caso das galinhas malaias) etc. Esses hábitos periódicos talvez sejam essencialmente físicos e podem ser comparados a hábitos quase similares em plantas, que são conhecidas por variarem extremamente. Os movimentos consensuais (como denominados por Müller) variam e são hereditários, assim como os são o cânter e a marcha nos cavalos, a cambalhota nos pombos e talvez a caligrafia, pois às vezes pais e filhos possuem caligrafias tão semelhantes que ela também pode ser classificada dessa maneira. *Boas maneiras*, e mesmo habilidades que talvez sejam somente maneiras *peculiares*, de acordo com W. Hunter e com meu pai, são claramente herdadas se tomarmos os casos em que os filhos perderam seus pais na primeira infância. A hereditariedade da expressão, que muitas vezes revela os mais finos tons de caráter, é familiar a todos.

---

86 Na margem aparece o nome de Poeppig. Em *Variation under Domestication* (2.ed., v.I, p.28), a referência a Poeppig sobre os cães cubanos não contém nenhuma menção ao aspecto selvagem de sua prole.

Charles Darwin

Variam também os gostos e prazeres entre as diferentes linhagens. O cão pastor adora perseguir ovelhas, mas não deseja matá-las, já o terrier (ver Knight) adora matar insetos, e o spaniel, brincadeiras. Mas é impossível dividir suas peculiaridades mentais da maneira que fiz: a cambalhota dos pombos, que exemplifiquei como um movimento consensual, pode ser chamada de habilidade e está associada ao gosto por voar em bando a uma grande altura. Certas linhagens de galinhas gostam de empoleirar-se em árvores, e diferentes ações de cães perdigueiros e setters podem ter surgido na mesma classe, assim como a *maneira* peculiar de caçar do spaniel. Até na mesma raça de cães, principalmente em cães de caça, os especialistas são unânimes ao dizer que cachorros nascem com tendências diferentes: alguns são melhores para encontrar a raposa pela pelagem, outros tendem a correr dispersos, alguns são melhores para criar iscas e localizar pistas etc., e essas peculiaridades, sem dúvida, são transmitidas à sua prole. Ou a tendência do cão para apontar pode ser aduzida como um hábito distinto que se tornou herdado, assim como a tendência de um autêntico cão pastor a correr em volta do rebanho (como tenho certeza de que é o caso) em vez de correr diretamente a ele, como ocorre com outros cães jovens quando se tenta ensiná-los. As ovelhas *transandantes*,[87] na Espanha, que por alguns séculos percorreram anualmente uma jornada de centenas de quilômetros indo de uma província a outra, sabem quando esse momento chega, mostram grande inquietação (como aves migratórias em confinamento) e são impedidas, não sem dificuldade, de iniciarem por si mesmas e de encontrarem seu próprio caminho, algo que

---

87 Muitos autores. (N. A.)

Fundamentos de A origem das espécies

fazem às vezes. Há evidência[88] de uma ovelha que, para parir, atravessava um local montanhoso para retornar ao seu local de nascimento, embora em outras épocas do ano não demonstrasse disposição errante. Sua prole herdou a mesma disposição e dava à luz na fazenda de onde vinham seus progenitores: o hábito era tão problemático que toda a família foi eliminada.

Tais fatos levam à convicção, tão magnífica quanto ela é, que os quase infinitamente numerosos tons de disposições, de gostos, de movimentos peculiares, e mesmo de ações individuais, podem ser modificados ou adquiridos por um indivíduo e transmitidos a seus descendentes. Somos forçados a admitir que os fenômenos mentais (por meio de sua íntima conexão com o cérebro, sem dúvida) podem ser herdados, assim como as diferenças infinitamente numerosas e sutis de estruturas corporais. Aparentemente, a transmissão de peculiaridades da mente ocorre do mesmo modo que as adquiridas lentamente pela estrutura corporal ou perdidas durante a vida adulta (especialmente as cognitivas <?> na doença), bem como as peculiaridades congênitas. Os passos herdados pelo cavalo certamente foram adquiridos por compulsão durante a vida dos progenitores, e é possível modificar o temperamento e a docilidade de uma linhagem por meio do tratamento que seus indivíduos recebem. Sabendo que um porco foi ensinado a apontar, alguém poderia supor que essa qualidade em cães perdigueiros fosse um mero hábito, mas alguns fatos relacionados ao aparecimento ocasional de uma qualidade seme-

---

88 Nas anotações, Hogg aparece como autoridade sobre o fato. Cf. Ensaio de 1942, nota 54.

lhante em outros cães levam à suspeita de que isso apareceu originalmente em um grau menos perfeito, *"por acaso"*, isto é, uma tendência congênita,[89] nos progenitores da linhagem de perdigueiros. Não se pode acreditar que tanto a cambalhota quanto o voar alto de um corpo compacto tenham sido ensinados para uma linhagem de pombos, e, sem dúvida, no caso das pequenas diferenças nos modos de caça de jovens cães, trata-se de algo congênito. A hereditariedade dos fenômenos mentais mencionados, entre outros semelhantes, deveria talvez criar menos surpresa se refletirmos que em nenhum caso os atos individuais de raciocínio ou de movimento, entre outros fenômenos conectados com a consciência, parecem ser transmitidos. Uma ação, mesmo muito complicada, quando praticada por muito tempo, logo é inconscientemente realizada sem qualquer esforço (de fato, no caso de diversas peculiaridades relacionadas aos modos, em oposição à vontade), e é executada "instintivamente", conforme a expressão comum. Aqueles casos de linguagem e de canções aprendidas na primeira infância e *completamente* esquecidas, mas que são *perfeitamente* repetidas ao longo do inconsciente da doença, parecem-me ser, somente em alguns poucos graus, menos maravilhosos do que se tivessem sido transmitidos a uma segunda geração.[90]

---

89 Em *The Origin of Species* (1.ed., p.209, 214; 6.ed., p.321, 327), Darwin posiciona-se mais decididamente contra a crença de que instintos são hábitos hereditários. Ele autoriza, porém, a hereditariedade do hábito (1.ed., p.216).

90 Trata-se de sugestão de Hering e de S. Butler quanto à memória e à hereditariedade. Não está implicado, no entanto, que Darwin inclinou-se a aceitar essas opiniões.

Fundamentos de A origem das espécies

Hábitos hereditários comparados com instintos

As principais características dos verdadeiros instintos parecem ser sua invariabilidade e o não aperfeiçoamento durante a idade madura de um animal: não se conhece qual o fim pelo qual a ação é realizada, mas, às vezes, ela associa-se à razão em algum grau e, em relação à sujeição a erros, associa-se a certos estados do corpo ou a épocas do ano ou do dia. Quanto a isso, os casos detalhados anteriormente exibem uma semelhança nas qualidades mentais adquiridas ou modificadas durante a domesticação. Sem dúvida, os instintos dos animais selvagens são mais uniformes do que os hábitos ou as qualidades modificadas ou adquiridas recentemente sob domesticação, da mesma forma e pelas mesmas causas que a estrutura corporal nesse estado é menos uniforme do que nos seres em suas condições naturais. Eu vi um jovem cão perdigueiro apontar tão fixamente quanto um cachorro velho no primeiro dia em que foi testado, e Magendie diz que esse também foi o caso de um retriever que ele mesmo criou; a cambalhota nos pombos provavelmente não melhora com a idade, e, como observamos no caso anteriormente mencionado, há ovelhas que herdaram a tendência migratória para seu local de nascimento toda vez que iriam parir. Esse último fato oferece um exemplo de instinto doméstico sendo associado a um estado do corpo, assim como as ovelhas *"transandantes"* fazem em uma época do ano. Normalmente, os instintos adquiridos de animais domésticos parecem exigir certo grau de educação (como geralmente nos perdigueiros e retrievers) para serem perfeitamente desenvolvidos; talvez isso seja válido entre os animais selvagens em um grau bem maior do que geralmente se supõe, por exemplo, no

Charles Darwin

caso do canto dos pássaros e do conhecimento que os ruminantes possuem sobre as gramas adequadas para eles. Parece bastante claro que as abelhas transmitem conhecimento de geração em geração. *Lord* Brougham[91] acentua que a ignorância do fim proposto é característica eminente dos verdadeiros instintos e isso me parece ser aplicável a muitos hábitos hereditários adquiridos, como é o caso do jovem perdigueiro antes aludido, que apontava com tanta firmeza no primeiro dia que por várias vezes fomos obrigados a levá-lo embora.[92] Esse filhote não apenas apontou para ovelhas, grandes pedras brancas e todos os passarinhos, mas também "auxiliou" outros perdigueiros: o jovem cão devia estar tão inconsciente quanto ao fim para o qual ele estava apontando – facilitar o jogo de matar para alimentar seu dono – quanto a borboleta que põe seus ovos em um repolho para que suas lagartas comam as folhas. Um cavalo que marcha por instinto é manifestadamente ignorante de que ele realiza essa ação peculiar para auxiliar os homens: se o homem não existisse, o cavalo jamais iria marchar. O apontar para as pedras brancas do jovem perdigueiro parece ser um erro adquirido de seu instinto tanto quanto o erro das moscas que põem seus ovos em certas flores em vez de depositá-los na carne em putrefação. Por mais verdadeira que geralmente seja a ignorância quanto à sua finalidade, pode-se observar que os instintos estão associados a algum grau de razão, por exemplo,

---

91 *Lord* Brougham, *Dissertations on Subjects of Science Connected with Natural Theology*, 1839, p.27.

92 Tal caso é apresentado brevemente em *The Origin of Species* (1.ed., p.213; 6.ed., p.326). A comparação com a borboleta também é abordada nesse trecho.

Fundamentos de A origem das espécies

o caso do pássaro-alfaiate, que tece fios para fazer seu ninho e <ainda> usa fios artificiais quando pode obtê-los,[93] e o de um velho perdigueiro que deixou de apontar e contornou uma cerca viva para afugentar um pássaro na direção de seu dono.[94]

Existe outro método bastante distinto pelo qual os instintos ou hábitos adquiridos sob domesticação podem ser comparados aos métodos da natureza, um teste fundamental: refiro-me à comparação entre as capacidades mentais de mestiços e híbridos. Os instintos ou hábitos, gostos e disposições de uma *linhagem* de animal, quando cruzadas com outra linhagem, como no caso do cruzamento de um cão pastor com um harrier, são misturados e parecem curiosamente combinados no mesmo grau tanto na primeira quanto nas gerações seguintes, exatamente como acontece quando uma *espécie* é cruzada com outra.[95] Dificilmente esse seria o caso se houvesse alguma diferença fundamental entre o instinto doméstico e o natural[96] e

---

93 "Um quinhão de juízo ou razão, como diz Pierre Huber, entra em jogo" (ibid., 1.ed., p.208; 6.ed., p.320).

94 Na margem desse trecho encontra-se a anotação "Retriever matando um pássaro", que se refere ao caso apresentado em *Descent of Man* (2.ed., v.1, p.78), sobre um cão retriever que, ao ser instigado a lidar com um pássaro ferido e um morto, matou o primeiro e carregou os dois ao mesmo tempo. Este foi o único caso conhecido de uma prática deliberada para ferir.

95 Cf. *The Origin of Species*, 1.ed., p.214, 6.ed., p.327.

96 Dar alguma definição de instinto ou pelo menos os principais atributos. <Em *The Origin of Species* (1.ed., p.207; 6.ed., p.319), Darwin recusa-se a definir instinto.> O termo "instinto" é frequentemente usado em <um> sentido que implica apenas que o animal realiza a ação em questão. Posso pensar que faculdades e instintos sejam imperfeitamente separados. A toupeira possui a faculdade de cavar tocas e o instinto coloca essa ação em prática.

Charles Darwin

se o primeiro fosse, para usar uma expressão metafórica, meramente superficial.

Variação nos atributos mentais de animais selvagens

No que diz respeito à variação[97] das capacidades mentais dos animais em estado selvagem, sabemos que há uma diferença considerável na disposição entre diferentes indivíduos de uma mesma espécie, como reconhecem todos que estiveram encarregados de animais em uma *menagerie*.* No que diz respeito à selvageria, especialmente o medo em relação ao homem, que parece ser um instinto tão verdadeiro quanto o pavor que um camundongo jovem tem de um gato, temos excelentes evidên-

---

O pássaro migratório possui a faculdade de encontrar seu caminho e o instinto desperta em determinados períodos. Dificilmente se pode dizer que há uma faculdade de conhecer o tempo, pois, para isso, não se pode possuir meios sem haver, de fato, alguma consciência de sensações passageiras. Pense sobre todas as ações habituais e observe se faculdades e instintos podem ser separados. Temos a faculdade de acordar no meio da noite se um instinto nos impeliu a fazer algo em determinada hora da noite ou do dia. Selvagens encontrando seu caminho. Relato de Wrangel – provavelmente uma faculdade inexplicável pelo possuidor. Existem, além disso, faculdades "meios", como a conversão das larvas em neutras ou em rainhas. Acho que tudo isso geralmente implicava, de qualquer maneira, utilidade. (N. A.). <Esta discussão, que não ocorre em *The Origin of Species*, é um primeiro esboço do que se segue neste Ensaio, p.185.>

97 Breve discussão similar a essa ocorre em *The Origin of Species* (1.ed., p.211; 6.ed., p.324).

* Precursor do zoológico moderno, o termo *"menagerie"* referia-se, no contexto francês do século XVII, a uma coleção de animais pertencentes à aristocracia como expressão do luxo e da curiosidade. (N. T.)

Fundamentos de A origem das espécies

cias de que ele é lentamente adquirido e torna-se hereditário. É também certo que, em estado natural, indivíduos da mesma espécie perdem ou não põem em prática seus instintos migratórios – como as galinhas na Madeira. Obviamente é mais difícil detectar qualquer variação nos instintos mais complicados, mais ainda do que no caso da estrutura corporal, cuja variação, admite-se, é excessivamente pequena, talvez quase nenhuma na maioria das espécies, não importa o período. Para analisarmos mais um excelente caso de instinto, a saber, os ninhos de pássaros, aqueles que prestaram mais atenção ao assunto afirmam que não apenas certos indivíduos <espécies?> parecem ser capazes de construí-los de maneira muito imperfeita, mas, não raramente, não é possível detectar diferenças entre as habilidades dos indivíduos.[98] Além disso, certos pássaros adaptam seus ninhos às circunstâncias: o melro-d'água não constrói um ninho fechado quando ele o instala sob a cobertura de uma rocha, o pardal o constrói de modo muito diferente se o ninho está em uma árvore ou em um buraco, e a estrelinha-de-poupa às vezes dispõe seu ninho *no* galho das árvores, às vezes o suspende abaixo do galho.

Princípios de seleção aplicáveis aos instintos

Os instintos de uma espécie são tão importantes para sua preservação e multiplicação quanto sua estrutura corporal. Assim, as menores diferenças nos instintos e nos hábitos dos indivíduos, diferenças congênitas ou criadas por indução ou

---

98 A sentença está de acordo com o manuscrito, porém, claramente precisa de correção.

coação para que os indivíduos variem seus hábitos, se minimamente mais favoráveis à preservação em condições externas ligeiramente modificadas, devem, a longo prazo, criar mais *chances* de esses indivíduos serem preservados e de se multiplicarem.[99] Se isso for admitido, uma série de pequenas mudanças pode, como no caso das estruturas corporais, criar grandes mudanças nas faculdades mentais, hábitos e instintos de qualquer espécie.

Dificuldades na aquisição de instintos complexos por seleção

A princípio, cada um estará inclinado a explicar (como eu fiz por muito tempo) que muitos dos instintos mais complexos e maravilhosos não poderiam ser adquiridos da maneira aqui suposta.[100] A segunda parte deste trabalho dedica-se à consideração geral sobre a economia geral da natureza: até que ponto ela justifica ou se opõe à crença de que espécies e gêneros relacionados descendem de matrizes comuns. Aqui podemos ponderar se os instintos dos animais oferecem um caso *prima facie*

---

99 A passagem corresponde a *The Origin of Species* (1.ed., p.212; 6.ed., p.325).

100 Esta discussão é interessante pela diferença entre o fim deste capítulo e sua seção correspondente em *The Origin of Species* (1.ed., p.216; 6.ed., p.330). No presente ensaio, os assuntos tratados referem-se aos instintos de fazer ninhos, incluindo o hábito de incubação de ovos do peru-do-mato australiano, o poder de "fingir a morte", "faculdade" em relação ao instinto, o instinto de lapso de tempo e de direção, células de abelha dadas muito brevemente, e pássaros alimentando seus filhotes com comidas diferentes de seus próprios alimentos naturais. Em *The Origin of Species* (1.ed.), os casos discutidos são o instinto de botar ovos em ninhos de outras aves, o instinto das formigas para criar escravos e a construção do favo da abelha, muito discutida.

Fundamentos de A origem das espécies

de impossibilidade de aquisição gradual, a ponto de justificar a rejeição de qualquer teoria, por mais que ela seja corroborada fortemente por outros fatos. Permitam-me repetir que desejo aqui considerar não a *probabilidade*, mas a *possibilidade* de instintos complexos terem sido adquiridos pela seleção lenta e prolongada de pequenas modificações (congênitas ou produzidas pelo hábito) de instintos precedentes mais simples, sendo que, para as espécies que possuem esses instintos, cada modificação é tão útil e necessária quanto a de tipo mais complexa.

Primeiramente, analisemos o caso dos ninhos de pássaros. Se considerarmos as espécies existentes (muito poucas se compararmos com a multidão que deve ter existido desde o período do arenito vermelho da América do Norte, espécies cujos hábitos jamais conheceremos), uma série razoavelmente perfeita poderia ser feita a partir de espécies que põem ovos na terra descoberta, seguidas de outras que criam ninhos apenas com alguns gravetos colocados em volta dos ovos, e então para os ninhos simples, como os dos pombos-torcaz, direcionando-se, assim, para outros cada vez mais complexos. Se, como dizem, existem pequenas diferenças ocasionais entre as capacidades de construção dos indivíduos, e se, o que é ao menos provável, tais diferenças tendem a ser herdadas, então podemos ver que é ao menos *possível* que os instintos relacionados aos ninhos tenham sido adquiridos, ao longo de milhares e milhares de gerações, pela seleção gradual de ovos e filhotes dos indivíduos cujos ninhos estavam, em algum grau, mais bem adaptados à preservação de seus filhotes. Um dos instintos mais surpreendentes já registrados é o do peru-do-mato australiano, cujos ovos são chocados pelo calor da fermentação que ocorre em uma enorme pilha de materiais. Nesse caso, porém, os hábitos de uma espécie aparentada mostram que esse instinto *possivelmente* foi adquirido. Essa segunda espécie habita um distrito tropical, onde o calor do sol é suficiente para chocar seus ovos, e para isso ela os enterra sob uma pilha menor de lixo, porém de natureza seca, com o fim de escondê-los em vez de aquecê-los. Suponhamos agora que esse pássaro lentamente se desloque para um clima mais frio, onde há folhas mais abundantes. Nesse caso, os indivíduos que possuem, por acaso, um instinto de coleta mais bem desenvolvido formarão uma pilha um pouco maior, e seus ovos, auxiliados pela estação mais fria, eclodirão mais livremente a longo prazo por causa do clima mais fresco criado pelo calor da fermentação incipiente, provavelmente gerando filhotes com as mesmas tendências de coleta mais desenvolvidas. E então, novamente, os jovens com as capacidades mais desenvolvidas tenderiam a ter ainda mais filhotes com essas capacidades. Esse estranho instinto, portanto, *possivelmente* pode ser adquirido, mesmo que as aves ignorem as leis de fermentação e as consequências do calor, como sabemos que elas devem ignorar.

Em segundo lugar, tomemos o caso de animais que se fingem de mortos (expressão comumente dita) para escapar do perigo. No caso dos insetos, uma série perfeita pode ser analisada, iniciando-se com alguns insetos que momentaneamente ficam parados, passando por outros que, por breves segundos, contraem suas pernas, a outros que permanecerão imóveis e unidos por um quarto de hora, podendo ser dilacerados ou assados em fogo lento sem evidenciar o menor sinal de vida. Ninguém irá duvidar que o período em que cada um permanece imóvel é adaptado para <favorecer o inseto> a escapar <dos> perigos a que está mais exposto, e poucos irão negar

Fundamentos de A origem das espécies

a *possibilidade* de mudança de um grau a outro pelos mesmos meios e proporções já explicadas. No entanto, ao pensar que seria maravilhoso (embora não impossível) que a atitude de morte tenha sido adquirida por métodos que não implicam imitação, eu comparei indivíduos de várias espécies que, como dizem, simulavam a morte, com outros exemplares realmente mortos, e em nenhum dos casos as atitudes eram semelhantes.

Em terceiro lugar, quando se leva muitos instintos em consideração, é útil *empenhar-se* para discernir a faculdade[101] que o realiza e a capacidade mental que incita a realização, algo que tornou-se apropriado denominar instinto. Temos um instinto para comer e temos mandíbulas etc. para nos dar a faculdade de fazê-lo. Essas faculdades são frequentemente desconhecidas para nós: morcegos, com seus olhos inutilizados, conseguem evitar cordas suspensas em uma sala, e, até o momento, não sabemos qual faculdade realiza isso. O mesmo ocorre com as aves migratórias, pois um instinto maravilhoso as incita em certas épocas do ano a direcionar seu curso a certas direções, mas é por meio de uma faculdade que identificam a época e encontram seu caminho. No que diz respeito ao tempo,[102] mesmo sem ver o sol, o homem pode avaliar, em certa medida,

---

101 A distinção entre *faculdade* e *instinto* corresponde, em algum grau, àquela que há entre percepção de um estímulo e uma reação específica. Imagino que o autor teria dito que a sensibilidade à luz das plantas seja *faculdade*, enquanto o *instinto* decide se a planta curva para ou a partir da fonte de iluminação.

102 Na época em que o milho era plantado no mercado em vez de vendido por amostras, os gansos nos campos da cidade de Newcastle <Staffordshire?> costumavam saber o dia do mercado e vinham colher o milho que estava no chão. <Nota no original com caligrafia desconhecida>.

as horas, assim como os bovinos que descem das montanhas do interior para se alimentar de algas marinhas que aparecem na mudança para a maré baixa.[103] Um falcão (D'Orbigny) parece ter adquirido conhecimento de um ciclo de 21 dias. Nos casos já citados das ovelhas que viajaram ao local de nascimento para parir, e das ovelhas na Espanha que sabem qual o período de marchar,[104] podemos conjecturar que a tendência para o movimento está associada, instintivamente, a algumas sensações corporais. Quanto à direção, podemos facilmente conceber que a tendência a viajar por um percurso determinado possa ter sido adquirida, embora seja permanente a nossa ignorância quanto à habilidade dos pássaros para percorrer direções em uma noite escura sobre o vasto oceano. Posso observar que o poder para encontrar seu caminho que algumas raças de homens selvagens possuem, embora talvez seja totalmente diferente da dos pássaros, é, para nós, da mesma forma ininteligível. Bellinghausen, um hábil navegador, descreve com grande admiração a maneira como um esquimó, quando a bússola já não apontava corretamente para qualquer direção, guiou-o até um ponto determinado, por um caminho bastante tortuoso, através de montes de gelo recém-formados e sem pontos de referência, em um dia de denso nevoeiro; o mesmo fazem os selvagens australianos em densas florestas. No Norte e no Sul da América, muitos pássaros viajam de forma lenta tanto

---

103 MacCulloch e outros. (N. A.)

104 Não consigo encontrar nenhuma referência às ovelhas *transandantes* na obra publicada de Darwin. Possivelmente ele foi levado a duvidar da exatidão da afirmação em que se baseou. Para o caso das ovelhas retornando ao local de nascimento, ver nota 54.

Fundamentos de A origem das espécies

para o norte quanto para o sul, estimulados pela comida que encontram conforme variam as estações. Se a prática permanece, torna-se um urgente desejo instintivo, e os pássaros irão, gradualmente, acelerando a jornada, assim como no caso das ovelhas na Espanha. As aves cruzariam rios estreitos, e, se após a subsidência, esses rios fossem convertidos em estuários estreitos e depois, gradualmente, ao longo de séculos, em braços do mar, poderíamos ainda supor que o incansável desejo dos pássaros de seguir viagem os impeliria a cruzar esses braços, mesmo que possuíssem largura que ultrapassasse a amplitude de visão. Como eu havia afirmado, o modo como eles são capazes de preservar um curso em qualquer direção é uma faculdade desconhecida para nós. Para ilustrar de outro modo os meios pelos quais concebo ser *possível* que a direção da migração tenha sido determinada: alces e renas anualmente cruzam, na América do Norte, como se pudessem sentir maravilhosamente o odor ou ver, à distância de 150 quilômetros, uma vasta área de absoluto deserto para chegar até certas ilhas onde há um pouco de suprimento de comida. As mudanças de temperatura que proclama a geologia tornam provável que esse trato desértico anteriormente apresentava alguma vegetação, e, portanto, esses quadrúpedes todo ano podem ter sido conduzidos através dele até alcançarem os mais férteis campos, adquirindo, assim como as ovelhas da Espanha, seus poderes migratórios.

Em quarto lugar, em relação aos favos da colmeia,[105] novamente devemos olhar para alguma faculdade ou meio pelo qual elas criam suas células hexagonais, sem de fato tomarmos esses instintos como meros atos mecânicos. Até o momento,

---

105 Cf. *The Origin of Species*, 1.ed., p.224; 6.ed., p.342.

essa faculdade é muito desconhecida: o sr. Waterhouse supõe que os instintos de várias abelhas as levam a escavar uma massa de cera até alcançarem uma espessura fina, e, como resultado, alguns hexágonos necessariamente permanecem hexágonos. Elas se propagam, porém, com verdadeiros instintos, que são os mais maravilhosos que se conhecem. Se examinarmos o pouco que é conhecido dos hábitos de outras espécies de abelhas, encontraremos instintos mais simples: a abelha mamangaba preenche com mel bolas de cera rudes, juntando-as depois em um áspero ninho de grama de forma desorganizada. Se conhecêssemos o instinto de todas as abelhas que já existiram, não é improvável que teríamos instintos de todos os graus de complexidade, desde ações simples, como um pássaro fazendo um ninho e criando seus filhotes, até os governos e arquiteturas perfeitas das colmeias; isso é ao menos *possível*, que é tudo que considero aqui.

Por fim, considerarei brevemente, sob o mesmo ponto de vista, outra classe de instintos, muitas vezes apresentados como autenticamente perfeitos, a saber, o dos progenitores que alimentam seus filhotes com comidas que eles mesmos não ingerem ou não compartilham,[106] como faz, por exemplo, o pardal, um pássaro granívoro que alimenta seus filhotes com lagartas. Podemos, claro, olhar para os progenitores antes de terem os filhotes e observar como esse instinto surgiu pela primeira vez, mas é inútil perder tempo com conjecturas sobre uma série de gradações que vão desde algumas espécies de filhotes que se alimentam sozinhos, tornam-se ágeis e apenas ocasionalmente são auxiliados em sua busca por comida, até aqueles que dependem

---

106 Esta é a continuação de uma passagem obscura no Ensaio de 1842, p.60.

Fundamentos de A origem das espécies

totalmente de que os progenitores os alimentem. No que diz respeito aos progenitores que buscam e levam alimento diferente do seu próprio gosto, podemos supor que a espécie original da qual o pardal e outras aves congêneres descendem era insetívora, e que, apesar das alterações de seus próprios hábitos e estrutura, seus antigos instintos em relação aos filhotes continuaram os mesmos. Podemos também supor que os progenitores têm sido induzidos a variarem aos poucos a alimentação de seus filhotes por causa de alguma pequena escassez de comida (ou porque instintos de alguns indivíduos não são tão autenticamente desenvolvidos), e, neste caso, os filhotes que, por serem mais capazes de sobreviver, eram necessariamente preservados com maior frequência tornar-se-iam, em algum momento, progenitores compelidos a alterar a comida que levam a seus filhotes. No caso desses animais em que os filhotes se alimentam sozinhos, as mudanças em seus instintos de alimentação e em sua estrutura podem ser selecionadas a partir de pequenas variações, exatamente como nos animais adultos. Novamente, onde a comida dos filhotes depende do local onde a mãe bota os ovos, como nos casos das lagartas das borboletas (*Pieris rapae*) que os botam em repolhos, podemos supor que a linguagem parental da matriz da espécie varia o depósito de seus ovos em plantas congêneres (como algumas espécies fazem atualmente), e, se as lagartas melhor se adaptarem ao repolho do que a qualquer outra planta, as lagartas dessas borboletas que escolheram o repolho serão criadas com maior abundância de alimento e produzirão borboletas mais aptas a colocar seus ovos no repolho do que em outras plantas congêneres.

Por mais vagas e não filosóficas que possam parecer essas conjecturas, elas servem, creio eu, para mostrar que o primeiro

Charles Darwin

impulso de rejeitar totalmente qualquer teoria, implicando uma aquisição gradual desses instintos que ao longo dos anos excitaram a admiração humana, pode pelo menos ser adiado. Uma vez garantido que disposições, gostos, ações ou hábitos podem ser ligeiramente modificados, seja por ligeiras diferenças congênitas (no cérebro, devemos supor) ou pela força de circunstâncias externas, e que essas poucas modificações podem se tornar hereditárias – uma proposição que ninguém pode rejeitar –, será difícil limitar a complexidade e a grandeza dos gostos e hábitos que sejam *possíveis* de serem assim adquiridos.

Dificuldades na aquisição de estruturas corporais complexas por seleção

Depois da discussão anterior, talvez seja conveniente considerarmos se algum órgão corporal particular, ou mesmo toda a estrutura de algum animal, seja tão maravilhoso a ponto de justificar a rejeição *prima facie* de nossa teoria.[107] No caso do olho, assim como no caso dos instintos mais complexos, o primeiro impulso de alguém, sem dúvida, é o de categoricamente rejeitar todas as teorias do tipo. Mas, se o olho pode ser deduzido a

---

107 Em *The Origin of Species* (1.ed., p.171; 6.ed., p.207), discutem-se as dificuldades quanto à raridade de variedades de transição: a origem da cauda da girafa; o furão (*Mustela vison*) parecido com uma lontra; o hábito de voar do morcego; o pinguim e o pato-vapor-das-Malvinas; o peixe-voador; o hábito do urso semelhante ao da baleia; o pica-pau; o petrel-mergulhador; o olho; a bexiga natatória; cirrípedes; insetos neutros; órgãos elétricos. O furão, o morcego, o pica-pau, o olho e a bexiga natatória são discutidos no presente Ensaio, além de alguns problemas botânicos.

Fundamentos de A origem das espécies

partir de sua forma mais complexa, formando uma graduação que alcança até o mais simples estado, se a seleção pode produzir a menor das mudanças e se essa série existe, então está claro (pois neste trabalho não temos nada a dizer sobre a origem primeira de órgãos em suas formas mais simples)[108] que há *possibilidade* de que eles tenham sido adquiridos por seleção gradual de pequenos — porém úteis em cada um dos casos — desvios.[109] Todo naturalista, ao se deparar com qualquer órgão novo e singular, sempre busca e espera encontrar modificações mais simples dele em outros seres. No caso do olho, temos uma infinidade de formas diferentes, mais ou menos simples, que não formam uma série, pois se separam por lacunas repentinas ou por intervalos. No entanto, devemos considerar quão incomparavelmente maior seria a multidão de estruturas visuais se tivéssemos acesso aos olhos de todos os fósseis que já existiram. Na parte seguinte, discutiremos a probabilidade de uma vasta e proporcional série de formas existentes, desde as extintas até suas versões mais recentes. Não obstante essa longa série de formas existentes, é difícil até mesmo conjecturar por quais estágios intermediários muitos órgãos simples passaram para gradualmente terem se transformado até se tornarem complexos: deve-se ter em mente, porém, que, se uma parte tem na origem função totalmente diferente, a teoria

---

108 Em *The Origin of Species* (6.ed., p.275), o autor responde às críticas de Mivart (*On the Genesis of Species*, 1871), referindo-se especialmente à objeção "de que a seleção natural é incompetente para explicar os estágios incipientes de estruturas úteis".

109 A seguinte frase parece se encaixar perfeitamente nesse trecho: "e que cada olho em todo o reino animal não é apenas muito útil, mas *perfeito* para seu possuidor".

da seleção gradual considera que ela pode ter sido lentamente levada a ter outro uso, e a possibilidade dessa teoria está nas gradações de formas a partir das quais naturalistas acreditam na metamorfose hipotética de parte da orelha em bexiga natatória em peixes,[110] e de pernas de insetos em mandíbulas. Assim como ocorre na domesticação, surgem modificações, sem qualquer seleção continuada, em estruturas que, por curiosidade, são consideradas muito úteis ou valiosas pelo homem (como o cálice em forma de gancho da *Dipsacus* ou o rufo em volta do pescoço de alguns pombos), e, portanto, no estado de natureza, algumas pequenas modificações, aparentemente adaptadas a certos fins de forma bela, talvez possam ser produzidas por meio de acidentes do sistema reprodutivo, e imediatamente propagadas sem a seleção prolongada de pequenos desvios em direção a essa estrutura.[111] Ao conjecturar por quais estágios passou um órgão complexo de uma espécie até chegar ao seu estado atual, devemos observar os órgãos análogos de outras espécies existentes apenas para auxiliar e guiar nossa imaginação, pois, para conhecer os estágios reais, devemos observar apenas a série de espécies que se inicia na antiga matriz e alcança as espécies das quais ela descende. Se considerarmos, por exemplo, o olho de um quadrúpede, embora possamos observar o olho de um molusco ou de um inseto como prova de como um órgão simples pode servir aos fins da visão, e embora também

---

110 Cf. ibid., 1.ed., p.190; 6.ed., p.230.

111 Esta é uma das mais precisas afirmações deste Ensaio sobre a possível importância dos *tipos exóticos*, ou do que hoje seria chamado de *mutações*. Como é bem sabido, posteriormente o autor duvidou que as espécies pudessem surgir dessa maneira. Cf. ibid., 1.ed., p.103; 6.ed., p.110; *Life and Letters*, v.3, p.107.

Fundamentos de A origem das espécies

possamos observar o olho de um peixe como guia mais próximo de um órgão simplificado, devemos nos lembrar de que há uma chance pequena (supondo por um momento a verdade de nossa teoria) de um ser orgânico existente preservar qualquer um de seus órgãos exatamente nas mesmas condições em que ele existia nas espécies de eras geológicas remotas.

A natureza ou a condição de algumas estruturas foi pensada por alguns naturalistas como inútil para quem a possui,[112] pois parece ter sido formada inteiramente para o proveito de outras espécies. Pensou-se, assim, que certos frutos e sementes se tornaram nutritivos para alguns animais — vários insetos, especialmente em sua fase larval, também existindo para o mesmo fim —, peixes cujas cores brilhantes auxiliam aves de rapina a caçá-los etc. Se isso fosse provado (algo que estou longe de admitir), a teoria da seleção natural seria bastante questionada, pois a seleção depende da vantagem, sobre outros, de indivíduos que possuem algum pequeno desvio, e, desse modo, uma estrutura ou qualidade vantajosa apenas para outra espécie jamais seria produzida. Sem dúvida, existem seres que se beneficiam das qualidades de outro, algo que pode até mesmo ser causa do extermínio de uma espécie; no entanto, isso está longe de provar que essa qualidade tenha sido produzida para esse fim. Pode ser vantajoso para uma planta que suas sementes atraiam animais, pois, se uma em cem ou em mil escapa da

---

112 Cf. *The Origin of Species* (1.ed., p.210; 6.ed., p.322), em que se discute essa teoria no caso dos instintos, com a condição de que o mesmo argumento seja utilizado no caso da estrutura. Sua base geral encontra-se resumidamente também em *The Origin* (1.ed., p.87; 6.ed., p.106).

digestão, ela ajuda na disseminação; as cores brilhantes de um peixe também podem ter alguma vantagem para ele, ou, mais provável, pode resultar da exposição a certas condições em locais favoráveis para alimentação, *não obstante* ele se sujeite a ser capturado mais facilmente por certas aves.

Se, em vez de observamos alguns órgãos individualmente com o fim de especular por meio de quais estágios suas partes amadureceram e foram selecionadas, nós considerarmos apenas um indivíduo de uma espécie animal, encontraremos a mesma ou ainda maior dificuldade, que, creio eu, é inteiramente baseada em nossa ignorância, assim como no caso dos órgãos simples. Pode-se perguntar por quais formas intermediárias, por exemplo, um morcego pode ter passado, mas a mesma questão poderia ser feita a uma foca se não estivéssemos familiarizados com a lontra e outros quadrúpedes carnívoros semiaquáticos. No caso do morcego, quem pode dizer quais foram os hábitos de alguma espécie parental com asas menos desenvolvidas, quando agora temos gambás insetívoros e esquilos herbívoros adaptados para planarem?[113] Há hoje uma espécie de morcego que possui hábitos parcialmente aquáticos.[114] Pica-paus e pererecas são especialmente adaptados para escalar árvores, e, no entanto, temos espécies de ambos os animais habitando as planícies abertas de La Plata, onde não há

---

113 Ninguém contestará que o planador é o mais útil, possivelmente necessário para essa espécie. (N. A.)

114 Este é o *Galeopithecus*? Eu me esqueço. (N. A.) <*Galeopithecus* "ou lêmure-voador" é mencionado em discussão correspondente em *The Origin of Species* (1.ed., p.181; 6.ed., p.217), e anteriormente colocado entre os morcegos. Não sei por qual razão ele é aqui descrito como parcialmente aquático em seus hábitos.>

Fundamentos de A origem das espécies

árvores.[115] A partir disso, poderia argumentar que uma estrutura eminentemente adequada para subir em árvores pode descender de formas que habitam um país onde elas não existem. No entanto, apesar disso e de muitos outros fatos conhecidos, vários autores afirmam, por exemplo, que uma espécie que pertence à ordem carnívora não poderia se transformar em uma espécie como a lontra, pois no estado de transição seus hábitos não se adaptariam a quaisquer condições apropriadas de vida. A onça-pintada,[116] por exemplo, é um quadrúpede completamente terrestre e, ainda que consiga se mover livremente pela água e capture muitos peixes, se diria que é *impossível* que uma mudança nas condições de seu local de origem a leve a se alimentar de mais peixes do que ela faz agora? Nesse caso seria impossível, e não provável, que qualquer desvio mínimo em seus instintos, na sua forma corporal, na largura de suas patas e na extensão da pele (que também une a base dos dedos das patas), fornecesse a esses indivíduos mais *chance* de sobreviver e de propagar filhotes com desvios semelhantes e praticamente imperceptíveis (embora totalmente exercitados)?[117] Quem irá dizer o que se realizaria no decorrer de 10 mil gerações? Quem

---

115 Em *The Origin of Species* (6.ed., p.221), o autor modificou a afirmação de que essas espécies *nunca* sobem em árvores. Ele também inseriu uma frase citando o sr. Hudson, dizendo que em outros distritos esse pica-pau sobe em árvores e faz furos. Ver também artigo do sr. Darwin em *Proceedings of the Zoological Society of London* (1870); *Life and Letters* (v.3, p.153).

116 Notado por Alfred Newton. Richardson em *Fauna Boreali-Americana*, I.ed., p.49.

117 Para um caso muito melhor do furão <*Mustela vison*>, que é aquático apenas durante metade do ano, cf. Richardson. (N. A.) <Apud *The Origin of Species*, I.ed., p.179; 6.ed., p.216.>

Charles Darwin

pode responder à mesma pergunta em relação aos instintos? Se ninguém puder, não deve ser totalmente rejeitada a *possibilidade* (pois não estamos neste capítulo considerando a *probabilidade*) de que órgãos ou seres orgânicos simples tornem-se complexos por meio da seleção natural.

Parte II[118]
Da evidência favorável e oposta à opinião de que espécies são raças naturalmente formadas, descendentes de linhagens comuns

Capítulo IV
Do número de formas intermediárias exigidas na teoria da descendência comum e de sua ausência em estado fóssil

Devo supor aqui que, de acordo com a visão comumente aceita, a miríade de organismos que tanto no presente quanto no passado povoou este mundo foi criada por muitos atos distintos. É impossível à razão acessar a vontade do Criador, e, portanto, conforme esse ponto de vista, nós não alcançamos as razões pelas quais o organismo individual deveria ou não ter sido criado por meio de um esquema fixo. É certo que, por causa de suas afinidades gerais, todos os organismos foram

---

118 Em *The Origin of Species*, não há divisão da obra em partes. Neste manuscrito, os capítulos da Parte II são numerados novamente, e o presente capítulo é o primeiro desta parte. No entanto, achei melhor chamá-lo de Capítulo IV, e há evidências de que Darwin pensou em fazer o mesmo. Corresponde a *The Origin of Species* (1.ed., cap.XI; 6.ed., cap.X).

produzidos por um esquema, que, se puder ser demonstrado como sendo o mesmo daquele que resultasse de seres orgânicos aparentados descendentes de linhagens comuns, tornaria altamente improvável a criação separada de cada organismo por atos individuais da vontade de um Criador. Também pode ser dito que, embora os planetas se movam de acordo com a lei da gravidade, devemos ainda atribuir o curso de cada planeta ao ato individual da vontade do Criador.[119] Tratando-se do que conhecemos sobre o que governa este planeta, é mais compatível, em todos os casos, que o Criador tenha imposto somente leis gerais. Enquanto não se conhecia nenhum método pelo qual as raças se tornariam primorosamente adaptadas a vários fins, enquanto se pensava que a existência das espécies era provada pela esterilidade[120] de sua prole, permitia-se atribuir um ato individual de criação a cada organismo. No entanto, demonstrou-se, nos dois capítulos anteriores (creio eu), que, sob as condições existentes, a produção de espécies primorosamente adaptadas é ao menos *possível*. Existiria, então, alguma evidência direta a favor ou contra essa visão? Acredito

---

119 No Ensaio de 1842, o autor usa, do mesmo modo, a astronomia para ilustrar a questão. Em *The Origin of Species* (cf. 1.ed., p.488; 6.ed., p.668) isso não ocorre, e a referência à ação de causas secundárias é mais geral.

120 É interessante encontrar o argumento da esterilidade de forma tão proeminente. Em uma passagem correspondente de *The Origin of Species* (1.ed., p.480; 6.ed., p.659), o tema é tratado mais sumariamente. O autor dá, como principal obstáculo à aceitação da evolução, o fato de que "sempre somos lentos em admitir qualquer grande mudança da qual não vemos as etapas intermediárias", e segue citando Lyell sobre a ação geológica. Devemos lembrar que a questão da esterilidade permaneceu como uma dificuldade para Huxley.

Fundamentos de A origem das espécies

que a distribuição geográfica de seres orgânicos no passado e no presente, o tipo de afinidade que os conecta, seus órgãos assim chamados "metamórficos" e "abortivos", favorecem essa interpretação. Por outro lado, a evidência imperfeita da continuidade da série orgânica, algo que, como observaremos em breve, é requisitado em nossa teoria, se posiciona contrariamente a ela mesma, tornando-se sua objeção[121] de maior peso. Nesse ponto, porém, a evidência, até onde ela alcança, nos é favorável, e, se considerarmos a imperfeição do nosso conhecimento, especialmente quanto às eras passadas, seria surpreendente se evidências extraídas dessas fontes também não fossem imperfeitas.

Como suponho que as espécies se formaram de modo análogo às variedades de animais e plantas domesticadas, formas intermediárias também devem ter existido entre todas as espécies de um mesmo grupo, não se diferenciando mais do que as variedades reconhecidas. Não se deve supor que haja necessidade de formas exatamente intermediárias de caracteres entre duas espécies de um gênero, ou mesmo entre duas variedades de uma espécie; no entanto, é necessário que tenha existido uma forma intermediária entre uma espécie ou variedade de um progenitor comum, assim como entre a segunda espécie ou variedade e este mesmo progenitor comum. Daí não se segue que necessariamente tenham existido <uma> série de subvariedades intermediárias que se diferenciam somente quanto às mudas ocasionais de brócolis e repolho roxo em uma mesma cápsula de semente. No entanto, é certo que existiu, entre o brócolis e

---

121 Declarações semelhantes ocorrem no Ensaio de 1842, nota 72, e em *The Origin of Species* (1.ed., p.299).

o repolho selvagem, uma série de mudas intermediárias, e novamente entre o repolho roxo e o repolho selvagem, de modo que o brócolis e o repolho roxo estão ligados entre si, mas não *necessariamente* por formas diretamente intermediárias.[122] É possível, claro, que *possa* ter havido formas diretamente intermediárias, pois o brócolis pode, há muitos anos, ter descendido de um repolho roxo, e este do repolho selvagem. Na minha teoria, as coisas se deram desse modo com espécies do mesmo gênero. Ainda é preciso evitar a suposição de que necessariamente existiram (embora um *possa* ter descendido de outro) formas diretamente intermediárias entre dois gêneros ou famílias – por exemplo, entre o gênero *Sus* e a anta,[123] embora seja necessário que as formas intermediárias (que não se diferenciam mais do que as variedades de nossos animais domésticos) devam ter existido entre o gênero *Sus* e alguma forma parental desconhecida, assim como entre o *Sus* e a anta com essa mesma forma parental. Esta última talvez tenha se diferenciado mais do *Sus* e da anta do que atualmente esses dois gêneros diferenciam-se entre si. Nesse sentido, de acordo com a teoria, vem ocorrendo uma passagem gradual (as etapas não sendo mais espaçadas do que nossas variedades domésticas) entre as espécies de um mesmo gênero, entre gêneros de uma mesma família, entre famílias de uma mesma ordem, e assim por diante, na medida em que os fatos, que serão dados a seguir, nos conduzem, e, portanto, que o número de formas que devem ter existido em períodos anteriores para tornar possível

---

122 Em *The Origin of Species* (1.ed., p.280; 6.ed., p.414), Darwin utiliza as descobertas recentes sobre pombos para ilustrar essa questão.

123 Comparar com *The Origin of Species* (1.ed., p.281; 6.ed., p.414).

Fundamentos de A origem das espécies

a passagem entre diferentes espécies, gêneros e famílias, seja quase infinitamente grande.

Qual é a evidência[124] de que há uma série de formas intermediárias que constroem uma passagem entre espécies que pertencem aos mesmos grupos, como no sentido mencionado? Alguns naturalistas supuseram que, se cada fóssil que está sepultado agora fosse coletado juntamente a todas as espécies existentes, uma série perfeita em cada grande classe seria formada. Considerando o enorme número de espécies necessárias para que isso se efetue, especialmente no sentido mencionado antes, em que formas não são *diretamente* intermediadas por espécies e gêneros existentes, mas intermediadas apenas pela conexão por um ancestral comum, que, com frequência, é muito diferente, penso que essa suposição seja altamente improvável. No entanto, estou longe de subestimar o provável número de espécies fossilizadas: ninguém que acompanhou o maravilhoso progresso da paleontologia durante os últimos anos duvidará de que, até agora, encontramos apenas uma fração excessivamente pequena das espécies enterradas na crosta da Terra. Embora as quase infinitamente numerosas formas intermediárias de classes possam não ter sido preservadas, não se conclui que não tenham existido. Os fósseis descobertos, é importante observar, tendem a completar a série aos poucos, pois, como observado por Buckland, todos se enquadram ou em algum grupo ou entre grupos existentes.[125] Além disso, aqueles que se enquadram em nossos grupos existentes o fazem como exige nossa teoria: eles não conectam diretamente duas espécies de

---

124 Ibid., I.ed., p.301; 6.ed., p.440.
125 Ibid., I.ed., p.329; 6.ed., p.471.

grupos diferentes, mas conectam os próprios grupos entre si. Assim, agora os paquidermes e os ruminantes estão separados por vários caracteres; <por exemplo> os Pachydermatas[126] têm tíbia e fíbula, enquanto os Ruminantia têm apenas tíbia, e, considerado esse aspecto, o fóssil Macrauchenia possui um osso da perna exatamente intermediário, além de outros caracteres serem intermediários da mesma forma. A Macrauchenia não conecta nenhuma espécie de Pachydermata com alguma outra de Ruminantia, porém mostra que esses dois grupos já estiveram menos divididos. Do mesmo modo, em algum momento, peixes e répteis estiveram mais intimamente conectados em certos pontos do que atualmente. Em geral, nos grupos com mais mudanças, quanto mais antigo o fóssil – se não idêntico ao mais recente –, mais frequentemente ele recai entre grupos existentes, ou em pequenos grupos existentes que agora se encontram entre outros grandes grupos existentes. Casos como o anterior, que são muitos, formam etapas, embora poucas e distantes entre si, de uma série cujo tipo é exigido por minha teoria.

Como admiti a grande improbabilidade de que, se todos os fósseis fossem desenterrados, eles iriam compor, em cada uma das Divisões da Natureza, uma série perfeita do tipo requerido, admito livremente, por consequência, que, se estiverem

---

126 A estrutura da perna dos paquidermes era a favorita do autor. Ela é discutida no Ensaio de 1842, p. 98-9. No presente Ensaio, a seguinte sentença escrita na margem parece se referir aos paquidermes e ruminantes: "Não pode haver dúvida, se banirmos todos os fósseis, que grupos existentes estão mais separados". A frase seguinte aparece entre as linhas: "As formas mais antigas seriam aquelas a partir das quais outras poderiam se irradiar".

Fundamentos de A origem das espécies

corretos os geólogos que consideram as formações mais baixas de vida conhecidas como contemporâneas das primeiras aparições,[127] ou que consideram o surgimento das várias formações como séries próximas umas das outras, ou que consideram qualquer formação como algo que contém um registro quase perfeito dos organismos que existiram durante todo o período de sua deposição naquele quadrante do globo, se tais proposições forem aceitas, minha teoria deve ser abandonada.

Se o sistema paleozoico é realmente contemporâneo do primeiro surgimento da vida, minha teoria deve ser abandonada, tanto na medida em que limita, *pela brevidade do tempo*, o número total de formas que pode ter existido neste mundo, quanto porque organismos como peixes, moluscos[128] e estrelas-do--mar, encontrados em seus leitos inferiores, não podem ser considerados formas parentais de todas as espécies sucessivas dessas classes. Mas ninguém derrubou ainda os argumentos de Hutton e Lyell, segundo os quais as formações mais baixas que conhecemos são apenas as que escaparam de serem metamorfoseadas <ilegível>; se argumentássemos a partir de alguns distritos consideráveis, poderíamos supor que a vida apareceu pela primeira vez até mesmo durante o período Cretáceo. Porém, pelo número de pontos distantes, nos quais o período siluriano foi considerado o mais baixo e nem sempre metamorfoseado, há algumas objeções à visão de Hutton e Lyell,

---

127 *The Origin of Species* (1.ed., p.307; 6.ed., p.448).

128 <Inserido a lápis pelo autor:> As formas parentais dos Mollusca provavelmente iriam se diferenciar muito de todas as formas recentes — não seria diretamente e de forma inalterada que qualquer divisão dos Mollusca descenderia da primeira vez, enquanto outras se metamorfosearam a partir dela.

mas não devemos nos esquecer de que o solo existente forma atualmente apenas um quinto da superfície do globo, e que essa fração é conhecida de modo imperfeito. A dificuldade é menor no que diz respeito à escassez de organismos encontrados nas formações siluriana e paleozoica, visto que (além de sua obliteração gradual) podemos esperar que formações dessa vasta antiguidade escapem ao desnudamento total somente quando se acumulam ao longo do uma área ampla, sendo posteriormente protegidas por vastos depósitos sobrepostos: hoje isso só poderia ser geralmente válido com depósitos se acumulando em um oceano amplo e profundo e, portanto, desfavorável à presença de muitos seres vivos. Uma mera faixa estreita e pouco espessa de matéria, depositada ao longo de uma costa onde abundam os organismos, não teria chance de escapar do desnudamento e de ser preservada até os dias de hoje se considerada a longa distância entre as eras.[129]

Se as várias formações conhecidas são todas consecutivas entre si no tempo e preservam um rigoroso registro dos organismos que existiram, minha teoria deve ser abandonada. Porém, se considerarmos as grandes mudanças na natureza mineralógica e na textura entre formações sucessivas, que mudanças vastas e completas na geografia dos países circunvizinhos devem ter sido efetuadas no geral, então a natureza dos depósitos na mesma área mudou totalmente. Quanto tempo essas mudanças devem ter exigido! Além disso, quantas vezes não se descobriu que, entre dois depósitos adaptáveis e aparentemente sucessivos um em relação ao outro, uma enorme pilha de matéria desgastada pela água é interpolada em um dis-

---

129 *The Origin of Species*, I.ed., p.291; 6.ed., p.426.

Fundamentos de A origem das espécies

trito adjacente. Não temos meios de conjeturar, em muitos dos casos, quanto tempo um período[130] decorreu entre formações sucessivas, pois as espécies, com frequência, são totalmente diferentes; como notado por Lyell, em alguns casos, provavelmente, um período decorreu entre duas formações, como em todo o período terciário, que foi quebrado por grandes lacunas.

Consulte os escritos de qualquer pessoa que tenha se voltado particularmente a um dos estágios do período terciário (e a cada período, na verdade) e veja quão profundamente impressionado está o autor com o tempo necessário para sua formação.[131] Reflita sobre os anos decorridos em muitos casos, desde quando os últimos leitos contendo apenas espécies vivas foram formados — veja o que Jordan Smith diz sobre os 20 mil anos desde quando se ergueu o último leito, localizado acima do matacão na Escócia, ou sobre o período mais longo desde que os leitos recentes da Suécia ergueram-se a mais de 120 metros. Que longo período o matacão deve ter exigido e, ainda, quão insignificantes são os registros das conchas que sabemos que existiam naquela época (embora tenham ocorrido muitas elevações para trazer à tona depósitos submarinos). Pense, então, em toda a extensão da época terciária, e sobre a provável extensão dos intervalos que a separa dos depósitos secundários. Além disso, entre esses depósitos, os constituídos por areia e seixo raramente eram favoráveis, seja para incrustação ou para preservação de fósseis.[132]

---

130 Refletir sobre a chegada do calcário, estendendo-se da Islândia até a Crimeia. (N. A.)

131 *The Origin of Species*, 1.ed., p.282; 6.ed., p.416.

132 Ibid., 1.ed., p.288, 300; 6.ed., p.422, 438.

Charles Darwin

Não pode ser admitido como provável que qualquer formação secundária contenha um registro rigoroso dos organismos que são mais facilmente preservados, a saber, corpos marinhos duros. Em quantos casos não temos evidências seguras de que, entre a deposição de leitos aparentemente consecutivos, o inferior existiu, durante um tempo desconhecido, como um terreno, coberto de árvores? Algumas das formações secundárias que contêm a maior parte dos restos marinhos parecem ter sido formadas em mar aberto e não profundo e, portanto, apenas os animais marinhos que viveram em tais situações teriam sido preservados.[133] Em todos os casos, embora possam ser, muitas vezes, altamente favoráveis aos animais marinhos, eles não podem ser incorporados em encostas rochosas recortadas ou em qualquer outra encosta em que os sedimentos não se acumulam: onde areia pura e seixos se acumulam, pouco ou nada será preservado. Posso aqui exemplificar a grande linha ocidental da costa norte-americana,[134] ocupada por muitos animais peculiares, entre os quais provavelmente nenhum será preservado até uma época distante. Por essas causas, e especialmente por causa de depósitos que são formados ao longo de uma linha costeira, íngremes tanto acima quanto abaixo da água, sendo necessariamente de pequena largura e, portanto, com maior probabilidade de serem posteriormente desnudados e desgastados, podemos ver por que é improvável que nossos depósitos secundários contenham registro razoável da fauna

---

133 Nem os peixes localizados em estágios mais altos ou baixos dos períodos <por exemplo, Myxina <?> ou Lepidosiren> poderiam ser preservados em condição inteligível nos fósseis. (N. A.)

134 *The Origin of Species*, 1.ed., p.290; 6.ed., p.425.

Fundamentos de A origem das espécies

marinha de qualquer período. O arquipélago das Índias Orientais possui uma área tão grande quanto a maioria de nossos depósitos secundários, e nele há mares largos e rasos, repletos de animais marinhos e sedimentos que se acumulam. Supondo agora que todos os animais marinhos duros, ou melhor, os que têm partes duras para preservar, foram preservados para uma era futura – exceto os que viviam em praias rochosas, onde nenhum sedimento ou apenas areia e cascalho se acumulam, e os incrustados ao longo de penhascos, onde apenas se acumula uma estreita franja de sedimentos –, supondo tudo isso, que noção pobre teria uma pessoa do futuro sobre a fauna marinha dos dias atuais. Lyell[135] comparou a série geológica a uma obra da qual apenas os últimos capítulos foram preservados, porém não de forma consecutiva, pois, pode-se acrescentar, muitas folhas foram arrancadas, e as restantes ilustram apenas uma pequena parte da fauna de cada período. Por esse ponto de vista, os registros das idades anteriores confirmam minha teoria; em qualquer outra, eles a destroem.

Finalmente, se direcionarmos o problema à questão por que não encontramos, em alguns casos, todas as formas intermediárias entre duas espécies quaisquer? A resposta poderia muito bem ser porque a duração média de cada forma específica (como temos boas razões para acreditar) é imensa em anos, e a transição poderia, de acordo com minha teoria,

---

135 Para a metáfora de Lyell, cf. *The Origin of Species*, 1.ed., p.310; 6.ed., p.452. Possuo um débito com o professor Judd após ele ter me mostrado que a versão da metáfora de Darwin pode ser encontrada nos v.I e III da primeira edição dos *Princípios*, de Lyell; cf. Ensaio de 1842, nota 83.

ser efetuada apenas por diversas pequenas gradações; reunir todas as formas intermediárias requer, portanto, um registro mais perfeito, expectativa que o raciocínio anterior nos ensina que não temos. Pode-se pensar que, em uma seção vertical de grande espessura de uma mesma formação, algumas das espécies devam ser encontradas variando nas partes superior e inferior,[136] mas é possível duvidar que alguma formação tenha continuado se acumulando sem qualquer interrupção por um período tão longo quanto a duração de uma espécie; se assim fosse, exigiríamos uma série de espécimes de cada parte. Quão rara deve ser a chance de sedimentos se acumularem por cerca de 20 mil ou 30 mil anos no mesmo local,[137] com seu fundo retrocedendo, de modo que uma profundidade adequada pudesse ser preservada para que qualquer espécie continuasse viva; que quantidade de subsidência seria exigida, além da necessidade de preservação da fonte de onde o sedimento continuou a ser derivado. No caso dos animais terrestres, que chance há quando o tempo presente se torna uma formação pleistocena (em um período anterior, não se poderia esperar elevação suficiente para expor os leitos marinhos)? E qual a chance de que futuros geólogos descobrirão as inúmeras subvariedades de transição por meio das quais o gado de chifre curto e de chifre longo (tão diferentes em forma de corpo) foram derivados da mesma matriz parental original?[138] No entanto, essa transição

---

136 Para o interesse de Darwin nas celebradas observações de Hilgendord e Hyatt, cf. *More Letters*, v.I, p.344-7.

137 Corresponde parcialmente a *The Origin of Species* (1.ed., p.294; 6.ed., p.431).

138 Ibid., 1.ed., p.299; 6.ed., p.437.

Fundamentos de A origem das espécies

foi efetuada *no mesmo país*, e em um tempo muito *mais curto* do que seria provável em um estado selvagem, de modo que ambas as contingências são altamente favoráveis para que os futuros geólogos hipotéticos sejam capazes de rastrear a variação.

Capítulo V
Aparecimento e desaparecimento gradual de espécies[139]

No período terciário, encontramos nos leitos mais superficiais todas as espécies recentes e que ainda vivem nas imediações. Já em leitos mais antigos, encontramos somente espécies recentes e algumas que não vivem nas imediações;[140] em seguida, encontramos leitos com duas, três ou mais espécies extintas ou muito raras para, então, encontrarmos espécies extintas, mas com falhas no aumento regular; por fim, nos leitos mais profundos há apenas duas, três ou nenhuma espécie viva. A maioria dos geólogos acredita que as lacunas na proporção, ou seja, os incrementos repentinos no número de espécies extintas nos estágios do período terciário, devem-se à imperfeição do registro geológico. Somos, portanto, levados a crer que as espécies no sistema terciário foram gradualmente introduzidas, e, por analogia, manter a mesma visão para as formações secundárias. Nesse caso, porém, grupos inteiros de espécies, em geral, apareceriam de repente; no entanto, naturalmente disso resultaria

---

139 Este capítulo corresponde ao capítulo "On the Geological Succession of Organic Beings", de *The Origin of Species* (1.ed., cap.X; 6.ed., cap.XI).

140 *The Origin of Species*, 1.ed., p.312; 6.ed., p.453.

Charles Darwin

que, como argumentado no capítulo anterior, esses depósitos secundários sejam separados entre si por épocas extensas. Além disso, é importante observar que, com o aumento do conhecimento, as falhas entre as formações mais antigas tornam-se cada vez menores e ocorrem cada vez menos; geólogos de alguns anos atrás se lembram de como o sistema devoniano[141] surgiu entre as formações carbonífera e siluriana. Não preciso sequer observar que o aparecimento lento e gradual de novas formas decorre de nossa teoria, pois, para que uma nova espécie se forme, uma antiga não deve apenas ser plástica em sua organização, tornando-se suscetível às mudanças nas condições de sua existência, mas também é preciso que exista [seja feito] um lugar na economia natural do distrito para que ocorra a seleção de alguma nova modificação de sua estrutura, que ficaria mais adequada às condições do entorno do que é para outros indivíduos da mesma ou de outra espécie.[142]

No período terciário, os mesmos fatos que nos levam a admitir a probabilidade de que novas espécies tenham aparecido lentamente também nos levam a admitir que espécies antigas

---

141 Darwin escreveu "Lonsdale" na margem, referindo-se ao artigo de W. Lonsdale, "Notes on the Age of the Limestone of South Devonshire", *Geology Society Transcript*, series 2, v.5, p.721, 1840. De acordo com o sr. H. B. Woodward (*The History of the Geological Society of London*, 1907, p.107), "A sugestão importante e original de Lonsdale quanto à existência de um tipo intermediário de fósseis do Paleozoico, desde então chamado de Devoniano", levou a uma mudança que foi "a maior já realizada em uma época na classificação de nossas formações inglesas". As citações do sr. Woodward são de Murchison e Buckland.

142 Melhor começar com isso. Se as espécies, após as catástrofes, foram realmente criadas sob as chuvas que incidiram no mundo, minha teoria é falsa. (N. A.) <Na passagem referida, o autor obviamente está próximo de sua teoria da divergência.>

Fundamentos de A origem das espécies

desapareceram da mesma maneira; não várias em conjunto, mas uma após a outra. Por analogia, induz-se também que essa crença pode ser estendida às épocas secundária e paleozoica. Em alguns casos, como a subsidência de uma região plana, o rompimento ou a união de um istmo, ou a invasão repentina de muitas espécies novas e destrutivas, a extinção pode ser localmente repentina. A visão, alimentada por muitos geólogos, de que cada fauna de cada época secundária foi repentinamente destruída em todo o mundo, de modo que nenhuma sucessão poderia ser deixada para a produção de novas formas, é subversiva de minha teoria, mas não vejo qualquer fundamento para admitir esse ponto de vista. Pelo contrário, a lei, criada por observadores independentes com referência a épocas distintas, que prescreve que quanto mais ampla a distribuição geográfica de uma espécie, mais longa é sua duração no tempo, parece ser inteiramente oposta a qualquer extermínio universal.[143] Considerando que, embora sejam ambos aquáticos, espécies de animais mamíferos e peixes são renovados observando uma taxa mais rápida do que ocorre com os moluscos, e, entre esses últimos, os gêneros terrestres são renovados mais rapidamente do que os marinhos, e, considerando que os moluscos marinhos são renovados novamente de forma mais rápida do que os infusórios, tudo parece mostrar que a extinção e renovação de espécies não depende de catástrofes gerais, mas das relações particulares das várias classes com as condições a que estão expostas.[144]

---

143 O autor escreveu "d'Archiac, Forbes, Lyell" ao lado dessa passagem.

144 Essa passagem, para a qual os nomes de Lyell, Forbes e Ehrenberg são mencionados como autoridades, corresponde, em parte, à discussão que começa em *The Origin of Species* (1.ed., p.313 *ss.*; 6.ed., p.454 *ss.*).

Alguns autores parecem considerar o fato de algumas espécies terem sobrevivido[145] em meio a uma série de outras formas extintas (como é o caso de uma tartaruga e de um crocodilo entre o enorme número de fósseis extintos do sub-Himalaia) como elemento fortemente oposto à tese de que as espécies são mutáveis. Esse seria o caso, sem dúvida, se tivéssemos, assim como Lamarck, pressuposto que há alguma tendência inerente à mudança e ao desenvolvimento em todas as espécies, suposição para a qual não vejo nenhuma evidência. Como atualmente observamos algumas espécies adaptadas a ampla gama de condições, podemos supor que tais espécies sobreviveriam inalteradas e inacabadas por um longo tempo; tempo, em geral, tomado como ideia correlativa a causas geológicas e a mudanças nas condições. É de difícil explicação, porém, como atualmente uma espécie se adapta a ampla variedade de condições, enquanto outra espécie adapta-se apenas a uma restrita.

Extinção de espécies

Como imaginamos que conhecemos melhor as condições de existência dos quadrúpedes maiores, a extinção dessas espécies foi considerada um pouco menos surpreendente do que o aparecimento de novas espécies, algo que, penso eu, conduziu, principalmente, à crença em catástrofes universais. Ao considerarmos o surpreendente desaparecimento — em um período tardio, quando conchas recentes viviam — de numerosos mamíferos grandes e pequenos da América do Sul, somos forte-

---

145 Darwin cita Falconer como autoridade (cf. *The Origin of Species*, 1.ed., p.313; 6.ed., p.454).

Fundamentos de A origem das espécies

mente induzidos a nos juntarmos aos catastrofistas. Acredito, porém, que pontos de vista errados sustentam-se nesse tema. Até onde historicamente se sabe, o desaparecimento de espécies de qualquer país tem sido lento – as espécies tornam-se cada vez mais raras, localmente extintas, para serem, por fim, perdidas.[146] Pode-se objetar que isso tenha sido efetuado pela agência direta do homem, ou por sua agência indireta na alteração do estado de uma região; neste último caso, entretanto, seria difícil traçar qualquer distinção adequada entre a agência humana e as naturais. Mas agora sabemos que, nos depósitos posteriores do Terciário, as conchas tornam-se cada vez mais raras nas camadas sucessivas até, finalmente, desaparecerem: conchas comuns em um estado fóssil, supostamente extintas, também foram encontradas como espécies ainda vivas, mas muito *raras*.[147] Se a regra é que os organismos desapareçam tornando-se cada vez mais raros, não devemos ver sua extinção, mesmo no caso dos quadrúpedes maiores, como algo surpreendente e fora do comum no curso dos eventos. Nenhum naturalista acha maravilhoso que uma espécie de um gênero seja rara e outra abundante, embora ele seja totalmente incapaz de explicar as causas da raridade comparativa.[148] Por que uma espécie de carriça, falcão ou pica-pau é comum na Inglaterra e outra é

---

146 A discussão corresponde, aproximadamente, à de *The Origin of Species* (1.ed., p.317; 6.ed., p.458).

147 É o caso da *Trigonia*, grande gênero de conchas do Secundário que sobreviveu por meio de uma única espécie nos mares australianos. O exemplo é mencionado em *The Origin of Species* (1.ed., p.321; 6.ed., p.463).

148 Este ponto, que recebeu muita ênfase, é discutido em *The Origin of Species* (1.ed., p.319; 6.ed., p.461).

213

Charles Darwin

extremamente rara? Por que no Cabo da Boa Esperança uma espécie de rinoceronte ou antílope é muito mais abundante do que outras espécies? Por que, novamente, a mesma espécie é muito mais abundante em um distrito de um país do que em outro? Sem dúvida, existem boas razões para cada caso, mas elas são desconhecidas e imperceptíveis para nós. Não podemos, então, inferir com segurança que, como *não percebemos* certas causas que agem ao nosso redor, causas que tornam comum uma espécie, enquanto outras tornam-se extremamente raras, podem igualmente levar à extinção de algumas espécies sem que percebamos? Devemos sempre ter em mente que há uma luta recorrente pela vida em todo organismo, e que, em cada região, uma agência destruidora está sempre compensando a tendência de crescimento geométrico de todas as espécies, ainda que não sejamos capazes de afirmar com certeza em que período da vida, ou em que período do ano, a destruição ocorre de forma mais intensa. Esperamos, então, traçar os passos pelos quais esse poder destruidor, sempre em ação e pouco percebido por nós, cresce e, caso conduza a um crescimento muito lento (sem que a fertilidade das espécies em questão seja igualmente aumentada), diminui o número médio de indivíduos dessa espécie até que ela, enfim, seja perdida. Posso dar um único exemplo de um caso de extermínio local que pode ter escapado à descoberta:[149] o cavalo, embora se multiplique em estado selvagem em La Plata, e também sob condições aparentemente mais desfavoráveis nas planícies queimadas e sazonalmente inundadas de Caracas, não se estende, além de certo grau de latitude, pelas terras intermediárias do Paraguai.

---

149 Ibid., 1.ed., p.72; 6.ed., p.89.

Fundamentos de A origem das espécies

Isso se deve a uma mosca que deposita seus ovos no umbigo dos potros; como, porém, o homem com um *pouco* de cuidado pode criar cavalos domesticados no Paraguai *abundantemente*, o problema de sua extinção provavelmente se complica pela maior exposição do cavalo selvagem à fome ocasional das secas, ataques de onças e outros males semelhantes. Nas Ilhas Malvinas, a perda dos potros que ainda mamam[150] é obstáculo ao *aumento* do cavalo selvagem, pois os garanhões compelem as éguas a viajarem por pântanos e rochas em busca de alimento. Caso o pasto nessas ilhas diminua, talvez o cavalo deixe de existir em estado selvagem, não por falta de comida, mas pela impaciência dos garanhões, que incitam as éguas a viajar enquanto os potros são muito jovens.

Baseado em nosso conhecimento mais íntimo dos animais domésticos, não podemos conceber sua extinção sem alguma ação manifesta. Esquecemo-nos de que eles, sem dúvida, em estado de natureza (no qual outros animais estão prontos para ocupar seu lugar), sofrerão os efeitos de uma ação destruidora em algum momento de sua vida, mantendo seu número em média constante. Se o boi fosse conhecido apenas como uma espécie selvagem da África do Sul, não deveríamos nos surpreender se soubéssemos que era uma espécie muito rara, e que essa raridade seria uma etapa de sua extinção. Sobre o homem, infinitamente mais conhecido do que qualquer outro habitante deste mundo, quão impossível é, sem cálculos estatísticos, julgar as proporções de nascimento e morte, a duração da vida, o aumento e diminuição de população, e, ainda mais difícil, julgar as causas dessas mudanças: no entanto, como

---

150 Esse caso não aparece em *The Origin of Species*.

Charles Darwin

repetido tantas vezes, é a diminuição de indivíduos ou a raridade que parece ser o caminho para a extinção. Surpreender-se com o extermínio de uma espécie parece-me ser o mesmo que saber que a doença é o caminho para a morte – olhar para a doença como um acontecimento comum, mas concluir, quando o doente morre, que sua morte foi causada por alguma agência desconhecida e violenta.[151]

Adiante, mostraremos que, via de regra, grupos de espécies aparentadas[152] aparecem e desaparecem gradativamente, um após o outro, da face da Terra, assim como os indivíduos de uma mesma espécie. Então, esforçar-nos-emos para mostrar a provável causa desse fato notável.

Capítulo VI
Da distribuição geográfica de seres orgânicos no passado e no presente

Por uma questão de conveniência, dividirei este capítulo em três seções.[153] Primeiramente, quanto ao nosso objetivo, ten-

---

151 Frase quase idêntica aparece em *The Origin of Species* (1.ed., p.320; 6.ed., p.462).

152 Ibid., 1.ed., p.316; 6.ed., p.457.

153 Correspondem a "On Geographical Distribution" de *The Origin of Species* (1.ed., cap.XI-XII; 6.ed., cap.XII-XIII). Há sinais de que esses capítulos eram originalmente unidos, pois o resumo serve para ambos. O elemento geológico não é tratado de forma separada, nem há seção distinta quanto a "até que ponto essas leis estão de acordo com a teoria etc.".
Nesta parte do manuscrito, o autor escreveu na margem: "Se a mesma espécie aparecer em dois lugares ao mesmo tempo, isso será fatal para minha teoria". Cf. ibid., 1.ed., p.352; 6.ed., p.499.

Fundamentos de A origem das espécies

tarei estabelecer as leis da distribuição dos seres existentes; na segunda seção, as leis da extinção; e, na terceira, considerarei até que ponto essas leis estão de acordo com a teoria que estabelece que espécies aparentadas possuem descendência comum.

Primeira seção
Distribuição dos habitantes nos diferentes continentes

Na discussão a seguir, irei me referir principalmente aos mamíferos terrestres, pois são mais conhecidos, possuem diferenças fortemente acentuadas nas regiões em que se encontram e, especialmente, como os meios necessários para seu transporte são mais difíceis, é menos provável que surja uma confusão causada pelo homem após o transporte acidental de uma espécie de um distrito para outro. Sabe-se que todos os mamíferos (assim como todos os outros organismos) são unidos por um grande sistema, mas as diferentes espécies, gêneros e famílias de uma mesma ordem habitam diferentes partes do globo. Se dividirmos a parte terrestre[154] em duas, a partir da quantidade de diferenças e desconsiderando o número de mamíferos terrestres que as habitam, teremos primeiramente a Austrália, incluindo a Nova Guiné, e, em segundo lugar, o resto do mundo; se a divisão for tripla, teremos a Austrália, a América do Sul e o resto do mundo. Devo observar que a América do Norte é, em alguns aspectos, terra neutra, por possuir algumas formas sul-americanas, mas creio que esteja mais intimamente ligada (como certamente é o caso de seus

---

154 Essa divisão da superfície terrestre em regiões não aparece na primeira edição de *The Origin of Species*.

Charles Darwin

pássaros, plantas e conchas) com a Europa. Se nossa divisão fosse quádrupla, deveríamos ter Austrália, América do Sul, Madagascar (embora habitada por poucos mamíferos) e as terras restantes; se quíntupla, a África, especialmente suas partes ao sul do leste, teria que ser separada do resto do mundo. Essas diferenças entre os mamíferos habitantes das principais divisões do globo terrestre não podem, como se sabe, ser explicadas pelas diferenças correspondentes às suas condições;[155] o quanto assemelham-se certas partes da América tropical e da África, onde, consequentemente, encontramos algumas semelhanças *análogas* — ambos têm macacos, grandes felinos, grandes lepidópteros, grandes besouros comedores de esterco, palmeiras e epífitas. No entanto, a diferença essencial entre suas produções é tão grande quanto a diferença entre as planícies áridas do Cabo da Boa Esperança e as savanas cobertas de grama de La Plata.[156] Considere a distribuição de Marsupialia, animais eminentemente característicos da Austrália, e, em menor grau, da América do Sul: quando refletimos que os animais desta divisão alimentam-se de matéria animal e vegetal e frequentam as planícies e montanhas secas ou arborizadas da Austrália, as florestas úmidas e impenetráveis da Nova Guiné e do Brasil, as secas montanhas rochosas do Chile e as planícies relvadas da Banda Oriental do Uruguai, devemos olhar para alguma outra causa,

---

155 Ibid., 1.ed., p.346; 6.ed., p.493.

156 Do lado oposto a esta passagem está escrito "não botanicamente", com a letra de *sir* J. D. Hooker. A palavra *palmeiras* é sublinhada três vezes e seguida por três pontos de exclamação. A seguinte nota explicativa é acrescentada na margem: "singular escassez de palmeiras e epífitas na África tropical comparada com a América tropical e Índia. Ou." < = Índias Orientais.>

Fundamentos de A origem das espécies

além da natureza do país, para explicar sua ausência na África e em outras partes do mundo.

Além disso, pode-se observar que *todos* os organismos que habitam uma região não estão perfeitamente adaptados a ela,[157] ou seja, por não estarem perfeitamente adaptados, apenas alguns poucos outros organismos podem, em geral, ser mais bem adaptados ao local do que alguns dos nativos. Devemos admitir isso quando consideramos o enorme número de cavalos e gado que viveram em estado selvagem durante os três últimos séculos nas partes desabitadas de Santo Domingo, Cuba e América do Sul e que devem ter suplantado alguns dos indivíduos nativos. Eu também poderia aduzir o mesmo fato à Austrália, mas talvez se objete que trinta ou quarenta anos não foi período suficiente para testar esse poder de lutar <com> e vencer os aborígenes. Sabemos que o rato europeu expulsou o da Nova Zelândia, assim como o rato da Noruega expulsou uma antiga espécie da Inglaterra. Dificilmente podemos pensar em uma ilha onde plantas introduzidas casualmente não suplantaram algumas das espécies nativas: em La Plata, o cardo cobre léguas quadradas de uma região onde habitavam plantas da América do Sul e a erva daninha mais comum em toda a Índia é uma papoula mexicana. O geólogo ciente de que mudanças lentas estão em andamento, modificando a terra e a água, facilmente perceberá que, mesmo se todos os organismos de qualquer lugar tivessem sido originalmente os mais bem adaptados a ele, isso dificilmente poderia continuar durante eras sucessivas sem extermínio ou mudanças, em primeiro lugar, nos números

---

157 Essa parte corresponde a *The Origin of Species* (1.ed., p.337; 6.ed., p.483).

proporcionais relativos dos habitantes da região e, por fim, em suas constituições e estrutura.

A inspeção de um mapa do mundo mostra que, se separarmos as cinco partes segundo a maior quantidade de diferença nos mamíferos que as habitam, observaremos que as diferenças são mais amplas quando há barreiras[158] pelas quais os mamíferos não podem passar: a Austrália está separada da Nova Guiné e de algumas ilhotas adjacentes apenas por um estreito reduzido e raso, enquanto a Nova Guiné e suas ilhotas adjacentes são isoladas das outras ilhas das Índias Orientais por águas profundas. Devo observar que essas últimas ilhas, que pertencem ao grande grupo asiático, são separadas umas das outras e do continente apenas por águas rasas, e, quando for o caso, podemos supor, a partir de oscilações geológicas de nível, que em geral havia união recentemente. A América do Sul, incluindo a parte sul do México, é separada da América do Norte pelas Índias Ocidentais e pelo grande planalto mexicano, exceto por uma mera margem de florestas tropicais ao longo da costa: é, talvez, por causa dessa margem que a América do Norte possui algumas formas sul-americanas. Madagascar é totalmente isolada. A África também é, em grande parte, isolada, embora se aproxime, por meio de muitos promontórios e linhas mais rasas de mar, da Europa e da Ásia: a África meridional, que possui os mais distintos habitantes mamíferos, separa-se da porção norte pelo Grande Deserto do Saara e pelo planalto da Abissínia. Observamos claramente, ao compararmos a distribuição das produções marinha e terrestre, que a distribuição dos organis-

---

158 Sobre a importância geral das barreiras, cf. *The Origin of Species* (1.ed., p.347; 6.ed., p.494).

Fundamentos de A origem das espécies

mos está relacionada a barreiras que impedem seu progresso. Os animais marinhos são diferentes nos dois lados de terra ocupada pelos mesmos animais terrestres e, portanto, as conchas são totalmente diferentes nos lados opostos das partes temperadas da América do Sul,[159] assim como também o são <?> no Mar Vermelho e no Mediterrâneo. Podemos perceber que a destruição de uma barreira permitiria que dois grupos geográficos de organismos se fundissem e se misturassem, mas a causa original de grupos serem diferentes em lados opostos de uma barreira só pode ser compreendida na hipótese de cada organismo ter sido criado ou produzido em um local ou área, e depois migrado de forma tão ampla quanto seus meios de transporte e de subsistência permitiram.

Relação de disseminação nos gêneros e nas espécies

Em geral,[160] considera-se que, onde um gênero ou grupo abrange quase o mundo inteiro, muitas das espécies que compõem o grupo têm ampla disseminação, e, por outro lado, onde um grupo está restrito a uma região, as espécies que o compõem geralmente estão restritas à região.[161] Entre os mamíferos, os gêneros felinos e caninos são amplamente distribuídos, e muitas das espécies individuais têm grande disseminação [acredito que o gênero Mus, porém, seja forte exceção à regra]. O sr. Gould

---

159 Ibid., 1.ed., p.348; 6.ed., p.495.

160 As mesmas leis parecem governar a distribuição de espécies, gêneros e indivíduos no tempo e no espaço. (N. A.). <Cf. *The Origin of Species* (1.ed., p.350; 6.ed., p.497), e uma passagem no capítulo anterior, p.212.>

161 Ibid., 1.ed., p.404; 6.ed., p.559.

me informa que a regra é aplicável aos pássaros, assim como ao gênero da coruja, que é mundano, além de muitas das espécies amplamente disseminadas. A regra também é aplicável a moluscos terrestres e de água doce, borboletas e, geralmente, a plantas. Como exemplos da regra inversa, sugiro o grupo de macacos confinado à América do Sul, e, entre as plantas, o de cactos confinado no mesmo continente, pois ambas as espécies se espalham, em geral, de maneira limitada. Na teoria comum que defende que cada espécie foi criada separadamente, a causa dessas relações não é óbvia: como muitas espécies aparentadas foram criadas nas principais divisões do mundo, não é possível encontrar nenhuma razão para que várias dessas espécies tenham ampla distribuição; por outro lado, se todas foram criadas na principal parte, espécies do mesmo grupo deveriam ter disseminação restrita. Dessa forma, e provavelmente de muitas outras relações desconhecidas, verifica-se que, mesmo nas mesmas grandes classes de seres, as diferentes divisões do mundo são caracterizadas por meras diferenças nas espécies, gêneros ou mesmo famílias: assim, quanto a gatos, ratos e raposas, a América do Sul diferencia-se da Ásia e da África apenas nas espécies, já quanto a porcos, camelos e macacos, a diferença é genérica ou maior. E, novamente, embora a África meridional e a Austrália possuam mamíferos com diferenças mais amplas do que os mamíferos da África e da América do Sul, as plantas das duas divisões são mais similares (embora, de fato, muito distantes).

Distribuição dos habitantes no mesmo continente

Se olharmos agora para a distribuição dos organismos em qualquer uma das principais partes do mundo, veremos que

Fundamentos de A origem das espécies

ela se divide em muitas regiões, com todas ou quase todas as suas espécies distintas entre si, mas compartilhando um caráter comum. Essa similaridade de tipo nas subdivisões de uma grande região é tão bem conhecida quanto a dissimilaridade dos habitantes de várias grandes regiões, no entanto essa importante questão não recebe a devida atenção. Por exemplo, considerando África e América do Sul, se formos do sul ao norte,[162] ou da planície ao planalto, ou de uma parte úmida a outra mais seca, encontraremos espécies totalmente diferentes daqueles gêneros ou grupos que caracterizam o continente sobre o qual estamos passando. Podemos observar claramente nessas subdivisões, assim como nas divisões principais, que as sub-barreiras segmentam diferentes grupos de espécies, embora os lados opostos dessas sub-barreiras talvez possuam quase o mesmo clima e sejam muito similares em outros aspectos; como ocorre nos lados opostos da Cordilheira do Chile e, em menor grau, nos das Montanhas Rochosas. Desertos, braços do mar e até rios formam barreiras, e o simples espaço ocupado parece ser suficiente em vários casos: a Austrália Oriental e a Ocidental, com a mesma latitude e com clima e solos muito semelhantes, mal têm plantas, animais ou pássaros em comum, embora todos pertençam aos gêneros peculiares que caracterizam a Austrália. Em suma, é impossível explicar as diferenças dos habitantes, seja das principais divisões do mundo, seja das subdivisões, pelas diferenças em suas condições físicas e pela adaptação de seus habitantes. Outra causa deve intervir.

Podemos observar que a destruição de barreiras secundárias faria que duas subdivisões se misturassem (como observado

---

162 Ibid., 1.ed., p.349; 6.ed., p.496.

anteriormente no caso das divisões principais), e podemos apenas supor que a diferença original entre espécies de lados opostos das sub-barreiras ocorre devido à criação ou produção de espécies em áreas distintas, a partir das quais elas se deslocaram até serem presas por tais barreiras. No entanto, embora isso esteja muito claro até agora, perguntamo-nos por que, quando espécies de uma mesma divisão principal foram criadas em lados opostos de uma sub-barreira, ambas expostas a condições semelhantes e a influências muito diferentes (como em extensões de alpes e de planície, solos áridos e úmidos, e climas frios e quentes), elas invariavelmente formaram um tipo semelhante e esse tipo foi confinado a este único local? Por que um avestruz[163] produzido nas partes meridionais da América se formou como a espécie americana, em vez da africana ou australiana? Por que, quando animais semelhantes a lebres e coelhos foram formados para viver nas savanas de La Plata, eles formaram um tipo peculiar de roedor da América do Sul, em vez do autêntico[164] tipo de lebre da América do Norte, Ásia e África? Por que quando roedores invasores e animais semelhantes a camelos se formaram para ocupar a Cordilheira, eles foram formados a partir do mesmo tipo[165] de seus representantes nas planícies? Por que ratos e muitos pássaros de espécies diferentes de lados opostos da Cordilheira, mas expostos a um clima e solo muito semelhantes, foram criados conforme o mesmo

---

163 O caso do avestruz (*Rhea*) aparece em *The Origin of Species* (1.ed., p.349; 6.ed., p.496).

164 Há uma lebre na América do Sul – exemplo muito ruim. (N. A.)

165 Cf. ibid., 1.ed., p.349; 6.ed., p.497.

Fundamentos de A origem das espécies

tipo peculiar sul-americano? Por que as plantas na Austrália Oriental e na Ocidental, embora totalmente diferentes como espécies, se formaram nos mesmos tipos australianos peculiares? A generalidade da regra, em tantos lugares e sob circunstâncias tão diferentes, torna-a altamente notável e parece exigir alguma explicação.

Faunas insulares

Se olharmos para o caráter dos habitantes de pequenas ilhas,[166] encontraremos similaridades entre as faunas situadas próximas a uma terra vizinha e a desta terra vizinha,[167] enquanto partes da ilha que estão a uma distância considerável de outras terras muitas vezes possuem fauna quase inteiramente peculiar. O Arquipélago de Galápagos[168] é exemplo notável deste último fato: quase todas as aves, répteis, seu único mamífero, conchas terrestres e marinhas, e até peixes e a maioria das plantas, são espécies peculiares e distintas, não encontradas em qualquer outra parte do mundo. Mas, embora situada à distância entre 800 e 965 quilômetros da costa sul-americana, é impossível olhar para grande parte da sua fauna,

---

166 Para o problema geral das Ilhas Oceânicas, cf. *The Origin of Species* (1.ed., p.388; 6.ed., p.541).

167 Esta é uma ilustração da teoria geral das barreiras; cf. *The Origin of Species* (1.ed., p.347; 6.ed., p.494). No mesmo livro, mais adiante (1.ed., p.391; 6.ed., p.544), a questão é discutida pelo ponto de vista dos meios de transporte. Nas entrelinhas, acima das palavras "desta terra vizinha", o autor escreveu "Anteriormente unidas, motivo que ninguém duvida depois de Lyell".

168 Ibid., 1.ed., p.390; 6.ed., p.543.

especialmente as aves, sem imediatamente perceber que são do tipo americano.[169] Consequentemente, os grupos de ilhas assim circunscritos formam somente pequenas, porém bem definidas, subdivisões das divisões geográficas maiores. Este fato, no entanto, é muito mais impressionante: em primeiro lugar, por tomarmos o Arquipélago de Galápagos como exemplo, devemos estar convencidos, visto que as ilhas são totalmente vulcânicas e cheias de crateras, que, em sentido geológico, o todo é de origem recente se comparado a um continente, e, como as espécies são quase todas peculiares, devemos concluir que, no mesmo sentido, elas surgiram recentemente no local. Além disso, embora a natureza do solo e, em menor grau, o clima, sejam muito diferentes se comparados à parte mais próxima da costa sul-americana, observamos que os habitantes dessas regiões se formaram a partir de um tipo estreitamente parecido. Por outro lado, no que diz respeitos às condições físicas, essas ilhas são intimamente semelhantes ao grupo vulcânico de Cabo Verde, e, no entanto, as espécies desses dois arquipélagos são totalmente diferentes. O grupo de Cabo Verde,[170] ao qual se somam as Ilhas Canárias, possuem habitantes (muitos dos quais são espécies peculiares) parecidos aos do litoral da África e do sul da Europa, exatamente da mesma forma que os habitantes do Arquipélago de Galápagos em relação à América. Vemos aqui claramente que a simples proximidade geográfica afeta, mais do que qualquer relação de adaptação, o caráter das espécies. Quantas ilhas do

---

169 Cf. ibid., 1.ed., p.397; 6.ed., p.552.

170 Os arquipélagos de Cabo Verde e Galápagos são comparados em *The Origin of Species* (1.ed., p.398; 6.ed., p.553). Cf. também *Journal of Researches* (1860, p.393).

Fundamentos de A origem das espécies

Pacífico possuem condições físicas muito mais semelhantes à ilha de Juan Fernandez do que esta em relação à costa do Chile, a quase 400 quilômetros de distância; por que então, exceto por mera proximidade, a ilha sozinha deveria ser ocupada por duas espécies muito peculiares de beija-flores, forma de pássaro tão exclusivamente americana? Podemos citar ainda inúmeros outros casos semelhantes.

O Arquipélago de Galápagos oferece outro exemplo, ainda mais notável, da classe de fatos que consideramos aqui. A maioria de seus gêneros são, como já dissemos, americanos, muitos deles terrestres ou encontrados em toda parte, e alguns estão totalmente ou quase totalmente confinados a esse arquipélago. As ilhas possuem composições absolutamente semelhantes, estão expostas ao mesmo clima e a maioria delas está à vista uma da outra. No entanto, várias delas são habitadas por espécies peculiares (ou talvez, em alguns casos, apenas por variedades) de alguns dos gêneros que caracterizam o arquipélago, de modo que o pequeno grupo das ilhas de Galápagos tipifica e segue as mesmas leis de distribuição de seus habitantes, assim como um grande continente. Como é maravilhoso que duas ou três espécies muito semelhantes, porém distintas, de tordo[171] podem ter surgido em três ilhas vizinhas e absolutamente semelhantes, e que essas três espécies possam estar intimamente relacionadas a outras espécies que habitam climas totalmente distintos e regiões diferentes da América, e somente

---

171 Em *The Origin of Species* (1.ed., p.390), um ponto forte está no fato de que pássaros que imigraram "com facilidade e em corpo" não sofreram modificações. Assim o autor explica a pequena porcentagem de "pássaros marinhos" peculiares.

na América. Não se observou até agora nenhum caso tão notável quanto o do Arquipélago de Galápagos, e a diferença entre as diferentes ilhas talvez possa ser parcialmente explicada pela profundidade do mar entre elas (mostrando que não poderiam ter sido unidas em períodos geológicos recentes), pelas correntes marítimas que as cortam *diretamente*, pela raridade de tempestades de vento, o que significa que sementes podem ser levadas ou espalhadas e pássaros podem se locomover de uma ilha para outra. Existem, no entanto, alguns fatos semelhantes: diz-se que ilhas vizinhas, embora diferentes, do arquipélago das Índias Orientais são habitadas por algumas espécies diferentes do mesmo gênero, e algumas das ilhas de Sandwich do Sul têm, cada uma, suas espécies peculiares de um mesmo gênero de plantas.

Ilhas muito isoladas nos oceanos intertropicais geralmente têm floras singulares e se relacionam, ainda que timidamente, ao continente mais próximo (é o caso de Santa Helena,[172] onde quase todas as espécies são distintas): as plantas do arquipélago de Tristão da Cunha, creio eu, relacionam-se com as plantas africanas e sul-americanas por causa dos gêneros ao qual pertencem, não por possuírem espécies em comum.[173] As floras das numerosas ilhas espalhadas pelo Pacífico estão relacionadas entre si e com todos os continentes circundantes, mas já se afirmou que elas possuem caráter mais indo-asiático do

---

172 "As afinidades da flora de Santa Helena são fortemente sul-africanas." Hooker, "Lecture on Insular Floras", *Gardeners' Chronicle*, jan. 1867.

173 É impossível decifrar a forma que o autor pretendia dar a essa frase, mas o sentido é claro.

Fundamentos de A origem das espécies

que americano.[174] Trata-se de algo notável, já que a América está mais próxima de todas as ilhas orientais, além de estar na direção dos ventos alísios e das correntes predominantes; por outro lado, todos os vendavais mais fortes vêm do lado asiático. Porém, mesmo com a ajuda desses vendavais, a teoria comum da criação não justifica de forma óbvia como a possibilidade de migração explica o caráter asiático das plantas do Pacífico (e não supomos a extrema improbabilidade de que cada espécie com caráter indo-asiático realmente viajou a partir das costas asiáticas, onde essas espécies não existem mais). Como antes observado, isso não é mais óbvio do que a ideia de que deveria existir uma relação entre a criação de espécies estreitamente parecidas em várias regiões do mundo, e o fato de muitas dessas espécies possuírem ampla distribuição. Por outro lado, há o fato de que espécies similares confinadas a uma região do mundo possuem distribuição limitada.

Floras alpinas

Passaremos agora às floras dos cumes das montanhas, muito conhecidas por se diferenciarem das floras das planícies vizinhas. Considerando certas características, como a estatura anã, os pelos etc., as espécies das montanhas mais distantes frequentemente se parecem entre si, e pode-se fazer uma espécie de analogia com, por exemplo, a suculência da maioria das plantas do deserto. Além dessa analogia, as plantas alpinas apresentam

---

174 Isso é, sem dúvida, verdadeiro, porém, a flora de Sandwich tem forte afinidade com as americanas.

fatos eminentemente curiosos em sua distribuição. Em alguns casos, os picos das montanhas, embora imensamente distantes uns dos outros, são revestidos por espécies idênticas,[175] as mesmas que crescem em costas árticas igualmente distantes. Em outros casos, embora poucas ou nenhuma das espécies sejam de fato idênticas, elas estão intimamente relacionadas, enquanto as plantas das planícies que cercam as duas montanhas em questão são totalmente diferentes. No que diz respeito às plantas dos cumes, trata-se de ilhas que se erguem em um oceano de terra onde as espécies alpinas não podem viver, e nenhum meio de transporte possível é conhecido. Esse fato parece diretamente oposto à conclusão tomada a partir da distribuição geral dos organismos tanto nos continentes quanto nas ilhas, a saber, a de que o grau de relacionamento entre os habitantes de dois pontos depende da integridade e da natureza das barreiras entre esses pontos.[176] Acredito, porém, que esse caso anômalo admite, como veremos em breve, alguma explicação. Poderíamos esperar que a flora do cume de uma montanha apresentasse a mesma relação com a flora de um país com planície circundante, assim como ocorre com a parte isolada de um continente em relação ao todo, ou com uma ilha separada do continente por um amplo espaço de mar. De fato, é o caso das plantas que revestem os cumes de *algumas* montanhas particularmente isoladas, por exemplo, nas montanhas de Caracas, da Terra de Van Dieman e

---

175 Cf. *The Origin of Species*, 1.ed., p.365; 6.ed., p.515. Essa discussão foi escrita antes da publicação do celebrado artigo de Forbes sobre o mesmo tema; cf. *Life and Letters*, v.I, p.88.

176 O aparente colapso da doutrina das barreiras é brevemente abordado em *The Origin of Species* (1.ed., p.365; 6.ed., p.515).

Fundamentos de A origem das espécies

do Cabo da Boa Esperança,[177] todas as espécies são peculiares, mas suas formas estão relacionadas às características do continente circundante. Já na Tierra del Fuego e no Brasil, algumas montanhas possuem plantas que, apesar de serem espécies distintas, apresentam formas sul-americanas, enquanto outras são aparentadas ou idênticas às espécies alpinas europeias. Em ilhas onde a flora de planície é distinta, porém parecida, da flora do continente mais próximo, as plantas alpinas, às vezes (ou talvez na maioria das vezes), são eminentemente peculiares e distintas;[178] é esse o caso em Tenerife, e, em menor grau, até mesmo em certas ilhas do Mediterrâneo.

Se todas as floras alpinas se caracterizassem como as das montanhas de Caracas ou da Terra de Van Dieman etc., qualquer explicação possível das leis gerais de distribuição geográfica seria aplicável a elas. Mas os casos aparentemente anômalos que acabamos de citar, como o das montanhas da Europa, de algumas montanhas nos Estados Unidos (dr. Boott) e dos cumes do Himalaia (Royle), que têm muitas espécies em comum com as regiões árticas, e outras espécies que, apesar de não serem idênticas às do Ártico, são estreitamente parecidas, requerem uma explicação à parte. O fato de várias espécies nas montanhas da Tierra del Fuego (e em menor grau nas montanhas do Brasil) não pertencerem a formas americanas, mas a formas europeias, requer também uma explicação separada, apesar de ser um fenômeno bastante remoto.

---

177 Em *The Origin of Species* (1.ed., p.375; 6.ed., p.526), o autor afirma que, nas montanhas do Cabo da Boa Esperança, "são encontradas algumas poucas formas europeias representativas que não foram descobertas nas partes intertropicais da África".

178 Cf. Hooker, "Lecture on Insular Floras", *Gardeners' Chronicle*, jan. 1867.

Charles Darwin

Causa da similaridade entre as floras de algumas montanhas distantes

Podemos seguramente afirmar, considerando o número de icebergs flutuantes e o deslize das geleiras, que toda a Europa central e América do Norte (e talvez Ásia oriental) possuíam clima muito frio há não muito tempo, uma vez que espécies de conchas permaneceram as mesmas. Portanto, é provável que as floras desses distritos fossem iguais à atual flora do Ártico, assim como é o caso, em certo grau, das conchas do mar que então existiam e aquelas que hoje vivem nas costas árticas. Nesse período, as montanhas devem ter se coberto de gelo, como mostram evidências nas superfícies polidas e marcadas por geleiras. Quais seriam, então, os efeitos naturais e quase inevitáveis da mudança gradual para o clima atual, mais temperado?[179] Com o gelo e a neve desaparecendo das montanhas, as plantas recentes das regiões mais temperadas do sul migrariam para o norte, substituindo as plantas árticas, enquanto estas últimas mover-se-iam[180] até as montanhas atualmente descobertas e, do mesmo modo, seriam conduzidas do norte até as atuais costas árticas. Se a flora ártica desse período era praticamente uniforme como a atual, então deveríamos ter as mesmas plantas nos picos das montanhas e nas costas árticas do presente. Por esse ponto de vista, a flora ártica do período deve ter sido bastante extensa, mais ainda do que a atual, porém, considerando que as condições físicas

---

179 O autor escreveu "(Forbes)" na margem, que pode ter sido inserido em uma data posterior a 1844, ou pode se referir a um trabalho de Forbes anterior ao artigo "Alpine".

180 Cf. *The Origin of Species*, 1.ed., p.367; 6.ed., p.517.

Fundamentos de A origem das espécies

eram similares às das terras que beiram o congelamento perpétuo, isso não parece ser uma grande dificuldade. Também não podemos nos aventurar a supor que os quase infinitamente numerosos icebergs, carregados de grandes massas de rochas, terra e *matagal*,[181] muitas vezes conduzidos até o alto de praias distantes, possam ter sido o meio de distribuir de forma ampla as sementes da mesma espécie?

Arrisco apenas mais uma observação. Ao longo da mudança de um clima extremamente frio para outro mais temperado, as condições, tanto nas planícies como nas montanhas, seriam particularmente favoráveis à propagação de quaisquer plantas que vivessem na terra, desde que livres do rigor do inverno perpétuo, pois os lugares não possuiriam habitantes, e não se pode duvidar que a *pré-ocupação*[182] seja o principal obstáculo à disseminação das plantas. Pois, entre muitos outros fatos, como podemos explicar a circunstância de que plantas de lados opostos de um largo rio na Europa oriental sejam tão diferentes, embora constituídas de forma semelhante (como fui informado por Humboldt)? Trata-se de rio através do qual o vento, pássaros e quadrúpedes nadadores muitas vezes transportam sementes, e podemos apenas supor que as plantas do outro lado, que já ocupam o solo e lá livremente semeiam, impedem a germinação de sementes ocasionalmente transportadas.

Praticamente na mesma época em que icebergs transportavam pedregulhos na América do Norte até os 36 graus de lati-

---

181 Talvez a vitalidade seja controlada pelo frio e assim se evita a germinação. (N. A.) <Sobre o transporte de sementes por icebergs, cf. ibid., 1.ed., p.363; 6.ed., p.513.>

182 Aparentemente, uma nota do autor dá a "muitos autores" a autoridade para fundamentar esta declaração.

Charles Darwin

tude ao sul, havia gelo onde agora cresce algodão na América do Sul, nos 42 graus de latitude (lugar atualmente revestido de florestas com característica quase tropical, com árvores com epífitas e entrelaçadas em canas). Não é provável, portanto, que, em alguma coordenada, também nesse período, todas as partes tropicais das duas Américas possuíssem[183] um clima mais temperado (assim como Falconer afirma em relação à Índia)? Nesse caso, as plantas alpinas que pertencem à longa cadeia da Cordilheira teriam descido muito, e uma ampla estrada[184] conectaria as partes da América do Norte e do Sul que estavam então congeladas. À medida que o atual clima sobreveio, as plantas dos distritos que hoje se tornaram temperados e até semitropicais em ambos os hemisférios devem ter sido conduzidas para as regiões árticas e antárticas,[185] e apenas alguns dos pontos mais elevados da Cordilheira podem ter conservado a conexão com a flora anterior. De modo semelhante, a cadeia transversal de Chiquitos pode ter servido, durante o período de ação do gelo, como uma estrada (apesar de quebrada) que conectou e dispersou as plantas alpinas da Cordilheira para os planaltos do Brasil. Pode-se observar que há algumas razões (embora não sejam fortes) para acreditar que mais ou menos nesse mesmo período as duas Américas não estavam tão totalmente divididas como agora estão pelas Índias Ocidentais

---

183 Ao lado dessa passagem, na margem, o autor escreveu: "muito hipotético".

184 A Cordilheira é descrita como algo que ofereceu uma grande linha de invasão em *The Origin of Species* (1.ed., p.378).

185 O tema aproxima-se dos pontos de vista do autor sobre a migração transtropical (cf. ibid., 1.ed., p.376-8). Ver a interessante discussão de Thiselton-Dyer, *Darwin and Modern Science*, p.304.

Fundamentos de A origem das espécies

e pelos planaltos do México. Também observo que a singularidade da grande semelhança que existe entre a vegetação de locais tão distantes, como as planícies das Ilhas Kerguelen[186] e da Tierra del Fuego (Hooker), possa, talvez, ser explicada pela disseminação de sementes durante esse mesmo período frio por meio de icebergs, como mencionado anteriormente.[187]

Finalmente, acho que podemos aceitar com segurança, a partir do raciocínio e dos fatos expostos, que a semelhança anômala na vegetação de certos picos de montanhas muito distantes não é oposta à conclusão da relação íntima que subsiste entre a proximidade no espaço (de acordo com o meio de transporte em cada classe) e o grau de afinidade dos habitantes entre dois países. No caso de várias montanhas muito isoladas, vimos que a lei geral é válida.

Se uma mesma espécie foi criada mais de uma vez

Como uma das principais origens da crença na produção ou criação de espécies contemporaneamente em dois lugares diferentes[188] está no fato de que espécies idênticas de plantas foram encontradas em picos de montanhas muito distantes entre si, discutirei este assunto brevemente aqui. Na teoria comum da criação, não podemos encontrar nenhuma razão para que, em dois picos similares de montanhas, duas espécies similares não

---

186 Cf. Hooker, "Lecture on Insular Floras", *Gardeners' Chronicle*, jan. 1867.
187 A similaridade com a flora das ilhas de coral é facilmente explicada. (N. A.)
188 Sobre centros de criação, cf. *The Origin of Species*, 1.ed., p.352; 6.ed., p.499.

possam surgir. A visão oposta, independentemente de sua simplicidade, é geralmente compreendida por meio de uma analogia da distribuição geral de todos os organismos, a partir da qual (como mostrado neste capítulo) quase sempre concluímos que grandes e contínuas barreiras separam séries distintas, e naturalmente somos levados a supor que essas duas séries foram criadas separadamente. Para considerarmos um ponto de vista mais limitado, observemos um rio, com regiões muitos semelhantes em ambos os lados das margens, sendo que em um deles há diversos exemplares de um determinado animal, enquanto do outro não há nenhum (como ocorre com a viscacha[189] no Plata); nesse caso, somos levados a concluir imediatamente que a viscacha foi produzida em algum ponto ou área do lado oeste do rio. Considerando nossa ignorância sobre as muitas possibilidades de propagação por pássaros (que ocasionalmente viajam por distâncias imensas), por quadrúpedes que engolem sementes e óvulos (como o besouro aquático voador que vomita os ovos de um peixe), e por tornados que lançam sementes e animais em correntes altas e fortes (como no caso de cinzas vulcânicas e chuvas de feno, grãos e peixes),[190] além da possibilidade de espécies terem sobrevivido por curtos perío-

---

189 No *Journal of Researches* (1860, p.124), a distribuição da viscacha é limitada pelo rio Uruguai. O caso não é, eu creio, tratado em *The Origin of Species*.

190 Em *The Origin of Species* (1.ed., p.356; 6.ed., p.504), uma seção especial é dedicada aos "meios de dispersão". O grande destaque dado a esse assunto no livro é parcialmente explicado pelos experimentos posteriores do autor, que ocorreram por volta de 1855 (*Life and Letters*, v.II, p.53). O transporte de peixes por tornados é mencionado em *The Origin of Species* (1.ed., p.384; 6.ed., p.536).

Fundamentos de A origem das espécies

dos em locais intermediários e posteriormente se extinguido;[191] considerando também nosso conhecimento sobre as grandes mudanças que *têm* ocorrido desde a subsidência e elevação na superfície da Terra, e nossa ignorância sobre mudanças ainda maiores que *possam ter* ocorrido, é preciso que sejamos cuidadosos ao admitirmos a probabilidade de criações em dobro. No caso das plantas no topo das montanhas, creio que mostrei como, nas condições antigas do hemisfério norte, elas seriam quase necessariamente tão similares quanto são as plantas das atuais costas árticas, algo que deve ser uma lição de cautela.

No entanto, o argumento mais forte contra a teoria das criações duplas está no caso dos mamíferos[192] cujos meios de distribuição estão mais à vista, tanto por sua natureza quanto pelo tamanho de sua prole. Não temos exemplos de uma mesma espécie que seja encontrada em localidades *muito distantes*, exceto onde há uma faixa contínua de terra: a região do Ártico talvez seja a exceção mais evidente, e sabemos que nesse caso os animais foram transportados pelos icebergs.[193] Casos de menor dificuldade podem ter explicação mais ou menos simples, e darei apenas um exemplo: as nútrias,[194] creio eu, vivem exclu-

---

191 O caso das ilhas utilizadas como pontos de parada aparece em *The Origin of Species* (1.ed., p.357; 6.ed., p.505). Aqui se supõe que a perda da evidência desse caso ocorreu após a subsidência das ilhas, não simplesmente após a extinção das espécies.

192 "[...] o que explica por que não há casos de um mesmo mamífero que habite partes distantes do mundo" (ibid., 1.ed., p.352; 6.ed., p.500; cf. também ibid., 1.ed., p.393; 6.ed., p.547).

193 Muitos autores. (N. A.) <Cf. ibid., 1.ed., p.394; 6.ed., p.547.>

194 *Nutria* é o nome espanhol para lontra, atualmente também sinônimo de *lutra*. A lontra da costa atlântica diferencia-se das espécies do Pacífico por traços mínimos. Ambas as formas as conduzem ao mar. De fato, o caso não apresenta dificuldades especiais.

sivamente em rios de água doce na costa oriental da América do Sul, e fiquei muito surpreso ao ver que elas mergulhavam em riachos, muito afastados, na costa da Patagônia. Na costa oposta, porém, encontrei esses quadrúpedes vivendo exclusivamente no mar e, portanto, a migração da espécie ao longo da costa da Patagônia não surpreende. Não há nenhum caso de um mesmo mamífero encontrado em uma ilha distante do litoral e no continente, como acontece com as plantas.[195] Quanto à ideia de criações duplas, seria estranho se mesmas espécies de plantas tivessem sido criadas na Austrália e na Europa, porém nenhum exemplar de uma mesma espécie de mamífero tenha sido criado ou existiu de forma nativa em dois locais tão distantes e igualmente isolados. Nesses casos, é mais filosófico admitir que desconhecemos o meio de transporte, como é o caso de algumas plantas encontradas na Austrália e na Europa. Vou mencionar somente outro caso, o do Midas,[196] um animal alpino, encontrado apenas nos picos distantes das montanhas de Java: quem irá negar que durante o período de gelo dos hemisférios norte e sul, época em que a Índia era um lugar mais frio, o clima poderia ter permitido que esse animal buscasse um lugar de altitude mais baixa e, assim, tivesse passado pelas cordilheiras de cume em cume? O sr. Lyell ainda observou

---

195 Em *The Origin of Species* (1.ed., p.394; 6.ed., p.548), a exceção dos morcegos à regra é justificada.

196 A referência é, sem dúvida, ao *Mydaus*, um animal semelhante a um texugo das montanhas de Java e Sumatra (Wallace, *Geographical Distribution of Animals*, v.2, p.199). O exemplo não é mencionado em *The Origin of Species*, mas o autor observa (1.ed., p.376; 6.ed., p.527) que casos estritamente análogos à distribuição de plantas também ocorrem entre os mamíferos terrestres.

Fundamentos de A origem das espécies

que, *assim como as coisas são no espaço e no tempo*, não há razão para acreditar que, após a extinção de uma espécie, a mesma forma idêntica possa reaparecer.[197] Creio, então, não obstante os muitos casos de dificuldade, que podemos concluir, com certa confiança, que todas as espécies foram criadas ou produzidas em um único lugar ou área.

Do número de espécies e das classes às quais elas pertencem em diferentes regiões

O último fato da distribuição geográfica, que, até onde posso ver, diz respeito à origem das espécies de certa forma, está relacionado ao número absoluto e à natureza dos seres orgânicos que habitam diferentes extensões de terra. Embora todas as espécies sejam admiravelmente adaptadas ao país e ao *habitat* que frequentam (mas não necessariamente mais bem adaptadas do que todas as outras espécies, como visto por meio do grande aumento de espécies introduzidas), mostrou-se que a totalidade da diferença entre as espécies de países distantes não pode ser explicada pela diferença das condições físicas desses locais. Da mesma maneira, creio eu, nem o número das espécies, nem a natureza das grandes classes a que pertencem, podem ser integralmente explicados pelas condições de seu país. A Nova Zelândia,[198] uma ilha linear que se estende por cerca de 1.100 quilômetros de latitude, com florestas, pântanos, planícies e montanhas que quase alcançam a eterna neve, tem muito mais

---

197 Ibid., 1.ed., p.313; 6.ed., p.454.
198 A comparação entre Nova Zelândia e o Cabo da Boa Esperança está em *The Origin of Species* (1.ed., p.389; 6.ed., p.542).

habitats diversificados do que uma área equivalente em tamanho no Cabo da Boa Esperança. No entanto, creio eu, no Cabo da Boa Esperança existem de cinco a dez vezes mais espécies de plantas fanerógamas do que em toda a Nova Zelândia. Considerando a teoria das criações absolutas, por que essa grande e diversificada ilha deveria ter apenas de 400 a 500 (Dieffenbach?) plantas fanerógamas? Por que, diante da uniformidade de sua paisagem, o Cabo da Boa Esperança é repleto de espécies de plantas, mais do que provavelmente qualquer outro quadrante do mundo? Considerando a teoria comum, por que as Ilhas Galápagos são repletas de répteis terrestres? E por que muitas ilhas de tamanhos iguais no Pacífico têm apenas uma, duas, ou mesmo nenhuma espécie?[199] Por que a grande ilha da Nova Zelândia não tem nenhum quadrúpede mamífero exceto o camundongo, provavelmente introduzido pelos aborígenes? Por que nenhuma ilha no mar aberto não possui um quadrúpede mamífero (acredito ser possível mostrar que os mamíferos das ilhas Maurício e de Santiago foram introduzidos)? Que não se diga que quadrúpedes não podem viver em ilhas, pois sabemos que cavalos, porcos e gado, durante um longo período, eram animais selvagens nas Índias Ocidentais e nas Ilhas Malvinas, além dos porcos em Santa Helena, cabras no Taiti, burros nas Canárias, cães em Cuba, gatos na ilha de Ascensão, coelhos na Madeira e nas Malvinas, macacos na ilha de Santiago e Maurício, elefantes, que durante muito tempo habitaram uma das muito pequenas ilhas Sulu,

---

199 Na discussão correspondente em *The Origin of Species* (1.ed., p.393; 6.ed., p.546), o destaque é dado à distribuição dos batráquios (anfíbios), não dos répteis.

Fundamentos de A origem das espécies

além dos ratos europeus, presentes em muitas das pequenas ilhas que estão distantes das habitações humanas.[200] Também não devemos presumir que quadrúpedes sejam criados mais lentamente e que, portanto, as ilhas oceânicas, que geralmente são de formação vulcânica, têm origem muito recente para possuí--los, pois sabemos (Lyell) que novas formas de quadrúpedes se sucedem mais rapidamente do que Mollusca ou Reptilia. Também não podemos presumir (embora esse pressuposto não seja uma explicação) a impossibilidade da criação de quadrúpedes em pequenas ilhas, pois as que não estão no meio do oceano possuem seus quadrúpedes peculiares: muitas das menores ilhas do arquipélago das Índias Orientais possuem quadrúpedes, como a raposa semelhante a um lobo[201] das Malvinas, um rato peculiar do tipo sul-americano nas Ilhas Galápagos, além dos quadrúpedes da ilha Fernando Pó* na costa oeste da África. Os casos da raposa e do rato das Malvinas e Galápagos são os mais notáveis que conheço, visto que as ilhas estão distantes de outras terras. É possível que o rato de Galápagos tenha sido levado por algum navio da costa da América do Sul (embora a espécie seja atualmente desconhecida lá), pois o animal nativo logo passou a perseguir as posses do homem, como observei no telhado de um galpão recém-construído em um país deserto ao sul do Prata. Em certo sentido, pode-se considerar que as Ilhas Malvinas, embora localizadas a aproximadamente 500 quilômetros de distância da costa da América do Sul, estão intima-

---

200 De forma mais breve do que aqui, o argumento é exposto em *The Origin of Species* (1.ed., p.394; 6.ed., p.547).

201 Cf. ibid., 1.ed., p.393; 6.ed., p.547. A discussão neste Ensaio é mais completa.

* Atual ilha Bioko. (N. T.)

mente ligadas a ela, pois é certo que ao longo dos anos muitos icebergs carregados de pedras ficaram encalhados na costa sul, e velhas canoas que hoje ocasionalmente também ali encalham mostram que as correntes ainda partem da Tierra del Fuego. Este fato, porém, não explica a presença do lobo-das-malvinas (*Canis antarcticus*) na região, a menos que ele tenha vivido no continente e lá posteriormente se extinguido, mas sobrevivido nas ilhas, para onde fora transportado por icebergs (como acontece com seu congênere setentrional, o lobo). No entanto, esse fato remove a anomalia da ilha, aparentemente separada de outras terras, que possui sua própria espécie de quadrúpede, e aproxima o caso aos exemplos de Java e Sumatra, que possuem seu próprio rinoceronte.

Antes de resumir todos os fatos expostos sobre a atual condição dos seres orgânicos nesta seção, e nos esforçarmos para ver até que ponto eles admitem explicação, é conveniente relacionar esses fatos à antiga distribuição geográfica de seres extintos, algo que parece, de todo modo, conectar-se à teoria da descendência.

Segunda seção
Distribuição geográfica de organismos extintos

Afirmei que, se toda parte terrestre do mundo fosse dividida em (digamos) três seções, de acordo com a quantidade de diferença dos mamíferos terrestres que as habitam, teríamos: 1) Austrália e suas ilhas dependentes; 2) América do Sul; 3) Europa, Ásia e África. Se nos voltarmos agora para os mamíferos que habitavam essas três divisões durante o período terciário, iremos constatar que eram quase tão distintos quanto

Fundamentos de A origem das espécies

hoje, além de intimamente relacionados às formas existentes[202] em cada divisão. Este é maravilhosamente o caso dos vários gêneros fósseis de marsupiais nas cavernas de Nova Gales do Sul, e ocorre ainda mais maravilhosamente na América do Sul, onde temos os mesmos grupos de macacos, de um animal semelhante ao atual guanaco, de muitos roedores, do *Didelphis marsupialis*, de tatus e outros Edentata. Esta última família é atualmente característica da América do Sul, e era ainda mais em determinada época do Terciário tardio, como mostram os numerosos e enormes animais da família Megatheriidae, alguns dos quais também eram protegidos por uma armadura óssea como a do tatu, porém em escala gigante. Por fim, na Europa, os restos mortais de veados, bois, ursos, raposas, castores e ratos do campo mostram uma relação com os atuais habitantes da região, enquanto os restos contemporâneos do elefante, rinoceronte, hipopótamo e hiena indicam relação com a grande divisão afro-asiática. Na Ásia, os fósseis de mamíferos do Himalaia (embora misturados com formas extintas na Europa há muito tempo) relacionam-se igualmente às formas existentes da divisão afro-asiática, especialmente aos da Índia. Como os gigantes e já extintos quadrúpedes da Europa naturalmente chamaram mais atenção do que os outros remanescentes menores, a relação entre os habitantes do passado e os atuais mamíferos da Europa ainda não foi suficientemente explorada. No entanto, os atuais mamíferos da Europa são tão afro-asiáticos quanto eram antes, quando a Europa tinha elefantes, rinocerontes etc.; de fato, a Europa nunca possuiu grupos específicos, ao contrário da Austrália e da América do Sul. A extinção

---

202 Ibid., 1.ed., p.339; 6.ed., p.485.

de certas formas peculiares em um quarto do mundo não torna os mamíferos remanescentes dessa divisão menos relacionados à sua própria grande divisão do mundo: embora a Tierra del Fuego possua apenas uma raposa, três roedores e o guanaco, ninguém duvidaria por um minuto <quanto à> classificação desse distrito como sul-americano (pois todos eles pertencem aos tipos da América do Sul, apesar de não serem suas formas mais características). O mesmo ocorre com a Europa,[203] e, até onde se sabe, com a Ásia, pois todos os mamíferos do passado e do presente pertencem à divisão afro-asiática. Também devo acrescentar que, em todo caso, as formas que um país possui são mais importantes na organização geográfica do que as que ele não possui.

Encontramos algumas evidências desse fato geral na relação entre as conchas do período terciário e as recentes, considerando as diferentes divisões principais do mundo marinho.

Essa relação geral e mais notável entre os habitantes mamíferos do passado e do presente nas três principais divisões do mundo é precisamente a mesma entre as diferentes espécies das várias sub-regiões de qualquer uma das principais divisões. Como geralmente associamos grandes mudanças físicas à extinção total de uma série de seres, com consequente sucessão por outra série, essa identidade da relação entre as raças de seres do passado e do presente nos mesmos quartos do globo é mais impressionante do que a relação entre seres existentes

---

203 O trecho corresponde a *The Origin of Species* (1.ed., p.339-40; 6.ed., p.485-6), na qual, porém, o autor não dedica uma seção a casos como o da ocorrência dos marsupiais na Europa como faz no presente Ensaio. Ver Seção "Mudanças na distribuição geográfica", p.245-8.

Fundamentos de A origem das espécies

em diferentes sub-regiões; na verdade; não temos razão para supor que tenha ocorrido em algum desses casos uma mudança nas condições maior do que a que agora existe entre os climas temperado e tropical, ou entre as terras altas e as baixas das mesmas divisões principais, agora ocupadas por seres relacionados. Finalmente, então, vemos claramente que em cada divisão principal do mundo a mesma relação se mantém entre seus habitantes no tempo e no espaço.[204]

Mudanças na distribuição geográfica

Se, porém, olharmos mais de perto, descobriremos que mesmo a Austrália, por possuir um paquiderme terrestre, era muito menos diferente do resto do mundo do que é hoje, algo que também ocorre ao observarmos o mastodonte, o cavalo, [a hyæna][205] e o antílope na América do Sul. Como destaquei, os mamíferos da América do Norte a tornam hoje, em alguns aspectos, um campo neutro entre a América do Sul e a grande divisão afro-asiática. Outrora, porém, por possuir o cavalo, o mastodonte e três animais megateroides, a América do Norte parecia estar mais intimamente relacionada com a América do Sul, porém, considerando o cavalo e o mastodonte, e também por ter elefantes, bois, ovelhas e porcos, ela é tão próxima da divisão afro-asiática quanto da sul-americana, se não mais. Nova-

---

204 "Podemos entender por que todas as formas de vida, antigas e recentes, perfazem juntas um grande sistema, pois estão conectadas entre si pela geração" (ibid., 1.ed., p.344; 6.ed., p.491).

205 A palavra *"hyæna"* está apagada. Aparentemente não há fósseis de Hyænidæ na América do Sul.

mente, o norte da Índia era muito mais próximo (por ter a girafa, o hipopótamo e alguns cervos-almiscarados) do sul da África do que é agora, pois, se dividirmos o mundo em cinco partes, o sul e o leste da África seriam dignos de uma divisão própria. Se nos voltarmos para a aurora do período terciário, devemos, em razão de nossa ignorância quanto a outras partes do mundo, limitar-nos à Europa, e, durante esse período, com a presença de marsupiais[206] e edentados, observamos uma *completa* mistura dessas formas mamíferas que hoje caracterizam eminentemente a Austrália e a América do Sul.[207]

Se agora observarmos a distribuição das conchas do mar, encontraremos as mesmas mudanças na distribuição. As conchas do Mar Vermelho e do Mediterrâneo eram mais próximas do que são atualmente, porém, por outro lado, durante o Mioceno, as conchas do mar parecem ter sido mais diferentes do que são hoje em diferentes partes da Europa. No período terciário,[208] de acordo com Lyell, as conchas da América do Norte e da Europa eram menos aparentadas do que agora, e, durante o Cretáceo, ainda menos parecidas; durante o mesmo período, porém, as conchas da Índia e da Europa eram mais próximas do que são hoje. Se retrocedermos mais um pouco, até o Carbonáceo, observamos que, na América do Norte e na Europa, as produções eram muito mais semelhantes do que agora.[209] Esses fatos estão em harmonia com as conclusões sobre a atual distribuição dos seres orgânicos, pois, do que

---

206 Cf. nota 54; *The Origin of Species*, 1.ed., p.340; 6.ed., p.486.
207 Cf. os mamíferos europeus do Eoceno na América do Norte. (N. A.)
208 Tudo isso requer muitas verificações. (N. A.)
209 Essa questão parece receber menor atenção em *The Origin of Species*.

Fundamentos de A origem das espécies

observamos quanto a espécies que foram criadas em locais ou áreas diferentes, sabemos que a formação de uma barreira iria causar ou criar duas áreas geográficas distintas, e a destruição da barreira permitiria a propagação da espécie.[210] E, como as mudanças geológicas contínuas tanto destroem quanto criam barreiras, podemos esperar que, quanto mais olharmos para trás, mais mudanças deveríamos encontrar em relação à distribuição atual. Esta conclusão é digna de atenção, pois, se uma pessoa encontrar grupos de espécies distintas, mas relacionadas, em partes muito diferentes da divisão principal do mundo, e também em ilhas vulcânicas próximas a elas, e descobrir que uma relação singularmente análoga é válida em relação aos seres do passado, quando nenhuma dessas espécies vivia, ela pode se sentir tentada a acreditar em alguma relação mística entre a produção de certas formas orgânicas e certas áreas do mundo. No entanto, agora vemos que essa hipótese teria que admitir que essa relação, embora se sustente através das longas revoluções do tempo, não é verdadeiramente persistente.

Acrescento mais uma observação a esta seção. Geólogos descobriram que, no período mais remoto que conhecemos, o Siluriano, as conchas e outras produções marinhas na Europa, América do Norte e do Sul, África do Sul, e no leste da Ásia eram muito mais similares do que são agora nesses mesmos pontos distantes uns dos outros.[211] Poder-se-ia imaginar que nesses tempos remotos as leis de distribuição geográfica eram bastante diferentes do que são agora; no entanto, devemos apenas supor que grandes continentes se estendiam de leste a

---

210 Ibid., 1.ed., p.356; 6.ed., p.504.
211 D'Orbigny mostra que não ocorre desse modo. (N. A.)

oeste, e, portanto, os habitantes dos mares temperados e tropicais não eram divididos por eles como são hoje, sendo provável que os habitantes dos mares eram muito mais semelhantes do que são agora. No imenso espaço oceânico que se estende desde a costa leste da África até as ilhas orientais do Pacífico, espaço conectado por linhas de costa tropical ou por ilhas não muito distantes entre si, nós sabemos (Cuming) que muitas conchas, em torno de duzentas, são comuns na costa de Zanzibar, nas Filipinas e nas ilhas orientais do arquipélago Baixo ou Perigoso no Pacífico. Esse espaço equivale ao espaço do Ártico ao Antártico! Atravesse o espaço de um oceano bastante aberto, por exemplo, do Arquipélago Perigoso à costa oeste da América do Sul, e cada concha será diferente: atravesse o espaço estreito da América do Sul até à sua costa oriental, e novamente cada concha será diferente! Muitos peixes, devo acrescentar, também são comuns aos oceanos Pacífico e Índico.

Resumo da distribuição dos seres orgânicos vivos e extintos

Vamos resumir os vários fatos expostos sobre a distribuição geográfica dos seres orgânicos no passado e no presente. No capítulo anterior, mostramos que as espécies são produzidas lentamente e não são exterminadas por catástrofes universais. Vimos também que cada espécie é provavelmente produzida apenas uma vez, em área ou local único no tempo, propagando-se tanto quanto as barreiras e condições de vida permitirem. Se olharmos para qualquer divisão principal do mundo, encontraremos, em suas diferentes partes e em condições diferentes ou semelhantes, muitos grupos de espécies totalmente ou quase distintos como espécies, embora intimamente relacionados.

Fundamentos de A origem das espécies

Encontramos similaridades entre espécies que habitam ilhas e outras espécies que habitam o continente mais próximo a elas, e descobrimos, em alguns casos, que mesmo as diferentes ilhas que pertencem a um mesmo conjunto são habitadas por espécies distintas, embora intimamente relacionadas entre si e com as do continente mais próximo, caracterizando, assim, a distribuição dos seres orgânicos por todo o mundo. Encontramos, em alguns casos, grande similaridade entre floras de cumes de montanhas distantes (o que parece admitir, como mostrado, uma explicação simples), mas também floras de picos de montanhas muito distintas entre si, porém relacionadas com as da região circundante, e, portanto, neste último caso, embora expostas a condições semelhantes, as floras serão muito diferentes. Nos cumes das montanhas de ilhas caracterizadas por faunas e floras peculiares, as plantas costumam ser eminentemente singulares. A dissimilaridade dos seres orgânicos que habitam países quase similares é mais bem vista se compararmos as principais divisões do mundo: em todas elas encontram-se distritos muito semelhantes, mas com habitantes totalmente diferentes, muito mais diferentes do que aqueles que estão em distritos muito diferentes em uma mesma divisão principal. Vemos isso de forma surpreendente ao compararmos dois arquipélagos vulcânicos com quase o mesmo clima, mas próximos de dois continentes diferentes: nesse caso, seus habitantes são totalmente distintos. Entre as divisões principais do mundo, há grande disparidade quanto à quantidade de diferenças entre os organismos, mesmo entre os que pertencem a uma mesma classe, pois cada divisão principal tem apenas espécies distintas em algumas famílias, enquanto em outras tem apenas uma distinção de gênero. A distribuição dos organismos aquáticos é muito diferente da dos terrestres devido à diferença entre as barreiras impostas à evolução de cada um. A natureza das condições em um distrito isolado não explica o número de espécies que o habitam, nem a ausência de uma classe ou a presença de outra. Descobrimos que não há mamíferos terrestres em ilhas muito distantes de outras terras. Observamos em duas regiões que espécies que lá habitavam, embora distintas, estão mais ou menos relacionadas de acordo com a maior ou menor *possibilidade* de essas espécies se transportarem de uma região a outra no passado e no presente. Embora dificilmente possamos admitir que todas as espécies desses casos foram transportadas da primeira para a segunda região, o que supostamente teria levado a se extinguirem na primeira, observamos essa lei no caso da raposa nas Ilhas Malvinas, do caráter europeu de algumas plantas da Tierra del Fuego, do caráter indo-asiático das plantas do Pacífico e dos gêneros que mais variam e que possuem muitas espécies com ampla distribuição, além daqueles gêneros com intervalos restritos e que possuem espécies com intervalos restritos. Finalmente, concluímos que, em cada uma das principais divisões da terra, e provavelmente também do mar, os organismos existentes estão relacionados com os recentemente extintos.

Olhando mais para trás, constatamos que a distribuição geográfica dos seres orgânicos no passado era diferente da atual, e, de fato, considerando que a geologia mostra que todo nosso solo já esteve submerso e que atualmente o solo ainda está emergindo em regiões cobertas pela água, dificilmente o processo inverso teria sido possível.

Todos esses fatos, apesar de estarem de alguma forma conectados de forma evidente, devem ser levados em consideração

Fundamentos de A origem das espécies

por um criacionista (embora o geólogo possa explicar algumas das anomalias) tanto quanto outros fatos definitivos. O criacionista pode afirmar que isso simplesmente agrada o Criador, que os seres orgânicos das planícies, desertos, montanhas, da América do Sul e das florestas tropicais e temperadas, todos em seu conjunto, devem ter alguma afinidade; pode também afirmar que os habitantes do Arquipélago de Galápagos devem ser aparentados com os do Chile, que algumas das espécies das ilhas similarmente constituídas de Galápagos, embora intimamente relacionadas, devem ser distintas, que todos os seus habitantes deveriam ser totalmente diferentes daqueles das ilhas também vulcânicas e áridas de Cabo Verde e das Canárias, que as plantas no cume do Tenerife deveriam ser eminentemente peculiares, que a diversificada Nova Zelândia não deveria ter muitas plantas e nenhum — ou apenas um — mamífero, que os mamíferos da América do Sul, Austrália e Europa estão evidentemente relacionados aos seus protótipos antigos e já extintos, e assim por diante. Mas isso é absolutamente oposto a toda analogia extraída das leis impostas pelo Criador sobre a matéria inorgânica que conclui que os fatos, quando conectados, devem ser considerados como finais e não como consequências diretas de leis mais gerais.

Terceira seção
Uma tentativa de explicar as mencionadas leis
de distribuição geográfica e uma teoria das espécies
aparentadas com descendência comum

Relembremos antes as circunstâncias mais favoráveis para a variação sob domesticação, como apresentadas no Capítulo I:

primeiramente, uma mudança, ou mudanças recorrentes, nas condições às quais o organismo foi exposto, mudanças que se prolongaram por várias gerações seminais (ou seja, não por brotos ou divisões); em segundo, seleção constante das pequenas variações geradas tendo em vista um objetivo fixo; por fim, em terceiro, o mais perfeito isolamento possível das variedades selecionadas, evitando o cruzamento com outras formas. Esta última condição se aplica a todos os animais terrestres e à maioria das plantas (ou todas), e talvez até mesmo à maioria dos organismos aquáticos (ou todos). É conveniente mostrarmos a vantagem do isolamento na formação de uma nova raça, comparando o progresso de duas pessoas (imaginemos que o tempo não tenha importância para elas) que tentam selecionar e formar uma nova raça bastante peculiar. Imaginemos que uma delas trabalhe nos vastos rebanhos de gado nas planícies de La Plata[212] e a outra com um pequeno grupo de 20 ou 30 animais em uma ilha. Esta última poderia ter que esperar séculos (segundo a hipótese da não importância)[213] antes de obter um exemplar "exótico" que se aproxime do que deseja. Se, porém, salvasse o maior número dos descendentes desses animais repetidamente, poderia esperar que todo o seu pequeno grupo fosse em algum grau afetado, de modo que pela seleção contínua essa pessoa pudesse alcançar seu objetivo. Nos pampas, no entanto, embora o sujeito consiga obter mais rapidamente seu primeiro exemplar na forma desejada, quão desalentador

---

212 Esse exemplo ocorre no Ensaio de 1842, p.32, mas não em *The Origin of Species*, embora a importância do isolamento seja discutida (1.ed., p.104; 6.ed., p.127).

213 O significado das palavras em parênteses é obscuro.

Fundamentos de A origem das espécies

seria tentar afetar todo o rebanho quando ele tentasse salvar sua prole de tantos outros da espécie comum: este caso resultaria na perda de um "exótico"[214] peculiar antes que ele pudesse obter um segundo exemplar "exótico" original do mesmo tipo. Se, porém, conseguisse separar um pequeno número de bois, incluindo a prole do "exótico" desejável, o sujeito poderia ter esperança de alcançar seu objetivo, assim como o homem da ilha. Se existir seres orgânicos a partir dos quais dois indivíduos *nunca* se unem, então a simples seleção, seja em um continente ou ilha, seria igualmente útil para produzir uma nova e desejável raça, e essa nova raça poderia ser criada, surpreendentemente, em poucos anos a partir dos grandes e geométricos poderes de propagação para vencer a velha raça, como aconteceu (a despeito do cruzamento) nos lugares onde boas linhagens de cães e porcos foram introduzidas em um país com limitações, como as ilhas do Pacífico.

Observemos um caso natural mais simples de uma ilhota que emergiu por meio de forças vulcânicas ou subterrâneas em um mar profundo, muito distante de outras terras e com apenas alguns seres orgânicos que foram transportados, em raros intervalos, pelo mar[215] (assim como sementes de plantas são levadas até recifes de coral), ou por furacões, inundações, jangadas, raízes de grandes árvores, germes de plantas, estômago de algum animal, ou pela intervenção de outras ilhas já

---

214 Não é comum que o autor aborde a seleção de *exóticos* em vez da seleção de pequenas variações.

215 Essa breve discussão aparece em *The Origin of Species* de forma mais completa (1.ed., p.356, 383; 6.ed., p.504, 535). Ver, porém, a seção do presente Ensaio "Se uma mesma espécie foi criada mais de uma vez".

afundadas ou destruídas (o meio mais provável, na maioria dos casos). Pode-se observar que, quando parte da crosta terrestre se eleva, uma provável regra geral prescreve que outra parte afundará. Observa-se que essa ilha avança lentamente, século após século, subindo um metro após o outro, e que teremos, com o passar do tempo, em vez <de> uma pequena massa rochosa,[216] planície e planalto, matas úmidas e locais arenosos e secos, vários solos, pântanos, riachos e poços, e, debaixo da água na costa do mar, em vez de uma costa de rochas íngremes, haverá baías com lama, praias arenosas e áreas rochosas. A formação da ilha por si afeta apenas, de forma leve e com frequência, o clima ao redor. É impossível que os primeiros poucos organismos transportados já estivessem perfeitamente adaptados a todas essas mudanças. No entanto, com sorte, aqueles sucessivamente transportados se adaptaram. O maior número de organismos provavelmente viria das terras baixas da região mais próxima, e mesmo assim eles não estariam perfeitamente adaptados à nova ilhota enquanto ela continuasse baixa e exposta às influências costeiras. Além disso, como é certo que todos os organismos, tomando sua estrutura, estariam quase adaptados tanto aos outros habitantes da região quanto às condições físicas dela, também o simples fato de alguns *poucos* seres (tomados, em grande parte, por acaso) terem sido, no primeiro caso, transportados para a ilhota, por si só modificaria muito suas condições.[217] À medida que a ilha continuasse emergindo, esperavam-se também novos visitantes ocasionais, e repito que,

---

216 Sobre a formação de novos *habitats*, cf. *The Origin of Species* (1.ed., p.292; 6.ed., p.429).

217 Ibid., 1.ed., p.390, 400; 6.ed., p.543, 554.

Fundamentos de A origem das espécies

muitas vezes, um novo ser é capaz de afetar o local para além de nossa capacidade de calcular, ocupando e participando da subsistência de um ou de vários organismos (o mesmo caso ocorrendo novamente, e assim por diante). Então, como os primeiros transportados e visitantes sucessivos ocasionais se espalhariam ou tenderiam a se espalhar pela ilha em crescimento, eles, sem dúvida, seriam expostos, por várias gerações, a novas e variadas condições: *em média*, algumas das espécies podem facilmente obter maior quantidade de alimentos ou um alimento de maior qualidade nutritiva.[218] Portanto, de acordo com toda analogia que encontra semelhança entre o que observamos e o que ocorre em todos os países, assim como há exemplares "exóticos" entre quase todos os seres orgânicos sob domesticação, poderíamos esperar que alguns dos habitantes da ilha também sejam "exóticos", ou que tenham sua organização plástica transformada em algum grau. Supondo que o número de habitantes seja pequeno e que todos eles não podem ser tão bem adaptados às novas e variadas condições em relação à sua região e *habitat* de origem, não podemos crer que todos os lugares ou funções na economia da ilha sejam preenchidos como são em um continente, onde o número de espécies nativas é muito maior e onde, consequentemente, as espécies ocupam lugar estritamente limitado. Portanto, poderíamos esperar que, embora muitas das pequenas variações não sejam úteis para os indivíduos plásticos, ocasionalmente, no curso

---

218 No manuscrito, o trecho "algumas das espécies [...] qualidade nutritiva" é curiosamente apagado. Parece claro que ele duvidava de que um suprimento tão problemático como comida pudesse ser causa de variação.

de um século, um indivíduo pode nascer[219] com estrutura ou constituição que, em algum grau, permita-lhe ocupar algum cargo mais alto na economia insular e assim lutar contra outras espécies. Se for esse o caso, o indivíduo e sua prole teriam uma *chance* maior de sobreviver e de derrotar sua forma original, e, se ele e sua prole cruzassem com a forma original invariável (como é provável), embora o número de indivíduos não seja muito grande, haveria uma possibilidade de a nova e mais útil forma ser, em certo grau, preservada. A luta pela existência continuaria selecionando esses indivíduos anualmente até que uma nova raça ou espécie seja formada. Poucos ou todos os primeiros visitantes da ilha poderiam ser modificados de acordo com as condições físicas da ilha, os exemplares resultantes e o número diferente de outras espécies transportadas em relação ao lugar de origem, as dificuldades oferecidas aos recém-imigrados e o tempo decorrido desde a introdução dos primeiros habitantes. É óbvio que, qualquer que seja a região, haveria, no geral, uma afinidade entre os que estão no lugar mais próximo de onde foram transportados os primeiros inquilinos e os nativos, mesmo que aqueles já tenham sido inteiramente modificados e mesmo que os habitantes de mesma origem <?> tivessem sofrido modificações. Esse ponto de vista ilumina imediatamente a causa e o significado da afinidade da fauna e da flora das Ilhas Galápagos com a da costa da América do Sul, e, consequentemente, explica por que os habitantes dessas ilhas não apresentam a menor afinidade com os que habitam outras

---

219 Nessa época, o autor claramente colocava mais fé na importância da variação pelo exemplar exótico do que nos anos posteriores.

Fundamentos de A origem das espécies

ilhas vulcânicas, com clima e solo muito semelhantes, perto da costa da África.[220]

Retornando novamente à nossa ilha, se outras ilhas vizinhas fossem formadas pela ação contínua das forças subterrâneas, elas geralmente seriam ocupadas pelos habitantes da primeira, ou por alguns imigrantes do continente vizinho. No entanto, se obstáculos consideráveis fossem interpostos a qualquer comunicação entre as produções terrestres dessas ilhas, e suas condições fossem diferentes (talvez somente pela quantidade de diferentes espécies em cada local), uma forma transportada de uma ilha para outra poderia ser alterada da mesma maneira que pode ocorrer com uma forma do continente, e deveríamos ter várias das ilhas ocupadas por raças ou espécies representativas, como é o maravilhoso caso das diferentes ilhas do Arquipélago de Galápagos. À medida que as ilhas se tornam montanhosas, se espécies de montanha não são introduzidas, algo que raramente ocorre, uma quantidade maior de variação e de seleção seria necessária para adaptar as espécies, que vieram de terras baixas do continente mais próximo, para, então, alcançarem os picos das montanhas e, por fim, as regiões inferiores de nossas ilhas. As espécies de planície do continente teriam que lutar primeiro contra outras espécies e outras condições na costa da ilha e, provavelmente, seriam modificadas pela seleção de suas variedades mais adequadas, para então passar pelo mesmo processo quando a terra atingisse uma elevação moderada, e, finalmente, se tornasse alpina. Portanto, podemos entender por que as faunas dos picos das montanhas insulares são, como no caso de Tenerife, eminentemente peculiares. Se deixássemos de lado o caso de uma flora

---

220 Ibid., I.ed., p.398; 6.ed., p.553.

amplamente extensa sendo levada para os cumes das montanhas durante uma mudança de clima frio para temperado, podíamos ver por que, nos outros casos, as floras de cumes de montanhas (ou ilhas em um mar de terra, como as denomino) devem ser compostas por espécies peculiares, mas que se relacionam com as espécies das planícies circundantes, assim como os habitantes de uma autêntica ilha no mar estão relacionados aos do continente mais próximo.[221]

Consideremos o efeito de uma mudança no clima ou em outras condições sobre os habitantes de um continente e de uma ilha isolada, sem grande mudança de nível. Em um continente, como algumas espécies estão adaptadas a suas regiões, os principais efeitos seriam mudanças na proporção numérica dos indivíduos das diferentes espécies caso o clima se torne mais quente ou frio, mais seco ou úmido, mais uniforme ou extremo: por exemplo, se a temperatura diminuísse, as espécies migrariam de suas partes mais temperadas e de suas terras mais altas; se ficasse mais úmido, migrariam de suas regiões mais úmidas etc. Em uma ilha pequena e isolada, porém, cujas espécies, além de serem poucas, apresentam baixa adaptação a condições muito diversificadas, essas mudanças poderiam afetar a constituição de algumas das espécies insulares em vez de apenas aumentar o número das espécies já adaptadas às mudanças e diminuir o número das espécies que não se adaptaram: assim,

---

221 Cf. *The Origin of Species* (1.ed., p.403; 6.ed., p.558), trecho em que o autor comenta os beija-flores alpinos, roedores, plantas etc. na América do Sul, todas formas estritamente americanas. Neste manuscrito, o autor acrescentou nas entrelinhas "À medida que o mundo fica mais quente, tem ocorrido radiação das terras altas — visão defasada? — curioso; presumo que seja diluviano em sua origem".

Fundamentos de A origem das espécies

se a ilha se tornasse mais úmida, é provável que nenhuma de suas espécies se adaptasse às consequências do aumento da umidade. Portanto, nesse caso e, como visto, durante a produção de novos *habitats* a partir da elevação do terreno, uma ilha seria uma fonte muito mais fértil, pelo que podemos julgar, de novas formas específicas do que um continente. Espera-se também que essas novas formas geradas em ilhas emigrem e sejam ocasionalmente transportadas, seja por acidente ou por meio de mudanças geográficas prolongadas, propagando-se lentamente.

Se nos voltarmos para a origem de um continente, quase todo geólogo admitirá que, na maioria dos casos, ele primeiro existiu como ilhas separadas que aumentaram gradualmente de tamanho,[222] e, assim, tudo o que foi dito sobre as mudanças prováveis das formas que ocupam um pequeno arquipélago é aplicável a um continente em seu estado inicial. Além disso, um geólogo que reflita sobre a história geológica da Europa (a única região bem conhecida) admitirá que muitas vezes ela sofreu depressão, foi elevada e por fim estacionou. A inundação de um continente, considerando as prováveis mudanças de clima que geralmente a acompanham, teria efeito pequeno, *exceto* nas mudanças das proporções numéricas e na extinção (por causa da redução dos rios, secagem dos pântanos, conversão de terras altas em baixas etc.) de algumas ou de muitas espécies. Porém, assim que o continente se dividisse em muitas partes ou ilhas isoladas, impedindo a livre imigração de uma

---

222 Sobre a comparação entre o arquipélago malaio e o provável antigo estado da Europa, cf. *The Origin of Species* (1.ed., p.292, 299; 6.ed., p.429, 438).

região para outra, o efeito das mudanças climáticas, entre outras mudanças, sobre as espécies seria maior. Mas deixemos esse continente já dividido, com ilhas isoladas, começar a se elevar, formando novos *habitats* exatamente como no primeiro caso da ilhota vulcânica, e teremos condições igualmente favoráveis para a modificação de formas antigas, isto é, para a formação de novas raças ou espécies. Se essas ilhas se reunissem em um continente, então as novas e velhas formas se espalhariam tanto quanto as barreiras, os meios de transporte e a pré-ocupação da terra por outras espécies permitissem. Algumas das novas espécies ou raças provavelmente extinguir-se-iam e outras talvez se cruzassem e se misturassem. Devemos, portanto, ter grande variedade de formas adaptadas a todos os tipos de *habitats* ligeiramente diferentes e adaptados a diversos grupos de espécies antagonistas ou que servem como alimento. Quanto mais frequentemente essas oscilações de nível acontecem (e, portanto, geralmente quanto mais velha é a terra), maior o número de espécies <que> tenderia a se formar. Se, na primeira fase, os habitantes de um continente derivam dos mesmos progenitores originais e, em seguida, dos habitantes de uma ampla área, já que estes se dividiram e depois se reuniram novamente muitas vezes, todos seriam obviamente relacionados entre si, e, portanto, os habitantes de *habitats* muito *dissimilares* de um mesmo continente possuiriam um grau de parentesco bastante próximo do que os habitantes de dois *habitats similares* de duas divisões diferentes do mundo.[223]

---

223 Ibid., 1.ed., p.349; 6.ed., p.496. O arranjo do argumento deste Ensaio leva à repetição de afirmações feitas na parte anterior do livro, algo que foi evitado em *The Origin of Species*.

Fundamentos de A origem das espécies

Nem preciso destacar algo óbvio, o porquê de o número de espécies em dois distritos, independentemente do número de diferentes *habitats* desses locais, ser tão diferente quanto na Nova Zelândia e no Cabo da Boa Esperança.[224] É possível ver as razões pelas quais, conhecendo a dificuldade no transporte, ilhas distantes do continente não possuem mamíferos terrestres,[225] e alcançamos a razão geral, isto é, o transporte acidental (embora não seja a razão precisa), pela qual certas ilhas possuem, e outras não, membros da classe dos répteis. Podemos ver por que um antigo canal de comunicação entre dois pontos distantes, como provavelmente era a função da cordilheira entre o sul do Chile e os Estados Unidos durante os antigos períodos de frio, a função dos icebergs entre as Ilhas Malvinas e a Tierra del Fuego, e também a dos vendavais, seja antigamente ou hoje, entre as costas asiáticas do Pacífico e suas ilhas orientais, está conectado a (ou talvez seja uma causa) uma afinidade entre as espécies, embora distintas, desses dois distritos. Podemos ver como a melhor chance de propagação de várias das espécies de qualquer gênero que têm ampla distribuição em seus próprios países explica a presença de outras espécies do mesmo gênero em outros locais,[226] e, por outro lado, como espécies com capacidades restritas de alcance formam gêneros com alcance restrito.

Como todo mundo ficaria surpreso se o homem produzisse duas variedades[227] exatamente similares, mas peculiares,

---

224 Ibid., I.ed., p.389; 6.ed., p.542.
225 Ibid., I.ed., p.393; 6.ed., p.547.
226 Ibid., I.ed., p.350, 404; 6.ed., p.498, 559.
227 Ibid., I.ed., p.352; 6.ed., p.500.

de qualquer espécie depois de uma seleção longa e contínua em dois países diferentes, ou em dois períodos muito distintos, não devemos esperar que seja possível a produção de uma forma exatamente similar a partir da modificação de uma forma antiga em dois países ou em dois períodos distintos. Nesses lugares e épocas, as espécies provavelmente estariam expostas a climas um tanto diferentes e quase certamente a pessoas diferentes. Portanto, podemos entender por que cada espécie parece ter sido produzida individualmente no espaço e no tempo, e nem preciso comentar que, de acordo com essa teoria da descendência, não há necessidade de modificação de uma espécie quando ela alcança um país novo e isolado. Se for capaz de sobreviver e se pequenas variações mais adaptadas às novas condições não forem selecionadas, a espécie pode reter (até onde podemos ver) a sua forma antiga por tempo indeterminado. Como observamos que algumas subvariedades produzidas sob domesticação são mais variáveis do que outras, então na natureza algumas espécies e gêneros talvez sejam mais variáveis do que outros. No entanto, é pouco provável que a mesma forma exata seja preservada ao longo de sucessivos períodos geológicos, ou em países ampla e diferentemente condicionados.[228]

Finalmente, durante os longos períodos e, provavelmente, de oscilações de nível, ambos necessários para a formação de um continente, podemos concluir (como explicado anteriormente) que muitas formas se extinguiriam. Essas formas extintas e as sobreviventes (sejam ou não modificadas e alteradas em sua estrutura), serão todas relacionadas em cada continente da mesma

---

228 Ibid., 1.ed., p.313; 6.ed., p.454.

Fundamentos de A origem das espécies

maneira e grau, como são os habitantes de quaisquer duas sub-regiões diferentes no mesmo continente. Não quero dizer que, por exemplo, os atuais marsupiais da Austrália ou os edentatas e roedores da América do Sul descendam de qualquer um dos poucos fósseis da mesma ordem que foram descobertos nesses países. É possível que, em muito poucos casos, essa hipótese se confirme, mas geralmente eles devem ser considerados meramente codescendentes de linhagens comuns.[229] Considerando o vasto número de espécies que, de acordo com nossa teoria, deve ter existido (como explicado no capítulo anterior), fiquei convencido de que é improvável que os *comparativamente* poucos fósseis encontrados sejam os progenitores imediatos e lineares das espécies existentes. Por mais recentes que sejam os mamíferos fósseis ainda descobertos da América do Sul, quem irá negar que muitas formas intermediárias tenham existido? Além disso, veremos no capítulo seguinte que a própria existência de gêneros e espécies pode ser explicada apenas por algumas espécies de cada época que deixaram sucessores modificados ou novas espécies para um período futuro, e, quanto mais distante for esse período futuro, menor o número de herdeiros *lineares* da época anterior. Como, de acordo com nossa teoria, todos os mamíferos descenderam de uma mesma linhagem parental, então é necessário que cada parte terrestre que possua mamíferos atualmente tenha sido, em algum momento, unida a outra parte de terra, a ponto de permitir a passagem desses animais.[230] Essa necessidade converge para o fato de que, ao olharmos para a história da Terra, encontramos primeiramente mudanças na

---

229 Ibid., I.ed., p.341; 6.ed., p.487.
230 Ibid., I.ed., p.396; 6.ed., p.549.

distribuição geográfica, para depois nos depararmos com um período em que as formas mamíferas mais distintas de duas das principais divisões atuais do mundo viviam juntas.[231]

Creio que justifiquei minhas afirmações sobre a maioria dos pontos enumerados. Frequentemente, pontos triviais sobre distribuição geográfica dos organismos passados e presentes (que devem ser vistos pelos criacionistas como tantos outros fatos definitivos) seguem uma simples consequência de formas específicas mutáveis e adaptadas por seleção natural a diversos fins, conjugadas com seus poderes de propagação e com as mudanças geológico-geográficas, que indubitavelmente ocorrem, agora em lento progresso. Essa grande classe de fatos, explicados desse modo, muito mais do que contrabalança diversas dificuldades específicas e objeções aparentes ao convencer minha mente da verdade da teoria da descendência comum.

Improbabilidade de encontrar formas fósseis intermediárias entre as espécies existentes

Há uma observação de considerável importância que podemos expor em relação à improbabilidade de se encontrar fósseis das principais formas de transição entre duas espécies. Em relação a tons mais sutis de transição, já observei que ninguém tem motivos para esperar rastreá-los em estado fóssil sem ser ousado o suficiente para imaginar que os geólogos de uma época futura serão capazes de rastrear, nos ossos fósseis, as gradações entre as linhagens de gado Shorthorns, Hereford e Alderney.[232] Tentei mostrar que as ilhas nascentes, em processo de formação,

---

231 Ibid., I.ed., p.340; 6.ed., p.486.
232 Ibid., I.ed., p.299; 6.ed., p.437.

Fundamentos de A origem das espécies

são os melhores viveiros de novas formas específicas, porém os menos favoráveis para a incorporação de fósseis:[233] apelo, como evidência, ao estado das *numerosas* ilhas espalhadas nos vários grandes oceanos, onde raramente ocorre qualquer depósito sedimentar, e, quando presentes, surgem como meras franjas estreitas pouco antigas, que o mar geralmente desgasta e destrói. A causa está no fato de que ilhas isoladas geralmente são pontos vulcânicos e ascendentes, e os efeitos da elevação subterrânea trazem à tona os circundantes estratos recém-depositados dentro da ação destruidora das ondas costeiras: os estratos, depositados a distâncias maiores e, portanto, nas profundezas do oceano, são quase estéreis de restos orgânicos. Essas observações podem ser generalizadas, e os períodos de subsidência serão sempre mais favoráveis ao acúmulo de grandes espessuras de estratos e, consequentemente, à sua longa preservação. Sem formação protegida por estratos sucessivos, as ilhas raramente preservarão estratos para uma época distante devido ao seu enorme desnudamento, que parece ser uma contingência geral do tempo.[234] Posso referir-me, para confirmar essa observação, à vasta quantidade de evidente subsidência no grande depósito das formações europeias, desde a época siluriana até o final do Secundário, e talvez até mesmo em época posterior. Períodos de elevação, por outro lado, não podem ser favoráveis ao acúmulo de estratos, e sua preservação por tempos distantes, a partir da circunstância que acabamos de mencionar, ou seja, de

---

233 "Pode-se quase dizer que a natureza se protegeu da descoberta frequente de suas formas de transição ou ligação" (Ibid., I.ed., p.292). Passagem similar, mas não idêntica, ocorre em ibid. (6.ed., p.428).

234 Ibid., I.ed., p.291; 6.ed., p.426.

Charles Darwin

elevação, tende a trazer à superfície os estratos que circundam os litorais (sempre abundantes em fósseis), destruindo-os. As áreas no fundo de águas profundas (pouco favoráveis, porém, à vida) devem ser excluídas dessa influência desfavorável da elevação. Em um oceano muito aberto, provavelmente nenhum sedimento[235] está se acumulando, ou acumula-se a uma taxa tão lenta que não preserva os restos fósseis, que sempre estarão sujeitos à desintegração. As cavernas, sem dúvida, terão igualmente a mesma probabilidade de preservar fósseis terrestres em períodos de elevação e subsidência, porém, se isso se deve à enorme quantidade de desnudação que toda terra parece ter sofrido, nenhuma caverna foi encontrada com ossos fósseis pertencentes ao período secundário.[236]

Consequentemente, muito mais vestígios serão preservados até épocas distantes, em qualquer região do mundo, durante os períodos de subsidência[237] do que de elevação.

No entanto, durante a subsidência de uma parte terrestre, seus habitantes (como mostrado anteriormente), em razão da diminuição do espaço e da diversidade de seus *habitats*, além do fato de a terra ser totalmente ocupada por espécies adaptadas a diversos meios de subsistência, serão pouco suscetíveis à modificação da seleção, embora muitos possam, ou antes devam, extinguir-se. No que diz respeito aos habitantes marinhos circunscritos, embora durante a mudança de um continente para um *grande* arquipélago o número de localidades adaptadas aos seres marinhos aumente, seus meios de propagação (um importante controle para a mudança de forma) serão bastante aprimo-

---

235 Ibid., I.ed., p.288; 6.ed., p.422.
236 Ibid., I.ed., p.289; 6.ed., p.423.
237 Ibid., I.ed., p.300; 6.ed., p.439.

Fundamentos de A origem das espécies

rados, pois um continente que se estende ao norte e ao sul, ou um espaço bastante aberto do oceano, parece ser a única barreira para eles. Por outro lado, durante a elevação de um pequeno arquipélago e sua conversão em continente, temos, enquanto aumenta o número de localidades, tanto para produções marinhas como terrestres, e enquanto essas localidades não estão totalmente ocupadas por espécies perfeitamente adaptadas, as condições mais favoráveis para a seleção de novas formas específicas; mas poucas em seus primeiros estados de transição serão preservadas até uma época distante. Devemos esperar, ao longo de um grande intervalo, até que a longa subsidência tenha tomado o lugar no quarto do mundo resultante do processo de elevação, para, enfim, surgirem as melhores condições de incrustação e preservação de seus habitantes. Geralmente, a grande massa dos estratos de cada região, principalmente por causa da acumulação durante a subsidência, será a tumba, não de formas transitórias, mas daquelas que se extinguem ou permanecem inalteradas.

O estado de nosso conhecimento e a lentidão das mudanças de nível não nos permitem testar a veracidade dessas considerações para observar se existem mais espécies transitórias ou "tênues" (como os naturalistas as chamam) em uma área de terra ascendente e em ampliação do que em uma área de subsidência. Tampouco sei se há mais espécies "tênues" em ilhas vulcânicas isoladas em processo de formação do que em um continente; porém, posso observar que, no Arquipélago de Galápagos, é considerável o número de formas que, para alguns naturalistas, são autênticas espécies, mas, para outros, são meras raças: isso se aplica particularmente às diferentes espécies ou raças do mesmo gênero que habitam as diferentes ilhas do arquipélago. Além disso, pode-se acrescentar (em relação aos grandes

Charles Darwin

fatos discutidos neste capítulo) que, quando os naturalistas dirigem sua atenção a um país qualquer, eles têm comparativamente pouca dificuldade em determinar quais formas irão chamar de espécie e quais irão chamar de variedade, isto é, aquelas que podem ou não ser rastreadas ou apontadas como prováveis descendentes de alguma outra forma. A dificuldade aumenta, porém, se espécies são trazidas de muitas localidades, países e ilhas. Foi essa dificuldade crescente (e acredito que, em alguns casos, insuperável) que parece ter levado Lamarck à conclusão de que espécies são mutáveis.

Capítulo VII
Da natureza das afinidades e da classificação dos seres orgânicos[238]

Aparecimento e desaparecimento gradual de grupos

Desde tempos remotos, observou-se que os seres orgânicos podem ser agrupados,[239] e que esses grupos se enquadram em outros de valores variados, como espécies em gêneros e, em seguida, subfamílias, famílias, ordens etc. O mesmo vale para os

---

238 Em *The Origin of Species* (1.ed., cap.XIII; 6.ed., cap.XIV), inicia-se com declaração semelhante. Neste Ensaio, o autor acrescenta uma nota: "A obviedade do fato <isto é, o agrupamento natural de organismos> por si impede que isso seja algo a se considerar. Algo que dificilmente pode ser explicado pelos criacionistas: grupos de seres aquáticos, de seres que se alimentam de vegetais e carnívoros etc. podem ser semelhantes entre si, mas por que são como são. O mesmo ocorre com as plantas — semelhança analógica assim explicada. Não devo entrar em detalhes aqui".

239 Ibid., 1.ed., p.411; 6.ed., p.566.

Fundamentos de A origem das espécies

seres que não existem mais. Grupos de espécies parecem seguir as mesmas leis quanto ao seu aparecimento e extinção,[240] assim como os indivíduos de qualquer espécie: temos razões para acreditar que, primeiramente, algumas espécies aparecem, seus números aumentam, e que, ao tender à extinção, os números das espécies diminuem até que por fim o grupo se extingue. Uma espécie se extingue da mesma forma, com indivíduos tornando-se cada vez mais raros. Além disso, grupos, como os indivíduos de uma espécie, parecem se extinguir em épocas diferentes conforme o país. O Paleotério foi extinto muito mais cedo na Europa do que na Índia, e o *Trigonia*,[241] apesar de ter sido extinto em período relativamente precoce na Europa, vive atualmente nos mares da Austrália. Como uma espécie de uma família pode durar muito mais tempo do que outra espécie, descobrimos que alguns grupos inteiros, como Mollusca, tendem a persistir e a reter suas formas por períodos mais longos do que outros, por exemplo, o Mammalia. Os grupos, portanto, em sua aparência, extinção e taxa de mudança ou sucessão, parecem seguir quase as mesmas leis que os indivíduos de uma espécie.[242]

O que é o sistema natural?

O arranjo adequado de espécies em grupos, de acordo com o sistema natural, é objeto de todos os naturalistas, mas difi-

---

240 Ibid., 1.ed., p.316; 6.ed., p.457.
241 Ibid., 1.ed., p.321; 6.ed., p.463.
242 Em *The Origin of Species* (1.ed., p.411-2; 6.ed., p.566-7), essa matéria preliminar é substituída por uma discussão que inclui a extinção, mas principalmente pelo ponto de vista da teoria da divergência.

cilmente dois deles darão a mesma resposta à questão "o que é e como reconhecemos o sistema natural?". Pode-se pensar que os caracteres[243] mais importantes (como visto pelos primeiros classificadores) deveriam ser estabelecidos a partir das seções da estrutura que determinam seus hábitos e seu lugar na economia da natureza, algo que podemos chamar de finalidade última de sua existência. Mas nada está mais distante da verdade do que isso, pois quanta semelhança externa existe entre a cuíca-d'água (Chironectes) da Guiana e a lontra, ou entre a andorinha e o andorinhão? E ainda, apesar dos meios e fins intimamente semelhantes de sua existência, quão grosseiramente errada seria uma classificação que aproximasse um animal marsupial de um placentário ou dois pássaros com esqueleto muito diferente? Seja como nos dois últimos casos ou como as semelhanças entre a baleia e os peixes, essas relações são denominadas "analógicas"[244] ou, às vezes, descritas como "relações de adaptação". Elas são infinitamente numerosas e frequentemente singulares, mas não têm utilidade para a classificação de grupos superiores. Seria difícil aplicá-las em uma teoria das criações separadas, pois estipulam que partes da estrutura, por meio das quais hábitos e funções das espécies são determinados, seriam inúteis para a classificação, enquanto outras, formadas ao mesmo tempo, são importantes.

Alguns autores, como Lamarck, Whewell etc., acreditam que o grau de afinidade no sistema natural depende dos graus de semelhança dos órgãos mais ou menos importantes fisiologicamente para a preservação da vida. Admite-se que essa escala de

---

243 Ibid., 1.ed., p.414; 6.ed., p.570.
244 Ibidem.

Fundamentos de A origem das espécies

importância dos órgãos seja de difícil descoberta. Mas, independentemente disso, a proposição, como regra geral, deve ser rejeitada por ser falsa, embora possa ser parcialmente verdadeira, pois é universalmente aceito que uma mesma parte ou órgão admitido como serviço mais nobre para a classificação de um grupo pode ser de muito pouco uso em outro grupo, embora, em ambos, pelo que podemos ver, a parte ou órgão seja de igual importância fisiológica. Além disso, caracteres sem grande importância fisiológica, como a cobertura do corpo por cabelo ou penas, ou narinas que se comunicam com a boca,[245] que são da mais alta generalidade na classificação, e até mesmo a cor, que é tão inconstante em muitas espécies, às vezes caracterizam um grupo inteiro de espécies. Por fim, há o fato de que nenhum caractere tem tanta importância para determinar a qual grande grupo um organismo pertence, pois as formas pelas quais um embrião atravessa,[246] do germe até a maturidade, não pode se reconciliar com a ideia de que a classificação natural observa os graus de semelhança entre as partes de maior importância fisiológica. Dificilmente percebemos a afinidade entre a craca de rocha comum e os crustáceos se observarmos, em estado maduro, mais de um caractere; porém, quando jovens, com locomoção e dotados de olhos, a afinidade é evidente.[247] A causa do maior valor classificatório dos caracteres nos primeiros estágios da vida pode ser explicada em um grau considerável, como veremos em breve, pela teoria da descendência, embora seja inexplicável pela visão do criacionista.

---

245 Esses exemplos são dados, entre outros, em *The Origin of Species* (1.ed., p.416; 6.ed., p.572).

246 Ibid., 1.ed., p.418; 6.ed., p.574.

247 Ibid., 1.ed., p.419, 440; 6.ed., p.575, 606.

Na prática, os naturalistas parecem classificar de acordo com a semelhança das partes ou órgãos que, em grupos relacionados, são mais uniformes ou variam menos:[248] assim, a estivação, ou a maneira pela qual as pétalas etc. são dispostas umas sobre as outras, fornece um caráter invariável para a maioria das famílias de plantas e, portanto, qualquer diferença a esse respeito seria suficiente para rejeitar que uma espécie pertença a várias famílias. No entanto, na família Rubiaceæ, a estivação é um caractere variável, e um botânico não colocaria muita ênfase nisso no momento em que decide se deve ou não classificar uma nova espécie nessa família. Mas essa regra é obviamente uma fórmula tão arbitrária que muitos naturalistas parecem ter se convencido de que algo subsequente é representado pelo sistema natural; aparentemente, eles pensam que nós descobrimos somente por meio dessas similaridades qual é o arranjo do sistema, e não que essas similaridades façam o sistema. Somente assim podemos compreender a famosa expressão de Lineu,[249] que diz que os caracteres não fazem o gênero, mas é o gênero que dá os caracteres, pois uma classificação que independe dos caracteres está aqui pressuposta. Muitos naturalistas dizem que o sistema natural revela o plano do Criador, mas não especificam se a ordem encontra-se no tempo ou em um lugar, ou o que mais um plano do Criador significa; essas expressões parecem manter a questão exatamente onde estava.

Alguns naturalistas consideram que a posição geográfica[250] de uma espécie deve ser considerada na definição sobre em

---

248 Ibid., I.ed., p.418, 425; 6.ed., p.574, 581.
249 Ibid., I.ed., p.413; 6.ed., p.569.
250 Ibid., I.ed., p.419, 427; 6.ed., p.575, 582.

Fundamentos de A origem das espécies

qual grupo ela deve ser inserida, e a maioria dos naturalistas (tácita ou abertamente) avalia os diferentes grupos não apenas por suas diferenças relativas na estrutura, mas também pelo número de formas incluídas neles. Assim, um gênero que contém poucas espécies pode ser, e frequentemente tem sido, colocado em uma família depois da descoberta de várias outras espécies. Muitas famílias naturais, embora mais estreitamente relacionadas a outras famílias, são conservadas quando nela se inclui grande número de espécies semelhantes. Um naturalista mais lógico, se assim pudesse, talvez rejeitasse esses dois contingentes na classificação. Por essas circunstâncias, e, especialmente, pela indefinição dos objetos e dos critérios do sistema natural, o número de divisões, como gêneros, subfamílias, famílias etc., tem sido muito arbitrário.[251] Sem uma definição mais clara, como é possível decidir se dois grupos de espécies têm valor equivalente? E qual seria esse valor? Ambos deveriam ser um gênero ou uma família, ou um deles deveria ser gênero enquanto o outro, família?[252]

Do tipo de relação entre grupos distintos

Tenho ainda mais uma observação quanto às afinidades dos seres orgânicos: se dois grupos muito distintos se aproximam

---

251 Isso é discutido pelo ponto de vista da divergência em *The Origin of Species* (1.ed., p.420-1; 6.ed., p.576-7).

252 Discuto isso pois, se o quinarismo é verdadeiro, eu sou falso. (N. A.) <O sistema quinário foi estabelecido em W. S. Macleay, *Horæ Entomologicæ*, 1821.>

um do outro, a abordagem é *geralmente* genérica[253] e não especial. Explico mais facilmente com um exemplo: de todos os roedores, a viscacha, por certas peculiaridades em seu sistema reprodutivo, é a que mais se aproxima dos marsupiais, e, por outro lado, de todos os marsupiais, é o vombate (*Phascolomys*) que se aproxima dos roedores pela forma de seus dentes e intestinos. No entanto, não há nenhuma relação especial entre esses dois gêneros,[254] pois a viscacha não está mais próxima do vombate se comparado com qualquer outro marsupial nos aspectos em que se aproxima dessa divisão, nem o vombate, nos aspectos em que sua estrutura se relaciona com a dos roedores, pode ser considerado especialmente mais próximo da viscacha. Podemos mencionar outros exemplos, mas escolhi esse (de Waterhouse) para ilustrar outro ponto, isto é, a dificuldade de determinar o que é análogo ou adaptativo e o que são afinidades reais. Os dentes dos vombates, embora *pareçam possuir estreita* semelhança com os de um roedor, são do tipo marsupial, e conclui-se que seus dentes e, consequentemente, seu intestino, possam ter se adaptado à vida peculiar desse animal e, portanto, não apresentar qualquer relação real. A estrutura da viscacha que a conecta com os marsupiais não parece ser uma peculiaridade relacionada ao seu modo de vida, e imagino que ninguém duvide que isso expresse uma afinidade real, embora não esteja especialmente relacionada a nenhuma espécie de marsupial. A dificuldade

---

253 Em passagem correspondente em *The Origin of Species* (1.ed., p.430; 6.ed., p.591), o termo "geral" é usado no lugar de "genérico", o que nos parece ser uma expressão melhor. Na margem, o autor menciona Waterhouse como autoridade.

254 Ibid., 1.ed., p.430; 6.ed., p.591.

Fundamentos de A origem das espécies

de se determinar quais relações são reais e quais são análogas não surpreende, uma vez que ninguém define o significado do termo "relação" ou o objeto oculto de toda classificação. Na teoria da descendência, veremos de imediato como devem ser as afinidades "reais" e "análogas" e por que apenas a primeira deveria ter valor classificatório – dificuldades que considero impossíveis de explicar pela teoria comum das criações separadas.

Classificação de raças ou variedades

Voltemo-nos então, por alguns momentos, à classificação das variedades e subdivisões geralmente admitidas de seres domésticos,[255] e os encontraremos sistematicamente organizados em grupos de valor cada vez mais alto. De Candolle tratou das variedades do repolho exatamente como teria feito em relação a uma família natural com várias divisões e subdivisões. Nos cães temos novamente uma divisão principal que pode ser chamada de *família* dos cães de caça (*hound*), com vários (vamos chamá-los assim) *gêneros*, como o bloodhound, o foxhound e o harrier. Cada um desses gêneros, por sua vez, possui *espécies* diferentes, como bloodhound cubano e inglês, e estes, novamente, possuem linhagens verdadeiramente produtoras de seu próprio tipo, que podem ser chamadas de raças ou variedades. Aqui vemos uma classificação utilizada na prática

---

255 Em passagem correspondente em *The Origin of Species* (1.ed., p.423; 6.ed., p.579), o autor utiliza-se do seu conhecimento sobre pombos. Um pseudogênero dos cachorros é discutido em *Variation under Domestication* (2.ed., v.I, p.38).

Charles Darwin

que tipifica, em uma escala menor, o que é válido na natureza. No entanto, tanto entre as espécies autênticas do sistema natural quanto entre as raças domésticas, o número de divisões ou grupos instituídos entre os mais semelhantes e mais diferentes parece ser bastante arbitrário. Em ambos os casos, o número de formas, na prática — teoricamente conveniente ou não —, parece influenciar a denominação dos grupos que os incluem. Em ambos os casos, a distribuição geográfica às vezes é utilizada como auxílio à classificação,[256] e, considerando as variedades, dou como exemplo o gado da Índia ou as ovelhas da Sibéria, que, por possuírem alguns caracteres em comum, podem ser classificados como gado indiano ou europeu, ou ovelha siberiana ou europeia. Entre as variedades domésticas, temos algo muito semelhante às referidas relações de "analogia" ou "adaptação":[257] o nabo comum e o nabo sueco são variedades artificiais que surpreendentemente se assemelham e possuem quase a mesma finalidade na economia de uma fazenda. No entanto, embora o nabo sueco se pareça muito mais com um nabo do que seu suposto progenitor repolho, ninguém pensa em retirá-lo dos repolhos para incluí-lo entre os nabos. Assim, o greyhound e o cavalo de corrida, selecionados e treinados para serem extremamente rápidos em curtas distâncias, apresentam uma semelhança analógica de mesmo tipo, porém menos marcante que a semelhança entre a cuíca-d'água (marsupial) da Guiana e a lontra, que, por sua vez, são menos aparentadas entre si do que são o cavalo e o cachorro. Somos até mesmo advertidos por autores que tratam de variedades a observar

---

256 *The Origin of Species*, 1.ed., p.419, 427; 6.ed., p.575, 582.
257 Ibid., 1.ed., p.423, 427; 6.ed., p.579, 583.

Fundamentos de A origem das espécies

o *natural* em contraposição a um sistema artificial em vez de, por exemplo, classificar duas variedades de abacaxis[258] como próximas uma da outra porque seus frutos acidentalmente se assemelham muito (embora o fruto possa ser chamado *objetivo final* dessa planta na economia do seu mundo, a estufa). Recomenda-se, então, julgar a semelhança geral da planta em seu todo. Por último, as variedades frequentemente se extinguem, às vezes por causas inexplicáveis, às vezes por acidente, mas é recorrente que a extinção ocorra após a produção de outras variedades mais úteis, e, consequentemente, as menos úteis serão destruídas ou eliminadas.

Acho que não se pode duvidar que a causa principal de todas as variedades que descendem do cão ou dos cães nativos, ou do repolho selvagem nativo, que não sejam igualmente semelhantes ou diferentes, mas que, pelo contrário, pertençam a grupos e subgrupos, deve, em grande parte, ser atribuída a diferentes graus de uma verdadeira relação. Menciono, por exemplo, os diferentes tipos de bloodhound que descendem de uma linhagem e os harriers que descendem de outra, e o fato de ambos descenderem de ainda outra linhagem, a mesma que originou os vários tipos de greyhound. Frequentemente ouvimos falar de floristas que escolhem alguma variedade e, a partir dela, cultivam um grupo de subvariedades mais ou menos caracterizadas pelas peculiaridades dos progenitores. Tanto o pêssego quanto a nectarina, que possuem muitas variedades, podem ter sido introduzidos. Sem dúvida, por causa de seus cruzamentos, as relações entre as diferentes linhagens domésticas são extremamente obscuras, e, da mesma maneira, pelas pequenas

---

258 Ibid., 1.ed., p.423; 6.ed., p.579.

diferenças entre as várias linhagens, é provável que muitas vezes um tipo "exótico" esteja mais distante de sua linhagem original se comparado a outra, e, assim, acaba classificado como esta última. Além disso, os efeitos de um clima similar[259] podem, em alguns casos, até mais do que apenas contrabalancear a similaridade consequente de uma descendência comum, embora eu deva pensar que a similaridade entre as linhagens do gado da Índia ou da ovelha da Sibéria existam mais por causa da comunidade de sua descendência do que pelos efeitos do clima sobre os descendentes de diferentes linhagens.

Apesar dessas grandes dificuldades, percebo que todos admitiriam que, se fosse possível, a classificação mais satisfatória de nossas variedades domésticas seria a genealógica, e o sistema natural relacionaria essas variedades entre si. Ao tentar realizar esse objetivo, o sujeito classificaria uma variedade, cujo parentesco lhe é desconhecido, observando seus caracteres externos, tendo, porém, um objetivo subsequente e distinto em vista, a saber, sua descendência, assim como um taxonomista metódico também parece possuir uma finalidade subsequente, mas indefinida, em todas as suas classificações. Assim como o taxonomista metódico, esse sujeito também não se importa se são considerados os caracteres de órgãos mais ou menos importantes desde que esses caracteres sejam persistentes dentro do grupo avaliado. Portanto, observando o gado, ele valorizaria mais um caractere extraído da forma dos chifres do que das proporções dos membros e do corpo inteiro, pois acredita que a forma dos chifres é, em algum grau, consideravelmente

---

259 Consideração geral sobre a influência das condições sobre a variação ocorre em *The Origin of Species* (1.ed., p.131-3; 6.ed., p.164-5).

Fundamentos de A origem das espécies

persistente entre o gado,[260] enquanto os ossos dos membros e do corpo variam. Sem dúvida, como regra geral, quanto mais importante é um órgão, com mais frequência ele aparece, pois pouco se relaciona com influências externas; porém, conforme o objetivo da seleção que originou essas raças, as partes mais ou menos importantes podem ser diferentes entre si, de modo que os caracteres extraídos das partes mais sujeitas a variações em geral, como ocorre com a cor, podem, às vezes, ser muito úteis – como é o caso. Esse sujeito admitiria que as semelhanças gerais, as quais dificilmente a linguagem consegue definir, podem, às vezes, servir para alocar uma espécie por causa de uma relação mais próxima. Ele também seria capaz de atribuir uma razão clara para que a estreita semelhança do fruto de duas variedades de abacaxi e a raiz nos nabos comuns e suecos, além da graciosa similitude entre as formas do *greyhound* e do cavalo de corrida, sejam caracteres de pouco valor na classificação: eles são o resultado, não de uma comunidade de descendentes, mas da seleção para uma finalidade comum ou dos efeitos de condições externas similares.

Classificação de "raças" e espécies similares

Uma vez que tanto os classificadores de espécies quanto os de variedades[261] utilizam os mesmos meios, pois traçam distinções similares quanto ao valor dos caracteres e deparam-se com as mesmas dificuldades, e que ambos, ao que parece,

---

260 Ibid., I.ed., p.423; 6.ed., p.579. Marshall é citado como autoridade na margem.
261 Ibidem.

possuem um objetivo subsequente na classificação, não posso deixar de suspeitar fortemente que a mesma causa que criou nossos grupos e subgrupos de variedades domésticas também criou grupos semelhantes (mas de valores mais elevados) entre as espécies, e que essa causa é a maior ou menor proximidade da descendência real. O simples fato de as espécies, tanto as extintas como as que vivem atualmente, serem divisíveis em gêneros, famílias, ordens etc., divisões análogas às divisões das variedades é um fato que, de outro modo, seria inexplicável, e que apenas não foi notado por causa de sua familiaridade.

Origem dos gêneros e famílias

Suponhamos,[262] por exemplo, que uma espécie tenha se espalhado, alcançando seis ou mais regiões diferentes, ou que sua propagação tenha ocorrido em uma área ampla, dividida em seis regiões expostas a condições diferentes e com *habitats* levemente distintos entre si. Imaginemos também que essa área não esteja totalmente ocupada por outras espécies, de modo que seis espécies ou raças diferentes formaram-se por seleção, e que cada uma delas esteja muito bem adaptada a seus novos hábitos e localidades. Devo observar que, em todos os casos, se uma espécie modifica-se em uma das sub-regiões, é provável que também se modifique em outra das sub-regiões onde se propagou, pois sua organização mostrou-se capaz de plastici-

---

262 Essa discussão corresponde, em parte, a *The Origin of Species*, 1.ed., p.411-2; 6.ed., p.566-7. Embora a doutrina da divergência não seja mencionada neste Ensaio (apesar de ser mencionada em *The Origin of Species*), essa seção me parece se aproximar dela.

Fundamentos de A origem das espécies

dade. A propagação dessa espécie é prova de sua capacidade de lutar com outros habitantes das muitas sub-regiões, e, considerando que os seres orgânicos das grandes regiões são aparentados até certo grau, e que até mesmo as condições físicas são frequentemente semelhantes em alguns aspectos, espera-se que a modificação estrutural que deu alguma vantagem a essa espécie em relação às espécies antagonistas em uma sub-região seja acompanhada por outras modificações em outras sub-regiões. As novas raças ou espécies que supostamente se formariam estariam intimamente relacionadas entre si, constituindo ou um novo gênero ou subgênero, ou sendo classificadas conforme o gênero de suas espécies parentais (provavelmente formando uma seção um pouco diferente). Com o passar dos anos, ao longo das contingências das mudanças físicas, é provável que algumas dessas seis novas espécies acabem sendo destruídas, mas a vantagem, seja ela qual for (seja mera tendência a variar, alguma peculiaridade de organização, poder da mente ou meio de distribuição), que na espécie-progenitora e em suas seis espécies-descendentes selecionadas e modificadas fez que essas espécies prevalecessem sobre as antagonistas, tende a preservar algumas ou muitas dessas espécies por um longo período. Se, então, duas ou três das seis espécies forem preservadas, elas, por sua vez, durante as mudanças contínuas, dariam origem a outros tantos pequenos grupos de espécies; se os progenitores desses pequenos grupos forem muito similares, as novas espécies formariam um grande gênero, que dificilmente dividir-se--ia em duas ou três seções; porém, se os progenitores forem consideravelmente diferentes, sua espécie-descendente, ao herdar a maioria das peculiaridades de sua espécie-progenitora, formaria dois ou mais subgêneros ou gêneros (se o curso da seleção sofreu diferentes tendências). Por último, espécies descendentes de diferentes espécies dos gêneros recém-formados formariam novos gêneros, e esses gêneros, coletivamente, formariam uma família.

O extermínio de espécies decorre das mudanças nas condições externas e do aumento ou imigração das espécies mais favorecidas: como espécies que estão sofrendo modificações em qualquer grande região (ou mesmo em todo o mundo) muitas vezes irão se aparentar umas com as outras por possuírem diversos caracteres em comum e, portanto, também vantagens em comum, então as espécies de uma localidade onde novos ou mais favorecidos exemplares compartilham com elas alguma inferioridade (seja uma característica qualquer particular da estrutura, das faculdades mentais em geral, dos meios de distribuição, da capacidade de variação etc.) estarão aptas a se aparentarem. Consequentemente, espécies do mesmo gênero, lentamente, uma após a outra, *tendem* a rarear cada vez mais, até, por fim, extinguirem-se. Assim, como toda última espécie que pertence a uma diversidade de gêneros aparentados enfraquece, até mesmo a família extinguir-se-á. É claro que pode haver exceções ocasionais à destruição total de qualquer gênero ou família. Do que vimos anteriormente, a formação lenta e sucessiva de várias novas espécies a partir de uma mesma linhagem criará um novo gênero, assim como a formação lenta e sucessiva de outras novas espécies a partir de outra linhagem formará outro gênero; se essas duas linhagens forem aparentadas entre si, esses gêneros formarão uma nova família. Então, até onde nosso conhecimento alcança, é dessa maneira lenta e gradual que grupos de espécies aparecem e desaparecem da face da Terra.

Fundamentos de A origem das espécies

Podemos esclarecer como nossa teoria propõe que a extinção parcial é causa do arranjo de espécies em grupos. Observemos uma grande classe, Mammalia, por exemplo, e suponhamos que todas as suas espécies e variedades, ao longo de cada sucessão entre os diferentes períodos, tenham deixado um descendente inalterado (fóssil ou vivo) até o presente. Teríamos, então, uma longa série, incluindo todas as pequenas gradações das formas mamíferas conhecidas. Consequentemente, a existência de grupos[263] ou de abismos dentro dessa série, com partes de maior ou menor largura, é exclusivamente devida a espécies anteriores e a grupos inteiros de espécies que não deixaram exemplares de descendentes.

Quanto às semelhanças "analógicas" ou "adaptativas" entre seres orgânicos que não são de fato relacionados,[264] acrescento apenas que provavelmente o isolamento de diferentes grupos de espécies é um elemento importante na produção desses caracteres: em uma ilha que está crescendo ou mesmo em um continente como a Austrália, que possui apenas algumas ordens das principais classes, podemos ver com facilidade que as condições são altamente favoráveis para que as espécies dessas ordens se tornem adaptadas a certas partes da economia da natureza, que, em outros países, são executadas por grupos especialmente adaptados a essas regiões. Pode-se entender como uma lenta seleção dos tipos marsupiais mais carnívoros pode ter formado um animal semelhante à lontra na Austrália, além de explicar o curioso caso, no hemisfério sul, lugar onde não há araus (mas

---

263 Provavelmente o autor pretendia escrever "grupos separados por abismos".

264 Discussão semelhante ocorre em *The Origin of Species* (1.ed., p.427; 6.ed., p.582).

muitos petréis), do petrel[265] que teve sua forma externa modificada para executar a mesma função na natureza dos araus do hemisfério norte, embora os hábitos e a forma dos petréis e dos araus sejam tão diferentes em geral. Segue-se, de nossa teoria, que duas ordens devem ter descendido de uma matriz comum em uma época imensamente remota, e daí podemos perceber, quando uma espécie de uma ordem mostra alguma afinidade com outra, por que essa afinidade é geralmente genérica e não particular — por isso, entre os roedores, a viscacha, nos pontos em que se relaciona com os marsupiais, relaciona-se com todo o grupo,[266] e não particularmente com os vombates, espécie que, dentre todos os marsupiais, está mais relacionada com os roedores. A viscacha, portanto, está relacionado ao atual Marsupialia apenas por se relacionar com sua linhagem matriz comum, e não com nenhuma espécie em particular. E os escritos da maioria dos naturalistas nos permitem observar que, em geral, quando um organismo é descrito como intermediário entre dois *grandes* grupos, ele não se relaciona com espécies particulares de nenhum dos grupos, mas com ambos, em seu conjunto. Uma pequena reflexão mostrará como exceções (por exemplo, o Lepidosiren, um peixe relacionado a espécies *particulares* de répteis) podem existir: em um período remoto, alguns poucos descendentes de uma espécie podem ter se ramificado de uma linhagem matriz comum que posteriormente formou duas ordens ou grupos, enquanto esses descendentes sobreviveram até o presente praticamente em seu estado original.

---

265 Refere-se à *Puffinuria berardi* (cf. ibid., 1.ed., p.184; 6.ed., p.221).
266 Ibid., 1.ed., p.430; 6.ed., p.591.

Fundamentos de A origem das espécies

Por fim, observamos que todos os principais fatos das afinidades e da classificação dos seres orgânicos podem ser explicados se tomarmos a teoria do sistema natural simplesmente como genealogia. A similaridade dos princípios de classificação das variedades domésticas e das espécies autênticas, tanto as vivas quanto as extintas, é explicada imediatamente, assim como as regras que devem ser seguidas e as dificuldades encontradas são as mesmas. A existência de gêneros, famílias, ordens etc., e suas relações mútuas, resultam naturalmente, em todos os períodos, da extinção que ocorre entre os descendentes de uma linhagem comum que divergem entre si. Termos que os naturalistas não podem deixar de usar, embora metaforicamente, como afinidade, relações, famílias, caracteres adaptativos etc., deixam de ser como são e assumem sua significação simples.

Capítulo VIII
Unidade do tipo nas grandes classes e estruturas morfológicas

Unidade do tipo[267]

Poucas coisas são mais maravilhosas ou frequentemente mencionadas de forma mais insistente do que os seres orgânicos divididos em grandes classes, pois, embora vivam em climas muito diversos e em períodos imensamente remotos, e embora estejam adaptados a diferentes fins na economia da

---

267 *The Origin of Species*, 1.ed., p.434; 6.ed., p.595. O Capítulo VIII corresponde a uma seção do Capítulo XIII na primeira edição.

285

natureza, a estrutura interna de todos eles evidencia uma óbvia uniformidade. O que, por exemplo, é mais maravilhoso do que a mão para apertar, o pé ou o casco para andar, a asa do morcego para voar, a nadadeira do boto[268] para nadar, todos construídos a partir do mesmo plano? Ou que os ossos, tomados em sua posição e número, sejam tão similares a ponto de todos poderem ser classificados e denominados pelos mesmos nomes. Ocasionalmente, alguns dos ossos são representados apenas por um estilo suave, aparentemente inútil, ou são unidos próximos a outros ossos; a unidade do tipo, porém, é mantida e dificilmente perde a clareza por isso. Observamos nesse fato um vínculo profundo de união entre os seres orgânicos das mesmas grandes classes, iluminando o objetivo e o fundamento do sistema natural. A percepção desse vínculo, devo acrescentar, é a causa evidente de que naturalistas distinguem mal as afinidades autênticas e as adaptativas.

Morfologia

Naturalistas menos visionários admitem uma classe de fatos próxima, ou melhor, quase idêntica, nomeando-a morfologia. Esses fatos mostram que um ser orgânico individual possui vários órgãos que consistem em outro órgão metamorfoseado:[269]

---

268 Ibid., 1.ed., p.434; 6.ed., p.596. Em *The Origin of Species* (1.ed.), esses exemplos são mencionados na seção "Morphology", na qual não há a distinção entre esse subtítulo e "Unity of Type".

269 Cf. ibid., 1.ed., p.436; 6.ed., p.599, em que são dados como exemplos as partes da flor, a mandíbula e o pedipalpo dos crustáceos, e o crânio dos vertebrados.

Fundamentos de A origem das espécies

desse modo é possível mostrar que sépalas, pétalas, estames, pistilos etc. de cada planta são folhas metamorfoseadas, explicando, de forma mais lúcida, não apenas o número, a posição e os estados de transição desses vários órgãos, mas também suas monstruosas mudanças. Acredita-se que essas mesmas leis sejam aplicadas às vesículas gemíferas dos zoófitos. Da mesma maneira, o número e a posição das mandíbulas e palpos extraordinariamente complexos dos crustáceos e dos insetos, e as diferenças entre os diferentes grupos, tornam-se simples se tomarmos essas partes, ou melhor, pernas e todos os apêndices metamorfoseados, como pernas metamorfoseadas. Os crânios dos Vertebrata são compostos de três vértebras metamorfoseadas e, portanto, podemos ver um significado no número e na estranha complexidade do caso ósseo do cérebro. Neste último caso, e no das mandíbulas dos crustáceos, basta observar uma série dos diferentes grupos de cada classe para admitir a verdade dessas opiniões. É evidente que, se considerarmos que todas as espécies de um grupo possuem órgãos que consistem em outra parte metamorfoseada, deve haver também uma "unidade de tipo" nesse grupo. E, nos casos mencionados, em que o pé, a mão, a asa e a nadadeira são construídos a partir de um tipo uniforme, se percebermos nessas partes ou órgãos traços de uma mudança aparente de algum outro uso ou função, eles devem ser estritamente incluídos no departamento de morfologia. Portanto, se pudéssemos rastrear nos membros dos vertebrados os traços de uma mudança aparente que foi processada a partir das vértebras, assim como fazemos com suas costelas, afirmaríamos que, em toda espécie de Vertebrata, os membros eram "processos espinhais metamorfoseados", e

Charles Darwin

que, em todas as espécies da classe, os membros exibiam uma "unidade do tipo".[270]

Essas partes maravilhosas do casco, pé, mão, asa, nadadeira, tanto nos animais vivos quanto nos extintos, todas construídas a partir do mesmo molde, e também da pétala, estamina, germe etc. tomadas como folhas metamorfoseadas, podem ser vistas pelo criacionista apenas como fatos últimos e incapazes de explicação, ao passo que, em nossa teoria da descendência, desses fatos segue-se uma necessidade, pois todos os seres de qualquer classe – mamíferos, por exemplo – são considerados descendentes de uma linhagem matriz, e foram alterados a passos pequenos como efeito da seleção de variações domésticas casuais pelo homem. Agora podemos ver, de acordo com essa visão, que um pé com ossos cada vez mais longos e membranas mais largas pode ser selecionado até se tornar um órgão natatório, e assim por diante, até que seja capaz de batê-lo ao longo da superfície da água ou de deslizar sobre ela e, enfim, voar; nessas mudanças, porém, não haveria tendência de alterar o molde da estrutura interna herdada. Partes podem se perder (como a cauda nos cães, chifres no gado ou os pistilos em plantas), outras podem se unir (como os pés da linhagem de porcos de Lincolnshire[271] e os estames de muitas flores de jardim), partes de natureza semelhante podem aumentar de número (como as vértebras nas caudas dos porcos, as galinhas de Dorking e os

---

270 Aqui o autor une "Unidade de tipo" e "Morfologia".

271 Os porcos de casco sólido mencionados em *Variation under Domestication* (2.ed., v.II, p.424) não são porcos de Lincolnshire. Para outros exemplos, cf. Bateson, *Materials for the Study of Variation*, 1894, p.387-90.

Fundamentos de A origem das espécies

dedos das mãos e dos pés nas raças de seis dedos de homens); observam-se, porém, diferenças análogas na natureza que são desconsideradas pelos naturalistas para eliminar a uniformidade dos tipos. Podemos, no entanto, conceber que essas mudanças são levadas a um comprimento capaz de obscurecer a unidade do tipo até que seja finalmente indistinguível, como o caso da nadadeira dos plesiossauros, que dificilmente pode ter a uniformidade do tipo reconhecida.[272] Se, após mudanças longas e graduais na estrutura dos codescendentes de qualquer linhagem matriz, ainda pudessem ser detectadas evidências (seja de monstruosidades ou de uma série graduada) na função que certas partes ou órgãos desempenhavam na linhagem parental, partes ou órgãos poderiam ser estritamente determinados por sua função anterior com o termo "metamorfoseado" anexado. Os naturalistas usaram esse termo do mesmo modo metafórico dos termos "afinidade" e "relação", e, quando afirmam, por exemplo, que as mandíbulas de um caranguejo são pernas metamorfoseadas, de modo que um caranguejo pode possuir mais pernas e menos mandíbulas do que outro, eles estão longe de afirmar que as mandíbulas, durante a vida do caranguejo ou de seus progenitores, sejam de fato pernas. Na nossa teoria, esse termo assume seu significado literal,[273] e o maravilhoso fato

---

272 C. Bell é mencionado como autoridade na margem do texto, aparentemente por suas conclusões sobre os plesiossauros. Cf. *The Origin of Species* (1.ed., p.436; 6.ed., p.598), em que o autor comenta que, nos "gigantescos lagartos marinhos, hoje extintos", o "parâmetro geral" é obscurecido. No mesmo trecho, os animais suctoriais pertencentes ao subgênero Entomostraca são também mencionados como exemplos da dificuldade em se reconhecer um tipo.

273 Ibid., 1.ed., p.438; 6.ed., p.602.

das complexas mandíbulas com vários caracteres conservados, que provavelmente teriam permanecido se tivessem realmente se metamorfoseado ao longo de muitas gerações sucessivas de pernas autênticas, é simplesmente explicado.

Embriologia

A unidade de tipo nas grandes classes mostra-se de outra maneira, e de forma muito marcante, nas etapas pelas quais o embrião passa para atingir a maturidade.[274] Assim, por exemplo, em um mesmo período do embrião, as asas do morcego, a barbatana da toninha, as mãos, o casco ou o pé do quadrúpede, não diferem entre si, pois todos consistem em um simples osso indiviso. Considerando um período embrionário anterior, os embriões do peixe, pássaro, réptil e mamífero assemelham-se de maneira impressionante. Não devemos supor que essa semelhança seja apenas externa; na dissecação, observa-se que as artérias se ramificam em um percurso peculiar, diferenciando--se totalmente nos mamíferos e nos pássaros adultos. Porém, elas diferenciam-se muito menos se comparadas com as dos peixes adultos, nos quais correm como se filtrassem sangue por brânquias[275] no pescoço e até mesmo os orifícios em forma de fenda podem ser discernidos. Como é maravilhoso que essa estrutura esteja presente em embriões que se desenvolvem em

---

274 Ibid., 1.ed., p.439; 6.ed., p.604.

275 A inutilidade dos arcos branquiais nos mamíferos é ressaltada em *The Origin of Species* (1.ed., p.440; 6.ed., p.606), que também cita dois casos de inutilidade que não aparecem no presente Ensaio, os pontos na pele no jovem melro e as estrias no filhote de leão.

Fundamentos de A origem das espécies

formas de animais tão diferentes, e que, entre essas formas, duas grandes classes respiram apenas pelo ar. Também não podemos afirmar que o curso das artérias se relacione com as condições externas, pois o embrião do mamífero amadurece no corpo dos progenitores, o do pássaro, em um ovo ao ar livre, e o do peixe, em um ovo dentro d'água. Em todos os moluscos com conchas (Gastropoda), o embrião passa por um estado análogo ao dos pterópodes, como também ocorre entre os insetos, mesmo os mais diferentes, como a mariposa, a mosca e o besouro, cujas larvas rastejantes são todas estreitamente análogas. Entre os Radiata, a água-viva em seu estado embrionário se assemelha a um pólipo e, em um estado ainda anterior, a um infusório, assim como o embrião do pólipo. Durante certo período, parte do embrião de um mamífero é mais parecida com a de um peixe do que com sua forma progenitora, e as larvas de todas as ordens de insetos assemelham-se mais a animais articulados mais simples do que a seus insetos progenitores,[276] além de outros casos como o do embrião da água-viva, que se assemelha muito mais a um pólipo do que a uma água-viva perfeita. Frequentemente se afirma que, em todas as classes, o animal superior passa pelo estado de um animal inferior. Por exemplo, supõe-se que, entre os vertebrados, o mamífero passe pelo estado de peixe,[277] algo negado por Müller, que afirma que o jovem mamífero nunca é um peixe, assim como Owen afirma

---

276 Em *The Origin of Species* (1.ed., p.442, 448; 6.ed., p.608, 614), indica-se que, em alguns casos, a forma jovem se assemelha ao adulto, como é o caso das aranhas e dos afidídeos, que não possuem um "estágio semelhante a um verme" de desenvolvimento.

277 Em *The Origin of Species* (1.ed., p.449; 6.ed., p.618), o autor expressa dúvidas a respeito da teoria da recapitulação.

que a água-viva embrionária em nenhum momento é um pólipo; mamíferos, peixes, águas-vivas e pólipos passam pelo mesmo estado, e mamíferos e águas-vivas devem ser considerados apenas mais desenvolvidos ou alterados.

Como, na maioria dos casos, o embrião possui estrutura menos complexa do que a em que ele irá se desenvolver, pode-se pensar que a semelhança do embrião com formas menos complexas da mesma classe era, de alguma maneira, uma preparação necessária para seu desenvolvimento superior. No entanto, o embrião pode se tornar tanto menos quanto mais complexo[278] durante o seu crescimento. Por exemplo, certas fêmeas de crustáceos epizoicos, em seu estado maduro, não têm olhos nem órgãos de locomoção, são apenas um saco com um simples aparelho de digestão e procriação que, depois de fixados ao corpo do peixe de que se alimentam, nunca mais se movem durante toda a vida; em sua condição embrionária, por outro lado, são dotados de olhos e membros bem articulados, nadando ativamente e buscando o objeto apropriado para se apegar. E há também as larvas de algumas mariposas, mais complexas e ativas do que as fêmeas sem asas e sem membros, que nunca saem do seu casulo da fase de pupa, nunca se alimentam e nunca veem a luz do dia.

Tentativa de explicação dos fatos da embriologia

Creio que a teoria da descendência pode lançar luz considerável sobre esses maravilhosos fatos embriológicos que são co-

---

278 A passagem corresponde a *The Origin of Species* (1.ed., p.441; 6.ed., p.607), em que, porém, é dado o exemplo dos cirrípedes.

Fundamentos de A origem das espécies

muns, em grau maior ou menor, a todo reino animal, e, de algum modo, ao reino vegetal. Podemos mencionar, por exemplo, o fato de as artérias nos embriões de mamíferos, aves, répteis e peixes, correrem e se ramificarem pelos mesmos cursos e quase da mesma maneira que as artérias nos peixes adultos, além do fato de que semelhanças entre caracteres de estados embrionários determinam a verdadeira posição no sistema natural dos seres orgânicos maduros; fato este, devo mencionar, de grande importância para os naturalistas sistemáticos.[279] A seguir estão as considerações que iluminam esses pontos curiosos.

Na economia, por exemplo, de um animal felino,[280] a estrutura do embrião ou do gato filhote ainda mamando é de importância secundária e, portanto, se um felino variasse (assumindo, por ora, essa possibilidade) e se algum lugar na economia da natureza favorecesse, por exemplo, a seleção de uma variedade de membros mais longos, não haveria muita importância para a produção por seleção natural dessa linhagem se os membros *se alongassem tão logo* o animal se alimentasse sozinho. E se fosse descoberto, após a seleção contínua e a produção de várias novas linhagens de uma única matriz de progenitores, que as variações sucessivas ocorreram não tão cedo na juventude ou na vida embrionária de cada linhagem (e acabamos de ver que é bastante irrelevante se o faz ou não), então obviamente segue-se que os jovens ou embriões das várias linhagens continuarão se assemelhando mais uns aos outros do que a seus

---

279 Ibid., 1.ed., p.449; 6.ed., p.617.
280 Cf. *The Origin of Species*, 1.ed., p.443-4; 6.ed., p.610. A generalização "animal felino" é usada no Ensaio de 1842, nota 127, porém não aparece em *The Origin of Species.*

Charles Darwin

progenitores adultos.[281] E, novamente, se duas dessas linhagens se tornassem cada uma a matriz progenitora de várias outras linhagens, formando dois gêneros, os jovens e os embriões ainda reteriam uma semelhança maior com a matriz original se comparados os estados adultos de ambos. Dessa forma, se pudéssemos mostrar que as pequenas variações sucessivas nem sempre sobrevêm em um período muito precoce da vida, a maior semelhança ou maior unidade no tipo na juventude do que no estado adulto dos animais seria explicada. Antes de nos esforçarmos praticamente[282] para descobrir se a estrutura ou a forma dos filhotes mudou em grau exatamente correspondente às mudanças dos animais adultos em nossas raças domésticas, será bom mostrar que é pelo menos bastante *possível* que a vesícula germinativa primária seja impressa com uma tendência a produzir alguma mudança nos tecidos em crescimento, algo que não será totalmente efetuado até que o animal esteja em estágio avançado em vida.

Quanto à hereditariedade das seguintes peculiaridades estruturais que aparecem apenas quando o animal está totalmente desenvolvido, a saber, tamanho, estatura (que não é consequência da estatura da infância), gordura local ou do corpo todo, mudança de cor da pelagem e sua queda, deposição de matéria óssea nas pernas dos cavalos, cegueira e surdez advindas de mudanças na estrutura dos olhos e ouvidos, gota e consequente deposição de pedras calcárias, entre outras muitas doenças[283] —

---

281 *The Origin of Species*, 1.ed., p.447; 6.ed., p.613.

282 Na margem está escrito "considerar pombos filhotes". A pesquisa foi realizada e os resultados são mencionados em *The Origin of Species* (1.ed., p.445; 6.ed., p.612).

283 Há passagens correspondentes em *The Origin of Species* (1.ed., p.8, 13, 443; 6.ed., p.8, 15, 610. Na primeira edição, não encontrei passa-

Fundamentos de A origem das espécies

como no coração e no cérebro etc. —, e considerando que todas essas tendências são, repito, hereditárias, vemos com clareza que a vesícula germinativa é impressa com algum poder maravilhosamente preservado durante a produção das infinitas células nos tecidos em constante mudança, até que a parte a ser afetada seja formada e o tempo da vida alcançado. Vemos isso claramente quando selecionamos gado com qualquer peculiaridade em seus chifres, ou aves domésticas com qualquer peculiaridade em sua segunda plumagem, pois tais singularidades não podem reaparecer até que o animal esteja maduro. Portanto, é por certo *possível* que a vesícula germinativa possa ser impressa com uma tendência a produzir um animal de membros longos, cujo comprimento total e proporcional de seus membros aparecerá somente quando o animal estiver maduro.[284]

Em vários dos casos que acabamos de enumerar sabemos que a causa primeira da peculiaridade, quando *não* é hereditária, está nas condições a que o animal é exposto durante a vida adulta, e, portanto, em certa medida, aparecem no tamanho geral e na gordura, na claudicação em cavalos e, em menor grau, pode-se mencionar que os hábitos de vida podem causar e acelerar a cegueira, a gota, entre outras doenças. Essas peculiaridades, quando transmitidas à prole do indivíduo afetado, reaparecem em um período de vida quase correspondente. Em

---

gem tão notável como a que ocorre em "que a vesícula germinativa é impressa com algum poder maravilhosamente preservado [...]". Em *The Origin*, essa *preservação* é quase dada como certa.

284 Na margem está escrito: "órgãos abortados talvez nos mostrem algo sobre o período que mudanças sobrevêm no embrião".

Charles Darwin

trabalhos médicos, afirma-se geralmente que o aparecimento de uma doença hereditária nos progenitores tende a reaparecer na prole no mesmo período. Do mesmo modo, descobrimos que a maturidade precoce, a fase de reprodução e a longevidade são transmitidas e se manifestam nos períodos correspondentes da vida da prole. O dr. Holland tem insistido muito na ideia de que filhos da mesma família manifestam certas doenças de maneiras semelhantes e peculiares; meu pai conheceu três irmãos[285] que morreram em idade avançada e em um estado *singular* de coma, e, agora, se tomarmos rigorosamente esses casos tardios, os filhos dessas famílias devem sofrer de maneira semelhante em momentos correspondentes da vida, o que provavelmente não será o caso. No entanto, esses fatos mostram que a tendência de uma doença a se manifestar em determinados estágios da vida pode ser transmitida pela vesícula germinativa a diferentes indivíduos da mesma família, e, portanto, é possível que doenças que afetam períodos muito diferentes da vida possam ser transmitidas. Tão pouca atenção é dada a animais domésticos muito jovens que não sei se há algum caso registrado de peculiaridades selecionadas em animais na idade infantil; poder-se-ia avaliar, por exemplo, se a primeira plumagem de pássaros é transmitida aos seus filhotes. Entretanto, se nos voltarmos para o bicho-da-seda,[286] descobriremos que as lagartas e seus casulos (que correspondem a um período *muito inicial* da vida embrionária dos mamíferos) variam, e que essas variedades reaparecem em seus descendentes.

---

285 Cf. Ensaio de 1842, nota 123.
286 A evidência é dada em *Variation under Domestication* (v.I, p.316).

Fundamentos de A origem das espécies

Penso que esses fatos são suficientes para tornar provável que – em qualquer período da vida em que aparece uma peculiaridade (com capacidade de ser hereditária), seja causada pela ação de influências externas durante a vida adulta, seja por afecção da vesícula germinativa primária – essa peculiaridade *tenda* a reaparecer na prole.[287] Portanto, (posso acrescentar) qualquer efeito que o treinamento, isto é, o pleno uso ou ação de cada pequena variação recém-selecionada, tenha no pleno desenvolvimento e crescimento dessa variação, só se manifestaria na idade madura, correspondendo ao período de treinamento. Em relação a isso, no Capítulo II mostrei que havia uma diferença marcante entre a seleção natural e a artificial; nesta, o homem não exercita regularmente ou adapta suas variedades a novos fins, ao passo que a seleção por natureza pressupõe o exercício e adaptação em cada parte selecionada e modificada. Os fatos mencionados mostram e pressupõem que pequenas variações ocorrem em vários períodos da vida *após o nascimento*, enquanto muitas das mudanças causadas por fatos da monstruosidade ocorrem antes do nascimento, por exemplo, todos os casos de dedos extras, o lábio leporino e todas as alterações repentinas e grandes na estrutura, que, quando hereditárias, reaparecem durante o período embrionário na prole. Acrescento apenas que, em um período ainda anterior à vida embrionária, no estado de ovo, as variedades aparecem no tamanho e na cor que depois reaparecem no ovo (como no caso do pato de Hertfordshire e seus ovos escurecidos),[288] e,

---

287 *The Origin of Species*, 1.ed., p.444; 6.ed., p.610.

288 Em *Variation under Domestication* (2.ed., v.I, p.295), o autor menciona que o pato-do-labrador negro bota os ovos no início de cada estação.

nas plantas, a cápsula e as membranas da semente são também muito variáveis e hereditárias.

Portanto, se as duas proposições seguintes são admitidas (e eu acho que a primeira dificilmente pode ser posta em dúvida), a saber, que a variação da estrutura ocorre em todas as épocas da vida, embora, sem dúvida, ocorra em menor quantidade na época madura,[289] rareando cada vez mais conforme o avançar da idade (assumindo, a partir de então, a forma de doença em geral), e, em segundo, que é provável que essas variações tendem a reaparecer em um período de vida correspondente, poderíamos, então, esperar *a priori* que, em uma linhagem selecionada, o animal *jovem* não partilharia em um mesmo grau as peculiaridades que caracterizam o progenitor *totalmente desenvolvido*, embora isso possa ocorrer em menor grau. Se, para a produção de uma linhagem de membros longos, necessita-se de algo entre mil ou 10 mil seleções de pequenos incrementos no comprimento dos membros de indivíduos, podemos esperar que esses incrementos apareçam em indivíduos diferentes (pois não sabemos com certeza em que período eles ocorrem), alguns precoce, outros tardiamente ao longo do estado embrionário, e alguns, ainda, durante o início da juventude; além disso, esses incrementos reapareceriam em seus descendentes somente nos períodos correspondentes. Portanto, todo o comprimento dos membros nessa nova linhagem de membros longos só seria adquirido no último período de vida, quando

---

Na frase seguinte, o autor não distingue os caracteres da cápsula vegetal dos caracteres do óvulo.

289 Isso me parece ser afirmado de forma mais veemente aqui do que em *The Origin of Species* (1.ed.)

Fundamentos de A origem das espécies

sobreviesse o último dos mil incrementos primários no comprimento. Consequentemente, a parte inicial da existência do feto dessa nova linhagem permaneceria muito menos alterado nas proporções de seus membros, pois, quanto mais cedo o período considerado, menor é a mudança.

Qualquer que seja o pensamento sobre os fatos em que esse raciocínio se baseia, ele mostra como os embriões e os filhotes de diferentes espécies podem permanecer com menos mudanças do que seus progenitores adultos, e descobrimos, na prática, que os filhotes de nossos animais domésticos, embora diferentes, diferem menos de seus progenitores adultos totalmente desenvolvidos. Assim, se olharmos para os filhotes[290] do greyhound e do buldogue (obviamente as mais modificadas das linhagens de cães), encontramos filhotes de seis dias com patas e focinhos (estes medidos dos olhos até a ponta do nariz) de mesmo comprimento; embora nas espessuras proporcionais e aparência geral dessas partes haja uma grande diferença. O mesmo ocorre com o gado, pois, embora possamos reconhecer facilmente bezerros de diferentes linhagens, eles não se diferenciam tanto em suas proporções quanto os animais adultos. Vemos isso claramente no fato que mostra a grande habilidade necessária para a seleção das melhores formas iniciais de vida, seja de equinos, bovinos ou aves, uma vez que ninguém tentaria selecionar animais apenas algumas horas após o nascimento. Além disso, trata-se de prática que requer grande discriminação para julgar com exatidão, pois mesmo durante a plena juventude os melhores juízes às vezes são enga-

---

290 Ibid., 1.ed., p.444; 6.ed., p.611.

nados. Isso mostra que as proporções finais do corpo não são adquiridas até o animal se aproximar da idade madura. Se eu tivesse coletado fatos suficientes para estabelecer firmemente a proposição de que, em linhagens selecionadas artificialmente, os animais embrionários e jovens não são alterados em grau correspondente ao de seus progenitores na idade madura, eu poderia ter omitido todo o raciocínio anterior e as tentativas de explicar como isso acontece. Se assim fosse, poderíamos transferir com segurança essa proposição para as linhagens ou espécies naturalmente selecionadas, e o efeito final seria necessariamente uma matriz comum a várias linhagens ou espécies descendentes, que formariam vários gêneros e famílias cujos embriões parecer-se-iam mais intimamente entre si do que os animais totalmente crescidos. Qualquer que tenha sido a forma ou os hábitos da matriz dos Vertebrata, e qualquer que seja o curso e a ramificação das artérias, a seleção de variações, se sobrevier após a primeira formação das artérias no embrião, não tenderia a variações supervenientes a períodos correspondentes para alterar seu curso naquele período. Assim, o curso semelhante das artérias no mamífero, ave, réptil e peixes, deve ser visto como um registro mais antigo da estrutura embrionária da matriz comum dessas quatro grandes classes.

Um longo curso de seleção pode ser causa de formas mais simples ou mais complexas. Por exemplo, a adaptação de um crustáceo[291] para viver, durante toda a sua existência, preso ao corpo de um peixe, pode permitir que uma grande simplificação em sua estrutura seja vantajosa, o que imediatamente

---

291 Ibid., 1.ed., p.441; 6.ed., p.607.

Fundamentos de A origem das espécies

explica, por esse ponto de vista, o fato singular de um embrião ser mais complexo do que seu progenitor.

Da complexidade graduada em toda grande classe

Aproveito a oportunidade para ressaltar uma observação dos naturalistas quanto à existência de uma série, na maioria das grandes classes, que parte de seres muito complexos para seres muito simples. Entre os peixes, há grande distância entre a enguia e o tubarão, nos Articulata, entre o caranguejo e a dáfnia,[292] além da distância entre os afídeos e a borboleta, ou entre o ácaro e a aranha.[293] Ora, a observação que acabamos de fazer, sobre a possibilidade de a seleção tender a simplificar ou a complexificar, explica isso, pois podemos ver que, durante as infindáveis mudanças geológico-geográficas e o consequente isolamento das espécies, um tipo de *habitat* que em outros locais está ocupado por animais menos complexos pode ser esvaziado e ocupado por uma forma degradada de uma classe superior ou mais complexa, e de modo algum se seguiria que, quando as duas regiões se unissem, o organismo degradado cedesse lugar ao organismo nativo inferior. De acordo com nossa teoria, obviamente não há poder algum que tenda, de forma constante, a exaltar as espécies, exceto a luta mútua entre os diferentes indivíduos e classes. A partir da tendência hereditária geral e forte, porém, esperamos encontrar alguma tendência à complexificação progressiva na produção sucessiva de novas formas orgânicas.

---

292 Comparar com *The Origin of Species* (1.ed., p.419; 6.ed., p.575).

293 Dificilmente é possível distinguir o não desenvolvimento do desenvolvimento retrógrado. (N. A.)

Charles Darwin

Modificação por seleção das formas de animais imaturos

Já observei que a forma felina[294] é de importância secundária tanto para o embrião quanto para o filhote. É evidente que, ao longo de qualquer grande e prolongada mudança de estrutura no animal maduro, talvez seja, e frequentemente é, indispensável que a forma do embrião também seja modificada. Devido à tendência hereditária presente nas idades correspondentes, essa mudança poderia ser realizada, por seleção, tão bem quanto na idade madura: se o embrião tendesse a se tornar ou a permanecer muito volumoso, seja por todo o corpo ou somente em alguma parte, a mãe morreria ou sofreria mais durante o parto, e, assim como ocorreu no caso dos bezerros com grandes quadris,[295] a peculiaridade deve ser eliminada ou a espécie extinguir-se-á. Quando uma forma embrionária precisa buscar seu próprio alimento, sua estrutura e adaptação são tão importantes para a espécie quanto a do animal adulto, e, assim como vimos que uma peculiaridade que surge em uma lagarta (ou em uma criança, como mostra a hereditariedade das peculiaridades nos dentes de leite) reaparece em sua prole, podemos imediatamente observar que nosso princípio comum de seleção de pequenas variações acidentais modificam e adaptam uma lagarta a uma condição nova ou modificada, exatamente como na borboleta adulta. Portanto, as lagartas de diferentes espécies da ordem Lepidoptera provavelmente diferem mais do que embriões que, no período inicial, permanecem inativos no útero de suas progenitoras. Durante as idades sucessivas,

---

294 Cf. Ensaio de 1842, nota 127, na qual é dado o mesmo exemplo.
295 *Variation under Domestication*, 2.ed., v.I, p.452.

Fundamentos de A origem das espécies

o progenitor continua a ser adaptado por seleção por algum objeto, enquanto a larva, por outro objeto bem diferente, e, portanto, não precisamos nos admirar com a enorme diferença que maravilhosamente aparece entre eles, tão grande quanto a que existe entre a craca-das-rochas e sua prole livre, semelhante a um caranguejo, e provida de olhos e membros locomotores bem articulados.[296]

Importância da embriologia na classificação

Estamos agora preparados para perceber por que o estudo das formas embrionárias possui reconhecida importância na classificação.[297] Vimos que uma variação, sobrevindo a qualquer momento, pode ajudar na modificação e adaptação do adulto, porém, quanto à modificação do embrião, apenas as variações que surgem em período inicial podem ser aproveitadas e perpetuadas pela seleção. Portanto, há menor poder e menor tendência (a estrutura do embrião é, na maioria das vezes, sem importância) para modificar o jovem, e, se considerarmos esse período, espera-se encontrar semelhanças preservadas entre diferentes grupos de espécies que foram obscurecidas e totalmente perdidas nos animais adultos. Do ponto de vista das criações separadas, concebo que seria impossível oferecer qualquer explicação sobre as afinidades dos seres orgânicos, sendo, portanto, mais evidente e de maior importância o período da vida em que sua estrutura não está adaptada à função final que deveria exercer na economia da natureza.

---

296 *The Origin of Species*, 1.ed., p.441; 6.ed., p.607.
297 Ibid., 1.ed., p.449; 6.ed., p.617.

Charles Darwin

Ordem no tempo em que as grandes classes apareceram pela primeira vez

Do raciocínio anterior, segue-se rigorosamente que (por exemplo) os embriões de vertebrados atualmente existentes se assemelham mais ao embrião da matriz progenitora dessa grande classe do que os vertebrados crescidos em relação à sua matriz crescida. Mas é possível argumentar, com alta probabilidade, que, em condições mais antigas e mais simples, havia semelhanças entre o progenitor e o embrião, e a passagem pelos estados embrionários de qualquer animal era causada inteiramente por variações subsequentes que afetaram *apenas* os períodos mais maduros de sua vida. Se assim for, os embriões dos vertebrados existentes irão sombrear a estrutura crescida de algumas das formas dessa grande classe que existia nos primeiros períodos da Terra,[298] e, por consequência, os animais com estrutura semelhante à de um peixe devem ter precedido pássaros e mamíferos. Nos peixes, a divisão organizada superior, cujas vértebras estendem-se até a divisão única da cauda, deve ter precedido os peixes que possuem cauda equivalente, pois os embriões destes têm uma cauda desigual; já nos crustáceos, a entomostraca deve ter precedido os caranguejos e cracas, enquanto os pólipos devem ter precedido as águas-vivas, e o infusório, a ambos. Acredita-se que a ordem de precedência no tempo em alguns desses casos seja válida, mas creio que nossa evidência é tão incompleta em relação aos números e tipos de organismos que existiram durante todos os períodos da história da Terra, principalmente os mais antigos, que não devo

---

298 *The Origin of Species*, 1.ed., p.449; 6.ed., p.618.

Fundamentos de A origem das espécies

ressaltar minha concordância, mesmo que seja possivelmente mais verdadeira do que nosso atual estado de conhecimento é capaz de mostrar.

Capítulo IX
Órgãos abortivos ou rudimentares

Os órgãos abortivos dos naturalistas

Partes da estrutura são consideradas "abortivas" ou "rudimentares",[299] estado de desenvolvimento ainda mais inferior, quando o mesmo poder de raciocínio que, em certos casos, nos convence que partes similares estão belamente adaptadas para certos fins, também declara que, para outros fins, elas são absolutamente inúteis. Assim, o rinoceronte, a baleia[300] etc. têm, quando jovens, dentes pequenos, mas bem formados, que nunca se projetam das mandíbulas; certos ossos, e mesmo extremidades inteiras, são representadas por cilindros simples e pequenos ou por pontas de ossos, muitas vezes soldados a outros ossos; muitos besouros têm asas regularmente formadas, mas muito pequenas, que permanecem unidas dentro de receptáculos;[301] muitas plantas têm, em vez de estames, meros filamentos ou pequenos botões; pétalas são reduzidas a escamas e flores inteiras a bulbos que nunca brotam (como

---

299 Em *The Origin of Species* (1.ed., p.450; 6.ed., p.619), o autor não destaca qualquer distinção entre os significados de "abortivo" e "rudimentar".

300 Ibid., 1.ed., p.450; 6.ed., p.619.

301 Ibidem.

ocorre no caso do jacinto-das-searas). Exemplos similares são quase inumeráveis e são considerados maravilhosos, pois provavelmente não existe um único ser orgânico que não contenha alguma parte que carregue o selo da inutilidade. Afinal, o que pode ser mais claro,[302] até onde alcança nosso poder de raciocínio, do que a ideia de que dentes são para comer, extremidades para locomover, asas para voar, estames e flores para reproduzir. Contudo, considerando esses objetivos evidentes, essas partes em questão são manifestamente inadequadas. Frequentemente se afirma que os órgãos abortivos são meros representantes (expressão metafórica) de partes similares de outros seres orgânicos; no entanto, em alguns casos, são mais do que representações, pois parecem ser o órgão real não totalmente crescido ou desenvolvido. A existência de mamas nos vertebrados do gênero masculino é um dos casos de aborto mais citados, mas sabemos que esses órgãos no homem (e no touro) realizam adequadamente sua função, secretando leite: a vaca normalmente tem quatro mamas e duas abortivas, mas estas últimas, em alguns casos, estão amplamente desenvolvidas e até <??> dão leite.[303] Novamente, nas flores, os representantes dos estames e pistilos podem ser rastreados como partes não desenvolvidas, e Kölreuter demonstrou, ao cruzar uma planta dioica (um Cucubalus) de pistilo rudimentar[304] com outra espécie de órgão perfeito, que, na prole híbrida, a

---

302 O argumento aparece em *The Origin of Species* (1.ed., p.451; 6.ed., p.619).

303 Sobre as mamas masculinas, cf. ibid. (1.ed., p.451; 6.ed., p.619). Em *The Origin of Species*, o autor não expressa dúvidas ao mencionar a mama abortiva da vaca que dá leite, ponto que aqui é questionado.

304 Ibid., 1.ed., p.451; 6.ed., p.620.

Fundamentos de A origem das espécies

parte rudimentar é mais desenvolvida, embora ainda permaneça abortiva, mostrando quão intimamente relacionados na natureza o mero rudimento e o pistilo totalmente desenvolvido devem ser.

Órgãos abortivos considerados inúteis quanto ao seu propósito ordinário às vezes são adaptados para outros fins:[305] os ossos do marsupial, que servem adequadamente para sustentar os filhotes na bolsa da mãe, estão presentes nos machos e servem de fulcro para os músculos ligados somente às funções masculinas; no macho da flor da calêndula, o pistilo é abortivo se considerada sua finalidade de fecundação, porém ele serve para retirar o pólen das anteras[306] prontas para serem transportadas pelos insetos para os pistilos perfeitos de outros floretes. É provável que a função útil de órgãos abortivos ainda seja desconhecida para nós em muitos casos, mas em contexto como o dos dentes incrustados em uma mandíbula sólida, ou dos bulbos que são rudimentos de estames e pistilos, mesmo a imaginação mais ousada dificilmente aventurar-se-á a atribuir-lhes qualquer função. As partes abortivas, mesmo se totalmente inúteis para as espécies individuais, são de grande significado no sistema da natureza, pois frequentemente são muito importantes em uma classificação natural.[307] Assim, nas gramíneas, a presença e a posição de flores inteiras abortivas não podem ser negligenciadas na tentativa de organizá-las de acordo com suas verdadeiras

---

305 O cuidado dos órgãos rudimentares adaptados a novos propósitos é discutido em *The Origin of Species* (1.ed., p.451; 6.ed., p.620).

306 A declaração é dada com base na autoridade de Sprengel; cf. também ibid., 1.ed., p.452; 6.ed., p.621.

307 Ibid., 1.ed., p.455; 6.ed., p.627. Na margem, o nome de R. Brown aparentemente é anotado como autoridade para o fato.

afinidades. Isso corrobora a afirmação em um capítulo anterior, quando se concluiu que a importância fisiológica de uma parte não é um índice de sua importância na classificação. Por fim, os órgãos abortivos muitas vezes só se desenvolvem proporcionalmente em relação a outras partes no estado embrionário ou jovem de cada espécie,[308] o que, considerando especialmente a importância classificatória dos órgãos abortivos, novamente corrobora a lei (declarada no Capítulo X) de que as afinidades mais elevadas dos organismos são frequentemente mais bem percebidas nos estágios de maturidade pelos quais atravessa o embrião. Na visão comum das criações individuais, creio que dificilmente qualquer classe de fatos da história natural é mais maravilhosa ou menos capaz de receber explicação.

Os órgãos abortivos dos fisiologistas

Os fisiologistas e médicos usam o termo "abortivo" em um sentido um pouco diferente do naturalista, e o uso que fazem dele provavelmente é o primordial, pois se referem às partes que, por acidente ou doença, não se desenvolvem ou não crescem antes do nascimento.[309] Por exemplo, quando um filhote de animal nasce com um pequeno coto no lugar de um dedo ou de uma extremidade, com um pequeno botão no lugar de uma cabeça, com uma mera gota de matéria óssea em vez de um dente, ou com um coto em vez de uma cauda, diz-se que essas partes são abortadas. Os naturalistas, por outro lado, como vimos, não relacionam esse termo às partes atrofiadas durante o

---

308 Ibid., I.ed., p.455; 6.ed., p.626.
309 Ibid., I.ed., p.454; 6.ed., p.625.

Fundamentos de A origem das espécies

crescimento do embrião, mas às partes que são produzidas tão regularmente em gerações sucessivas como quaisquer outras essenciais da estrutura do indivíduo; portanto, os naturalistas usam o termo em sentido metafórico. Essas duas classes de fatos, entretanto, podem ser mescladas[310] com partes abortadas acidentalmente durante a vida embrionária de um indivíduo, tornando-se hereditárias nas gerações seguintes: um gato ou cachorro, nascido com um coto em vez de cauda, tende a transmitir cotos para sua prole, e o mesmo ocorre com cotos que representam as extremidades, e com flores com partes defeituosas e rudimentares produzidas anualmente por novos botões florais ou por mudas sucessivas. Na primeira parte, mostramos a forte tendência hereditária de reprodução de todas as estruturas congênitas ou adquiridas lentamente, sejam úteis ou prejudiciais ao indivíduo, e assim não há necessidade de expressar qualquer surpresa com a hereditariedade das partes realmente abortivas. Exemplo curioso da força da hereditariedade é observado às vezes nos dois pequenos chifres frouxos e pendentes em raças sem chifres de nosso gado doméstico,[311] totalmente inúteis em sua função de chifre. Creio agora que nenhuma distinção real pode ser traçada entre os verdadeiros órgãos abortivos dos naturalistas e um coto que representa uma cauda, um chifre ou extremidades, um estame curto e enrugado sem qualquer pólen, ou uma covinha em uma pétala representando um nectário,

---

310 Em *The Origin of Species* (1.ed., p.454; 6.ed., p.625), ao referir-se às variações semimonstruosas, o autor acrescenta: "Mas eu duvido que algum desses casos lance luz sobre a origem dos órgãos rudimentares em um estado de natureza". Em 1844, claramente ele encontrava-se inclinado a uma opinião oposta.

311 Ibid., 1.ed., p.454; 6.ed., p.625.

quando esses rudimentos são regularmente reproduzidos em uma raça ou família. Se tivéssemos razão para acreditar (o que creio que não temos) que todos os órgãos abortivos foram, em algum período, *repentinamente* produzidos durante a vida embrionária de um indivíduo e depois tornados hereditários, deveríamos imediatamente ter uma explicação simples sobre a origem de órgãos abortivos e rudimentares.[312] Da mesma maneira, se certas letras se tornam inúteis[313] na mudança da pronúncia de uma palavra ao longo do tempo, essas letras ainda podem nos ajudar na busca por sua derivação, o que também podemos observar em órgãos rudimentares que não são mais úteis para o indivíduo, mas que possuem grande importância para o atestado de sua descendência, isto é, sua verdadeira classificação no sistema natural.

Aborto por desuso gradual

Parece haver certa probabilidade de que o desuso contínuo de qualquer parte ou órgão e a seleção de indivíduos com partes um pouco menos desenvolvidas produziria, ao longo do tempo, raças com tais partes abortivas nos seres orgânicos sob domesticação. Temos todas as razões para crer que as partes e

---

312 Em *The Origin of Species* (1.ed., p.454; 6.ed., p.625), o autor discute as monstruosidades em relação aos órgãos rudimentares e conclui que o desuso possui grande importância, oferecendo a seguinte dúvida como fundamento dessa conclusão: "não me parece que espécies em estado de natureza passem por mudanças abruptas". Parece-me que em *The Origin of Species* o autor dá mais peso ao "fator lamarckiano" do que em 1844. Já Huxley teve visão oposta.

313 Ibid., 1.ed., p.455; 6.ed., p.627.

Fundamentos de A origem das espécies

órgãos de um indivíduo se desenvolvem plenamente somente com o exercício de suas funções, e, portanto, quanto menor for a quantidade de exercícios, menor o grau de desenvolvimento, que frequentemente alcança a atrofia se sua ação for forçosamente impedida. Devemos nos lembrar de que toda peculiaridade tende a ser hereditária, especialmente se ambos os progenitores a possuem. A menor potência do voo do pato comum em relação ao selvagem deve ser parcialmente atribuída ao desuso[314] durante as gerações sucessivas, e, como a asa está devidamente adaptada ao voo, o pato doméstico deve ser considerado uma primeira fase que se direciona ao estado do quiuí (*Apteryx*), que possui asas curiosamente abortivas. Alguns naturalistas afirmam (possivelmente com razão) que as orelhas caídas, característica da maioria dos cães domésticos e de alguns coelhos, bois, gatos, cabras, cavalos etc., são efeito do menor uso dos músculos dessas partes ao longo de gerações sucessivas de vida inativa, e os músculos que não podem realizar suas funções devem ser considerados próximos do aborto. Também nas flores observamos o aborto gradual durante as sucessivas mudas (embora isso seja mais propriamente uma conversão) de estames até pétalas imperfeitas e, finalmente, até pétalas perfeitas. Se, no início da vida, o olho perde a visão, o nervo óptico às vezes se atrofia, e não podemos crer, como é o caso do tuco-tuco (*Ctenomys*),[315] animal subterrâneo semelhante a uma toupeira, que, se esse órgão é frequentemente afetado e perdido, ele pode se tornar abortivo ao longo de gerações, como

---

314 Em *The Origin of Species* (1.ed., p.455; 6.ed., p.627), orelhas caídas de animais domésticos também são dadas como exemplos.

315 Ibid., 1.ed., p.137; 6.ed., p.170.

Charles Darwin

normalmente ocorre em alguns quadrúpedes escavadores com hábitos quase semelhantes aos do tuco-tuco?

Na medida em que se admite como provável que os efeitos do desuso (junto aos abortos verdadeiros e repentinos ocasionais durante o período embrionário) causariam o menor desenvolvimento da parte, até finalmente torná-la abortiva e inútil, então, durante as infinitamente numerosas mudanças de hábitos nos muitos descendentes de uma linhagem comum, poderíamos razoavelmente esperar que foram numerosos os casos de órgãos que estavam se tornando abortivos. A preservação do coto da cauda, como geralmente acontece quando um animal nasce sem cauda, só pode ser explicada pela força do princípio hereditário e pelo período em que o embrião foi afetado;[316] no entanto, na teoria do desuso que oblitera uma parte, podemos ver, de acordo com os princípios explicados no Capítulo X (princípio da hereditariedade em períodos correspondentes da vida,[317] e a falta de relevância do uso e desuso da parte na vida inicial ou embrionária), que órgãos ou as partes tenderiam a não ser totalmente obliteradas, mas a ser reduzidas ao estado em que existiam no início da vida embrionária. Owen frequentemente fala sobre a "condição embrionária" da parte de um animal totalmente crescido. Além disso, podemos ver por que os órgãos abortivos são mais desenvolvidos nos primeiros anos de vida. Por seleção gradual, também notamos como um órgão tornado abortivo em seu uso primário pode ser convertido para outros propósitos: a asa de um pato pode servir de barbatana,

---

316 Essas palavras parecem ter sido inseridas como uma reflexão posterior.

317 Ibid., I.ed., p.444; 6.ed., p.611.

312

Fundamentos de A origem das espécies

como a do pinguim, um osso abortivo pode vir a servir, em lento processo de incrementos e mudanças de posição nas fibras musculares, como fulcro para uma nova série de músculos, e o pistilo[318] da calêndula pode se tornar abortivo em sua função reprodutiva, mas continuar a retirar o pólen das anteras, pois, quanto a esse aspecto, se o aborto não foi controlado por seleção, a espécie extinguir-se-á por causa do pólen que permanece preso nas cápsulas das anteras.

Finalmente, devo repetir que esses fatos maravilhosos de órgãos formados com traços de um cuidado refinado, mas que agora são totalmente inúteis ou adaptados a fins absolutamente diferentes de seu fim comum, estão presentes e são parte da estrutura de quase todos os habitantes deste mundo, tanto no passado quanto no presente — mais bem desenvolvidos e muitas vezes apenas detectáveis em um período embrionário muito inicial, e cheios de significado ao se organizar a longa série de seres orgânicos em um sistema natural. A teoria da longa seleção continuada de muitas espécies a partir de algumas matrizes não apenas fornecem uma explicação simples sobre esses fatos maravilhosos, mas eles necessariamente decorrem dessa teoria. Se a teoria for rejeitada, os fatos permanecerão inexplicáveis, e sem ela a classificação dependeria da explicação de metáforas frágeis como as de De Candolle,[319] segundo as quais o reino da natureza é comparado a uma mesa bem coberta e os órgãos abortivos existem por questão de simetria!

---

318 Este e outros casos similares ocorrem em *The Origin of Species* (1.ed., p.452; 6.ed., p.621).

319 A metáfora das louças é mencionada no Ensaio de 1842, nota 136.

Charles Darwin

Capítulo X
Recapitulação e conclusão

Recapitulação

Agora recapitularei o percurso deste trabalho, retomando as primeiras seções de forma mais exaustiva, e as seções finais apenas brevemente. No primeiro capítulo, vimos que a maioria dos seres orgânicos, se não todos, quando retirados pelo homem de sua condição natural e criados durante várias gerações, variam. Ou seja, a variação se deve em parte ao efeito direto das novas influências externas, em parte ao efeito indireto sobre o sistema reprodutivo, tornando a organização da prole plástica em algum grau. Quanto às variações produzidas desse modo, o homem, quando não civilizado, preserva naturalmente a sua vida e, portanto, mesmo sem intenção, reproduz os indivíduos mais úteis para ele em seus diferentes estados; semicivilizado, intencionalmente separa e cria esses indivíduos. Cada parte da estrutura parece variar ocasionalmente em um grau muito leve, e a extensão da variação de todos os tipos de peculiaridades da mente e do corpo, quando congênita e lentamente adquirida, seja por influências externas ou pelo exercício e desuso <hereditário>, é verdadeiramente maravilhosa. Quando várias linhagens são formadas, o cruzamento é a fonte mais fértil de novas linhagens.[320] A variação deve ser regida, é claro, pela saúde da nova raça, pela tendência a retornar às formas ancestrais e pelas

---

320 Comparar com a visão posterior de Darwin (*The Origin of Species*, 1.ed., p.20; 6.ed., p.23): "A possibilidade de produzir raças distintas a partir de cruzamento foi bastante exagerada". A mudança na

Fundamentos de A origem das espécies

leis desconhecidas que determinam o aumento proporcional e a simetria do corpo. A quantidade de variação que vem se efetuando sob domesticação é muito pouco conhecida na maioria dos seres domésticos.

No segundo capítulo, foi mostrado que os organismos selvagens, sem dúvida, variam em certo grau, e o tipo de variação, embora em grau muito menor, é semelhante ao dos organismos domésticos. É altamente provável que todo ser orgânico varie se submetido durante diversas gerações a novas e variadas condições, e é certo que os organismos que vivem em um país *isolado* que esteja passando por mudanças geológicas serão submetidos a novas condições. Além disso, um organismo, quando transportado pelo acaso para um novo *habitat*, por exemplo, para uma ilha, é exposto a novas condições e cercado por uma nova série de seres orgânicos. Se não houver a atuação de um poder selecionando cada pequena variação e fornecendo novas fontes de subsistência para um ser localizado nessas condições, os efeitos do cruzamento, as chances de morte e a tendência constante de reversão à antiga forma parental impediriam a produção de novas raças. Se houver alguma agência seletiva em ação, parece impossível atribuir qualquer limite[321] à complexidade e à beleza das estruturas adaptativas que *poderiam* ser produzidas dessa forma, pois certamente o limite de variação possível dos seres orgânicos, seja em estado selvagem ou doméstico, não é conhecido.

---

opinião do autor ocorreu, sem dúvida, após sua experiência com a criação de pombos.

321 Em *The Origin of Species* (1.ed., p.469; 6.ed., p.644), há uma afirmação forte sobre esse efeito.

Mostramos, então, a partir da tendência de cada espécie de se multiplicar geometricamente (como evidencia o conhecimento que possuímos sobre a humanidade e outros animais quando favorecidos pelas circunstâncias), e da tendência dos meios de subsistência de cada espécie permanecer *em média* constante, que, durante alguma parte da vida de cada indivíduo, ou a cada poucas gerações, deve haver uma luta severa pela existência, e menos de um grão[322] na balança determinará quais indivíduos viverão e quais morrerão. Portanto, em um país que esteja sob mudanças e livre da imigração de espécies que possam estar mais adaptadas aos novos *habitats* e condições, não se pode duvidar que exista um meio de seleção mais potente, pois *tende* a preservar até a mais ínfima variação que auxilie na subsistência ou defesa dos seres orgânicos cuja organização tornara-se plástica em algum momento de sua existência. Além disso, nos animais com sexos distintos, há uma luta sexual em que os mais vigorosos e, consequentemente, os mais bem adaptados, procriarão seu tipo com mais frequência.

Uma nova raça formada pela seleção natural seria indistinguível de uma espécie. Se compararmos, por um lado, várias espécies de um gênero e, por outro, várias raças domésticas de uma linhagem comum, não podemos discriminá-las pela quantidade de diferenças externas, mas somente, em primeiro lugar, pela menor constância das raças domésticas, que não são tão "autênticas" quanto as espécies, e, em segundo lugar, pelas raças sempre produzirem descendentes férteis quando

---

322 "Um grão na balança determina qual indivíduo viverá e qual morrerá" (*The Origin of Species*, 1.ed., p.467; 6.ed., p.642). No Ensaio de 1842, nota 24, há uma declaração semelhante.

Fundamentos de A origem das espécies

cruzadas. Mostramos, então, que uma raça naturalmente selecionada, com variação mais lenta, cuja seleção conduza continuamente para os mesmos fins,[323] com cada nova pequena mudança na estrutura adaptada para as novas condições (como está implícito por sua seleção) e em pleno exercício, e, por último, com liberdade de cruzamentos ocasionais com outras espécies, seria quase necessariamente "mais autêntica" do que uma raça escolhida por um homem ignorante ou caprichoso e de vida curta. Em relação à esterilidade das espécies quando cruzadas, mostramos não ser um caractere universal e que, se presente, varia em grau; também mostramos que provavelmente a esterilidade depende menos de diferenças externas do que de diferenças constitucionais. E foi mostrado que, quando animais e plantas individuais são colocados em novas condições, eles se tornam, sem perder sua saúde, tão estéreis quanto híbridos, da mesma maneira e no mesmo grau; portanto, é concebível que a prole cruzada entre duas espécies, tendo constituições diferentes, possa ter sua constituição afetada da mesma maneira peculiar como quando um animal ou planta individual é colocado em novas condições. O homem, ao selecionar raças domésticas, raramente deseja adaptar toda a estrutura a novas condições, e possui pouco poder para tanto; na natureza, entretanto, onde cada espécie sobrevive por uma luta contra outras espécies e contra a natureza externa, o resultado deve ser muito diferente.

Raças descendentes de uma mesma matriz foram então comparadas com espécies do mesmo gênero, e descobriu-se

---

323 Portanto, segundo o autor, o que hoje é conhecido como *ortogênese* se deve à seleção.

que apresentavam algumas analogias notáveis. A prole de raças cruzadas, isto é, mestiços, foi comparada com a descendência cruzada de espécies, isto é, híbridos, e houve semelhanças em todos os caracteres, com a única exceção da esterilidade, que, quando presente, muitas vezes torna-se de grau variável após algumas gerações. O capítulo foi resumido e mostrou-se que não se conhece nenhum limite determinado para a quantidade de variação, nem é possível prevê-la considerando o devido tempo e as mudanças de condição. Foi admitido que, embora seja provável a produção de novas raças indistinguíveis de espécies autênticas, devemos olhar para o passado e o presente da distribuição geográfica que relaciona os seres infinitamente numerosos que nos rodeiam – suas afinidades e estrutura – para qualquer evidência direta.

No terceiro capítulo, foram consideradas as variações hereditárias dos fenômenos mentais de seres orgânicos domésticos e selvagens. Mostrou-se que este trabalho não se preocupa com a origem primeira das principais qualidades mentais, mas como gostos, paixões, disposições, movimentos consensuais e hábitos, congênitos ou durante a vida madura, se modificaram e se tornaram hereditários. Vários desses hábitos modificados correspondem, em todos os caracteres essenciais, aos verdadeiros instintos, observando as mesmas leis. Instintos, disposições etc. são tão importantes para a preservação e crescimento de uma espécie quanto sua estrutura corporal, e, portanto, os meios naturais de seleção também agiriam sobre eles, modificando-os equitativamente às estruturas corporais. Concedido esse ponto, bem como a proposição de que fenômenos mentais são variáveis e modificações são hereditárias, foi considerada a possibilidade de que instintos mais complexos sejam adquiridos lentamente.

Fundamentos de A origem das espécies

Mostrou-se, a partir da série muito imperfeita dos instintos de animais do presente, que não temos justificativa para rejeitar *prima facie* uma teoria da descendência comum de organismos aparentados por causa da dificuldade de imaginar os estágios de transição nos vários instintos que atualmente são mais complexos e maravilhosos. Assim, fomos levados a relacionar a mesma questão tanto a órgãos muito complexos quanto ao agregado de vários desses órgãos, ou seja, os seres orgânicos individuais, e, utilizando o mesmo método que considera as séries mais imperfeitas que hoje existem, mostrou-se que não devemos rejeitar imediatamente a teoria, pois não podemos traçar os estágios de transição em tais órgãos, ou conjeturar os hábitos de transição dessas espécies individuais.

Na Parte II,[324] discutiu-se a evidência direta de formas aparentadas terem descendido de uma mesma matriz. Mostrou-se que essa teoria requer uma longa série de formas intermediárias entre espécies e grupos das mesmas classes — formas não diretamente intermediárias entre as espécies existentes, mas intermediadas por um parentesco comum. Admitiu-se que, mesmo que todos os fósseis preservados e espécies existentes fossem coletados, a série ainda estaria longe de ser formada, e mostrou-se que não temos *boas* evidências de que os depósitos mais antigos conhecidos sejam contemporâneos ao primeiro aparecimento de seres vivos, ou que as várias formações subsequentes sejam quase consecutivas, ou que qualquer formação preserve uma fauna quase perfeita até mesmo dos organismos marinhos duros, que viviam naquela parte do mundo. Consequen-

---

324 A Parte II inicia-se no Capítulo IV.

temente, não temos razão para supor que pouco mais do que uma pequena fração dos organismos que viveram em qualquer período foi preservada, e, assim, não devemos esperar descobrir as subvariedades fossilizadas entre duas espécies quaisquer. Por outro lado, a evidência extraída de restos fósseis, embora extremamente imperfeita, é favorável, até onde ela pode alcançar, à existência de uma série de organismos como requerida pela teoria. Essa falta de evidência da existência de formas intermediárias quase infinitamente numerosas no passado é, creio eu, a maior dificuldade[325] da teoria da descendência comum, mas penso que isso se deve à ignorância que resulta necessariamente da imperfeição de todos os registros geológicos.

No quinto capítulo, estritamente conforme nossa teoria, mostrou-se que novas espécies aparecem gradualmente[326] e que as antigas desapareceram também da mesma maneira da Terra. A extinção de uma espécie parece ser precedida por sua raridade, e, se assim for, ninguém deveria se surpreender mais com o extermínio de uma espécie do que com o fato de sua raridade. Cada espécie que não aumenta em número deve ter sua tendência geométrica de aumento controlada por alguma agência que raramente percebemos com precisão. Todo pequeno aumento no poder dessa agência de controle invisível causaria uma di-

---

325 Na recapitulação do último capítulo de *The Origin of Species* (1.ed., p.475; 6.ed., p.651), o autor não insiste neste ponto como a dificuldade mais significante, embora o faça na primeira edição (p.299). É possível que posteriormente ele tenha pensado menos sobre a dificuldade em questão, o que certamente era o caso quando escreveu a sexta edição (p.438).

326 "A fauna muda isoladamente." <Palavras inseridas pelo autor aparentemente para substituir uma correção duvidosa.>

Fundamentos de A origem das espécies

minuição correspondente no número médio daquela espécie, tornando-a mais rara: se não sentimos a menor surpresa por uma espécie de um gênero ser rara e outra abundante, por que, então, deveríamos nos surpreender com sua extinção, quando temos boas razões para acreditar que essa raridade é seu precursor e causa regular.

No sexto capítulo, foram considerados os principais fatos sobre a distribuição geográfica dos seres orgânicos, a saber, a falta de similaridade dos seres orgânicos expostos a condições muito semelhantes, mas em áreas muito distantes (por exemplo, nas florestas tropicais da África e América ou nas ilhas vulcânicas adjacentes). Também consideramos a notável similaridade e as relações gerais dos habitantes dos mesmos grandes continentes em conjunto com um grau menor de dissimilaridade entre os habitantes que vivem em lados opostos das barreiras que os cruzam, estejam os lados opostos expostos ou não a condições similares. Além da dissimilaridade, embora em grau ainda menor, entre os habitantes das diferentes ilhas do mesmo arquipélago, juntamente à similaridade no seu todo com os habitantes do continente mais próximo, seja qual for o caractere em questão. Foram consideradas as relações peculiares das floras alpinas; a ausência de mamíferos nas ilhas menores isoladas; a relativa escassez de plantas e outros organismos em ilhas com *habitats* diversificados; a conexão entre a possibilidade de transporte eventual de um país a outro, e a afinidade, mas não a identidade, dos seres orgânicos que os habitam; e, por fim, as relações claras e notáveis entre os seres já extintos e os vivos nas mesmas grandes divisões do mundo, relações que, se olharmos para um passado distante, parecem desaparecer. Se tivermos em mente as mudanças geológicas em andamento, todos esses fatos simplesmente decorrem da proposição de que seres orgânicos aparentados descendem linearmente de matrizes de progenitores comuns. Na teoria das criações independentes, esses fatos permanecem, embora evidentemente conectados entre si, inexplicáveis e desconectados.

O sétimo capítulo tratou da relação ou agrupamento de espécies extintas e recentes, o surgimento e desaparecimento de grupos, e os objetos mal definidos da classificação natural, que não dependem da similaridade de órgãos fisiologicamente importantes e não são influenciados por caracteres adaptativos ou analógicos – embora estes frequentemente governem toda a economia do indivíduo –, mas dependem de qualquer caractere que varie pouco, especialmente quanto às formas pelas quais passa o embrião e, como mostrado depois, quanto à presença de órgãos rudimentares e inúteis. Também tratou do parentesco como geral e não especial entre as espécies mais próximas em grupos *distintos*, e a grande similaridade nas regras e objetos na classificação de raças domésticas e espécies autênticas. Todos esses fatos mostraram que o sistema natural é um sistema genealógico.

No oitavo capítulo, a unidade da estrutura presente nos grandes grupos e nas espécies adaptadas às mais diferentes vidas, e a maravilhosa metamorfose (usada metaforicamente por naturalistas) de uma parte ou órgão em outro foram mostrados para simplesmente acompanhar a produção de novas espécies pela seleção e hereditariedade de *pequenas* mudanças sucessivas de estrutura. A unidade de tipo é maravilhosamente manifestada pela semelhança nas estruturas, durante o período embrionário, de espécies de classes inteiras. Para explicar a questão, mostrou-se que as diferentes raças de nossos animais

Fundamentos de A origem das espécies

domésticos diferem menos, durante seu estado jovem, do que quando totalmente crescidos, e, consequentemente, se as espécies são produzidas como raças, o mesmo fato, em escala maior, poderia ser válido para elas. Tentou-se explicar essa notável lei da natureza estabelecendo, por diversos fatos, que pequenas variações originalmente aparecem durante todos os períodos da vida e que, quando hereditárias, tendem a aparecer no período. De acordo com esses princípios, em várias espécies descendentes de uma mesma matriz de progenitores, os embriões seriam quase necessariamente muito mais semelhantes entre si do que em seu estado adulto. A importância dessas semelhanças embrionárias, para criar uma classificação natural ou genealógica, torna-se, então, óbvia. A ocasional maior simplicidade da estrutura no animal maduro do que no embrião, a gradação em complexidade das espécies nas classes grandes, a adaptação das larvas dos animais a poderes independentes de existência, a enorme diferença entre os estados larvais e maduros de certos animais, todas essas questões foram mostradas observando os princípios sem apresentar qualquer dificuldade.

No <nono> capítulo, <considerou-se> a presença frequente e quase geral de órgãos e partes denominados abortivos ou rudimentares pelos naturalistas, absolutamente inúteis em geral, embora formados com refinado cuidado. <Essas estruturas,> embora às vezes apresentem usos não normais, não podem ser consideradas como meras partes representativas, pois às vezes são capazes de desempenhar sua função adequada, desenvolvem-se mais intensamente durante um período muito precoce da vida, e às vezes se desenvolvem somente nessa fase, e possuem grande importância na classificação. Os órgãos abortivos mostraram-se simplesmente explicáveis pela nossa teoria da descendência comum.

Por que desejamos rejeitar a teoria da descendência comum?

Muitas leis ou fatos gerais foram incluídos em uma mesma explicação, e as dificuldades encontradas são as que resultariam naturalmente de nossa reconhecida ignorância. Mas por que não deveríamos admitir essa teoria da descendência?[327] Pode-se mostrar que os seres orgânicos em estado natural são *todos absolutamente invariáveis*? Pode-se dizer que são conhecidos o *limite de variação* ou o número de variedades que podem se formar sob a domesticação? Pode ser traçada alguma linha distinta *entre uma raça e uma espécie*? A essas três perguntas certamente podemos responder negativamente. Enquanto as espécies foram pensadas para serem divididas e definidas pela barreira intransponível da *esterilidade*, e enquanto éramos ignorantes sobre a geologia e imaginávamos que *o mundo tinha curta duração* e poucos habitantes, era justificável assumir as criações individuais, ou, como afirma Whewell, pensar que o início de todas as coisas está escondido do homem. Por que, então, sentimos uma inclinação tão forte para rejeitar essa teoria — especialmente quando se trata de um caso real de duas espécies ou mesmo duas raças quaisquer — e questiona-se se as duas originalmente descendem do mesmo útero? Acredito que seja porque sempre demoramos a admitir qualquer grande mudança quando

---

327 Esta questão constitui o assunto que depois será praticamente uma seção do capítulo final de *The Origin of Species* (1.ed., p.480; 6.ed., p.657).

Fundamentos de A origem das espécies

não observamos as etapas intermediárias. A mente não pode captar o significado completo de um termo de 1 milhão ou de 100 milhões de anos e, consequentemente, não pode somar e perceber os efeitos completos de pequenas variações sucessivas acumuladas durante quase infinitas gerações. A maioria dos geólogos passa pela mesma dificuldade, que levou longos anos para ser superada, como ocorreu quando Lyell propôs que grandes vales[328] foram escavados [e longas linhas de penhascos internos, formadas] pela ação lenta das ondas do mar. Um homem pode observar por muito tempo um grande precipício sem realmente acreditar, embora também não possa negar, que milhares de pés de espessura de rocha sólida outrora se estendiam por muitos quilômetros quadrados onde atualmente há mar aberto, e que esse mesmo mar, que agora ele vê batendo na rocha a seus pés, também tem sido o único poder de remoção dessa rocha.

Devemos, então, pensar que as três espécies distintas de rinocerontes[329] que separadamente habitam Java, Sumatra e, no continente vizinho, Malaca, foram criadas, tanto machos quanto fêmeas, a partir dos materiais inorgânicos desses países? Sem nenhuma causa adequada e até onde nos serve nossa razão, devemos dizer que, por viverem próximos um do outro e serem criados também de forma muito próxima, formando, assim, uma seção no gênero que difere da seção africana, algumas das espécies de cada seção vivem em *habitats* muito similares e algumas em muito diferentes? Devemos dizer que,

---

328 Ibid., 1.ed., p.481; 6.ed., p.659.

329 A discussão sobre as três espécies de rinoceronte, que também está presente no Ensaio de 1842, p.98-9, foi omitida em *The Origin of Species* (1.ed., cap.XIV).

Charles Darwin

sem qualquer causa aparente, todos eles foram criados a partir do mesmo tipo genérico do antigo rinoceronte-lanudo da Sibéria e de outras espécies que anteriormente habitavam a mesma divisão principal do mundo, ou que foram criados, de forma cada vez menos relacionada, mas ainda com afinidades entre as ramificações, com todos os outros mamíferos vivos e extintos? E, também sem nenhuma causa adequada aparente, que seus pescoços curtos deveriam conter o mesmo número de vértebras que a girafa, que suas pernas grossas deveriam ser construídas no mesmo plano das do antílope, do rato, da mão do macaco, da asa do morcego e da barbatana do boto? Que, em cada uma dessas três espécies, o segundo osso de sua perna deveria mostrar traços claros de dois ossos soldados e unidos em um, que os ossos complexos de suas cabeças deveriam se tornar inteligíveis na suposição de terem sido formados por três vértebras expandidas e que, nas mandíbulas de cada jovem dissecado, deve haver pequenos dentes que nunca vêm à superfície? Que, ao possuir, entre outros caracteres, dentes inúteis e abortivos, esses três rinocerontes, em seu estado embrionário, deveriam se parecer muito mais com outros mamíferos do que quando adultos? E, por fim, que em um período inicial da vida, suas artérias deveriam correr e se ramificar como ocorre nos peixes, levando sangue até brânquias que não existem? Atualmente essas três espécies de rinoceronte são muito semelhantes entre si, sendo mais próximos do que muitas raças geralmente reconhecidas de nossos animais domésticos. Elas também, se domesticadas, quase certamente iriam variar, e as raças adaptadas a diferentes fins poderiam ser selecionadas a partir dessas variações. Nesse estado, elas provavelmente se reproduziriam e a prole possivelmente seria bastante fértil, ao menos em algum

Fundamentos de A origem das espécies

grau, e em ambos os casos, pelo cruzamento contínuo, uma dessas formas específicas poderia ser absorvida ou perdida. Repito, devemos então dizer que um par, ou uma fêmea grávida, de cada uma das três espécies de rinoceronte, foi criado separadamente com aparências enganosas de relacionamento autêntico, com a marca da inutilidade em algumas partes e da conversão em outras, dos elementos inorgânicos de Java, Sumatra e Malaca? Ou eles descendem, como nossas raças domésticas, da mesma matriz de progenitores? De minha parte, não pude admitir mais a primeira proposição do que poderia admitir que os planetas se movem em seus cursos, ou que uma pedra cai ao solo não por meio da intervenção da lei secundária e designada da gravidade, mas pela vontade direta do Criador.

Antes de concluir, convém mostrar, embora isso tenha surgido incidentalmente, quais os limites legítimos da teoria da descendência comum.[330] Se admitirmos que duas espécies verdadeiras do mesmo gênero podem ter descendido do mesmo progenitor, não será possível negar que duas espécies de dois gêneros também podem ter descendido de uma matriz comum. Em algumas famílias, os gêneros se aproximam quase tanto quanto espécies do mesmo gênero, e, em algumas ordens, por exemplo, nas plantas monocotiledôneas, as famílias estão próximas umas das outras. Não hesitamos em atribuir uma ori-

---

330 Isso corresponde a um parágrafo em *The Origin of Species* (1.ed., p.483; 6.ed., p.662), no qual se presume que os animais descendem "de no máximo apenas quatro ou cinco progenitores, e as plantas de um número igual, se não menor". Em *The Origin of Species* (1.ed., p.484; 6.ed., p.663), entretanto, o autor continua: "A analogia levaria além, ou seja, à crença de que todos os animais e plantas descenderam de um mesmo protótipo".

gem comum aos cães ou aos repolhos, pois eles se dividem em grupos análogos aos grupos da natureza. Muitos naturalistas de fato admitem que todos os grupos são artificiais e que dependem inteiramente da extinção de espécies intermediárias; outros naturalistas, porém, afirmam que, embora seja preciso considerar a esterilidade como característica determinante das espécies, a total incapacidade de se propagar é a melhor evidência da existência de gênero natural. Mesmo que deixemos de lado o fato incontornável de que algumas espécies do mesmo gênero não se reproduzem, não podemos admitir a regra exposta, visto que o tetraz e o faisão (considerados por alguns bons ornitólogos como duas famílias) e o dom-fafe e o canário se reproduzem.

Sem dúvida, quanto mais distante uma espécie está da outra, mais fracos se tornam os argumentos a favor de sua descendência comum. Em espécies de duas famílias distintas, é falha a analogia entre a variação dos organismos domésticos e a maneira de seus cruzamentos, assim como os argumentos sobre sua distribuição geográfica falham bastante ou quase totalmente. Mas, admitidos os princípios gerais deste trabalho, e até onde uma clara unidade de tipo pode ser extraída a partir de grupos de espécies adaptados para desempenhar papéis diversificados na economia da natureza, principalmente pela estrutura do ser embrionário ou maduro, e especialmente se houver partes abortivas em comum, somos legitimamente conduzidos a admitir sua comunidade de descendência. Os naturalistas contestam até que ponto essa unidade de tipo se estende; a maioria, entretanto, admite que os vertebrados são construídos de um tipo, os Articulata de outro, os Molusca, um terceiro, e o Radiata provavelmente, mais de um. As plantas também parecem se

Fundamentos de A origem das espécies

enquadrar em três ou quatro grandes tipos. De acordo com essa teoria, portanto, todos os organismos *já descobertos* são descendentes de provavelmente menos de dez formas progenitoras.

Conclusão

Indiquei minhas razões para crer que as formas específicas não são criações imutáveis.[331] Os termos "afinidade", "unidade de tipo", "caracteres adaptativos", "metamorfose" e "aborto de órgãos", usados por naturalistas, deixam de ser expressões metafóricas para se tornarem fatos inteligíveis. Já não olhamos para um ser orgânico como um selvagem olha para um navio[332] ou para qualquer outra grande obra de arte, ou seja, para algo totalmente além de sua compreensão, mas olhamos para seres orgânicos como se olha para uma produção que possui uma história que podemos pesquisar. Quão interessantes tornam-se os instintos quando especulamos sobre sua origem como hábitos hereditários, ou como pequenas modificações congênitas de antigos instintos preservados e perpetuados pelos indivíduos assim caracterizados. Olhamos para cada instinto e mecanismo complexo como uma soma de longa história de instrumentos, todos úteis para seu possuidor, do mesmo modo que olhamos para uma grande invenção mecânica como resultado da soma do trabalho, da experiência, da razão e até mesmo dos erros de

---

331 Esta sentença não corresponde à seção final de *The Origin of Species* (1.ed., p.484; 6.ed., p.664), mas às palavras de abertura da seção (1.ed., p.480; 6.ed., p.657).

332 Essa comparação está presente na "Conclusão" do Ensaio de 1842 e em *The Origin of Species* (1.ed., seção final, cap.XIV, p.485; 6.ed., cap.XV, p.665). No manuscrito há rasura a lápis incompreensível.

Charles Darwin

numerosos operários. Quão interessante se torna a distribuição geográfica de todos os seres orgânicos, passados e presentes, se lançarmos luz sobre a antiga geografia do mundo. A glória[333] da geologia é diminuída diante da imperfeição de seus arquivos, mas ganha na imensidão de seu assunto. Há uma grandeza em olhar para cada ser orgânico existente e enxergá-lo como sucessor linear de alguma forma que atualmente encontra-se enterrada sob milhares de pés de rocha sólida, ou como codescendente da forma enterrada de algum habitante mais antigo e totalmente perdido no mundo. Isso está de acordo com as leis impressas pelo Criador[334] quanto à produção e à extinção de formas como resultados de meios secundários, assim como também estão de acordo o nascimento e a morte dos indivíduos. É depreciativo pensar que o Criador de incontáveis universos tenha, por atos individuais de Sua vontade, criado as miríades de parasitas e vermes rastejantes que, desde as primeiras auroras da vida, propagam-se sobre o território terrestre e nas profundezas do oceano. Assim também deixamos de nos surpreender[335] que um grupo de animais tenha sido formado para colocar seus ovos nas entranhas da carne de outros seres sensíveis; que alguns animais dependam da crueldade para viver e até se deleitem com ela; que os animais devem ser conduzidos por falsos instintos; e que anualmente deve ocorrer um desper-

---

333 Sentença quase idêntica aparece em *The Origin of Species* (1.ed., p.487; 6.ed., p.667). A bela profecia (ibid., 1.ed., p.486; 6.ed., p.666) sobre "o campo quase inexplorado de investigação" está ausente no presente Ensaio.

334 Ver último parágrafo de *The Origin of Species*, 1.ed., p.488; 6.ed., p.668.

335 Há uma passagem correspondente no Ensaio de 1842, p.103, mas não consta no último capítulo de *The Origin of Species.*

Fundamentos de A origem das espécies

dício incalculável de pólen, ovos e seres imaturos, pois vemos em tudo isso as consequências inevitáveis de uma grande lei da multiplicação de seres orgânicos que não são criados de forma imutável. Quanto à morte, à fome e à luta pela existência, vimos que o fim mais elevado que somos capazes de conceber, a saber, a criação dos animais superiores,[336] procedeu diretamente. Sem dúvida, nossa primeira impressão nos leva a não acreditar que uma lei secundária poderia produzir seres orgânicos infinitamente numerosos, cada um caracterizado como uma requintada manufatura e com adaptações amplamente estendidas; a princípio, nossas faculdades tenderiam a supor que cada ser exige o decreto de um Criador. Há[337] [simples] grandiosidade nessa visão da vida que, com seus vários poderes de crescimento, reprodução e de sensação, foi originalmente soprada na matéria em umas poucas formas, se não somente em uma;[338] assim, enquanto este planeta segue girando conforme as leis fixas da gravidade, e enquanto a terra e a água continuarem substituindo-se mutuamente, por meio da seleção de infinitesimais variedades, evoluíram as mais belas e maravilhosas formas infinitas de acordo com origem tão simples quanto esta aqui exposta.

---

336 Esta frase aparece, de forma quase idêntica, em *The Origin of Species* (1.ed., p.490; 6.ed., p.669). É preciso notar que o ser humano não é nomeado, embora a referência seja evidente. Em outro trecho (ibid.,1.ed., p.488), o autor é mais ousado e escreve "Uma luz sobre o homem e sua história será lançada". Na sexta edição (p.668), acrescenta: "Muita luz".

337 Para a história desta frase (que encerra *The Origin of Species*), ver o Ensaio de 1842, nota 148.

338 Essas quatro palavras – "senão apenas em uma" – são acrescentadas a lápis entre as linhas.

SOBRE O LIVRO

Formato: 14 x 21 cm
Mancha: 23 x 44 paicas
Tipologia: Venetian 301 12,5/16
Papel: Off-white 80 g/m² (miolo)
Cartão Supremo 250 g/m² (capa)

1ª edição Editora Unesp: 2022

EQUIPE DE REALIZAÇÃO

Edição de texto
Maísa Kawata (Copidesque)
Tulio Kawata (Revisão)

Capa
Vicente Pimenta

Editoração eletrônica
Eduardo Seiji Seki

Assistência editorial
Alberto Bononi
Gabriel Joppert

Coleção Clássicos

A arte de roubar: Explicada em benefício dos que não são ladrões — D. Dimas Camándula

A construção do mundo histórico nas ciências humanas — Wilhelm Dilthey

A escola da infância — Jan Amos Comenius —

A evolução criadora — Henri Bergson

A fábula das abelhas: ou vícios privados, benefícios públicos — Bernard Mandeville

Cartas de Claudio Monteverdi: (1601-1643) — Claudio Monteverdi

Cartas escritas da montanha — Jean-Jacques Rousseau

Categorias — Aristóteles

Ciência e fé — 2ª edição: Cartas de Galileu sobre o acordo do sistema copernicano com a Bíblia — Galileu Galilei

Cinco memórias sobre a instrução pública — Condorcet

Começo conjectural da história humana — Immanuel Kant

Contra os astrólogos — Sexto Empírico

Contra os gramáticos — Sexto Empírico

Contra os retóricos — Sexto Empírico

Conversações com Goethe nos últimos anos de sua vida: 1823-1832 — Johann Peter Eckermann

Da Alemanha — Madame de Staël

Da Interpretação — Aristóteles

Da palavra: Livro I — Suma da tradição — Bhartrhari

Dao De Jing: Escritura do Caminho e Escritura da Virtude com os comentários do Senhor às Margens do Rio — Laozi

De minha vida: Poesia e verdade — Johann Wolfgang von Goethe

Diálogo ciceroniano — Erasmo de Roterdã

Discurso do método & Ensaios — René Descartes

Draft A do Ensaio sobre o entendimento humano — John Locke

Enciclopédia, ou Dicionário razoado das ciências, das artes e dos ofícios - Vol. 1: Discurso preliminar e outros textos — Denis Diderot, Jean le Rond d'Alembert

Enciclopédia, ou Dicionário razoado das ciências, das artes e dos ofícios — Vol. 2: O sistema dos conhecimentos — Denis Diderot, Jean le Rond d'Alembert

Enciclopédia, ou Dicionário razoado das ciências, das artes e dos ofícios — Vol. 3: Ciências da natureza — Denis Diderot, Jean le Rond d'Alembert

Enciclopédia, ou Dicionário razoado das ciências, das artes e dos ofícios — Vol. 4: Política — Denis Diderot, Jean le Rond d'Alembert

Enciclopédia, ou Dicionário razoado das ciências, das artes e dos ofícios — Vol. 5: Sociedade e artes — Denis Diderot, Jean le Rond d'Alembert

Enciclopédia, ou Dicionário razoado das ciências, das artes e dos ofícios — Vol. 6: Metafísica — Denis Diderot, Jean le Rond d'Alembert

Ensaio sobre a história da sociedade civil / Instituições de filosofia moral –
Adam Ferguson

Ensaio sobre a origem dos conhecimentos humanos / Arte de escrever –
Étienne Bonnot de Condillac

Ensaios sobre o ensino em geral e o de Matemática em particular –
Sylvestre-François Lacroix

Escritos pré-críticos – Immanuel Kant

Exercícios (Askhmata) – Shaftesbury (Anthony Ashley Cooper)

Fisiocracia: Textos selecionados – François Quesnay,
Victor Riqueti de Mirabeau, Nicolas Badeau, Pierre-Paul Le
Mercier de la Rivière, Pierre Samuel Dupont de Nemours

Fragmentos sobre poesia e literatura (1797-1803) / Conversa sobre poesia –
Friedrich Schlegel

Hinos homéricos: Tradução, notas e estudo – Wilson A. Ribeiro Jr. (Org.)

*História da Inglaterra – 2ª edição: Da invasão de Júlio César
à Revolução de 1688* – David Hume

História natural – Buffon

História natural da religião – David Hume

Investigações sobre o entendimento humano e sobre os princípios da moral –
David Hume

Lições de ética – Immanuel Kant

Lógica para principiantes – 2ª edição – Pedro Abelardo

Metafísica do belo – Arthur Schopenhauer

Monadologia e sociologia: E outros ensaios – Gabriel Tarde

O desespero humano: Doença até a morte – Søren Kierkegaard

O mundo como vontade e como representação – Tomo I – 2ª edição –
Arthur Schopenhauer

O mundo como vontade e como representação – Tomo II – Arthur Schopenhauer

O progresso do conhecimento – Francis Bacon

O Sobrinho de Rameau – Denis Diderot

Obras filosóficas – George Berkeley

Os analectos – Confúcio

Os elementos – Euclides

Os judeus e a vida econômica – Werner Sombart

Poesia completa de Yu Xuanji – Yu Xuanji

Rubáiyát: Memória de Omar Khayyám – Omar Khayyám

Tratado da esfera – 2ª edição – Johannes de Sacrobosco

Tratado da natureza humana – 2ª edição: Uma tentativa de introduzir o método experimental de raciocínio nos assuntos morais – David Hume

Verbetes políticos da Enciclopédia – Denis Diderot, Jean le Rond d'Alembert

Rua Xavier Curado, 388 • Ipiranga - SP • 04210 100
Tel.: (11) 2063 7000 • Fax: (11) 2061 8709
rettec@rettec.com.br • www.rettec.com.br